누구나 쉽게 재배할 수 있는

식용버섯 길잡이

국립원예특작과학원 著

누구나 쉽게 재배할 수 있는

식용버섯 길잡이

Contents

제1장

느타리

제2장

큰느타리(새송이)

제3장

양송이

제4장

팽이버섯

C o n t e n t s

제 5 장

표고버섯

느타리

균상재배용 간이 재배사

솜 야외발효

균상재배 균배양 중 비닐터널 설치

비닐멀칭 균상재배

비닐봉지재배

병재배

느타리

느타리(*Pleurotus ostreatus*)

여름느타리(*Pleurotus sajor-caju*)

노랑느타리(*Pleurotus cornucopiae*)

분홍느타리(*Pleurotus djamor*)

산느타리(*Pleurotus pulmonarius*)

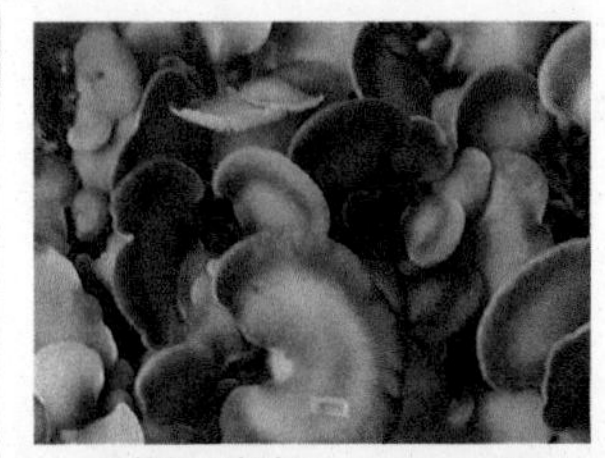
전복느타리(*P. abalonus*)

큰느타리(새송이)

병재배 균배양

회전식 균상 설비

솎음작업 전의 버섯

수확기의 버섯

포장작업

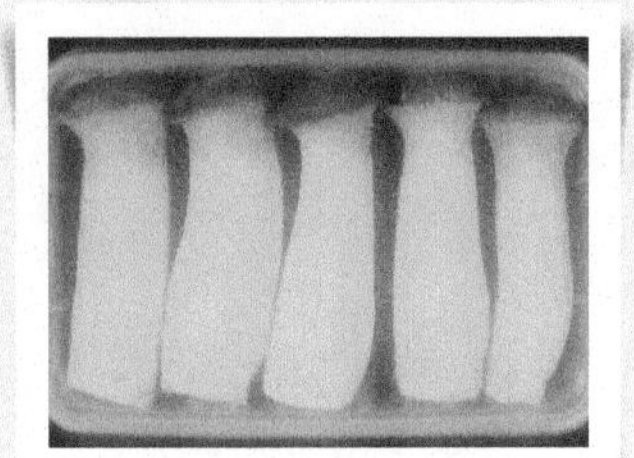

품질규격 특품의 새송이

양송이

배지재료 볏짚

복토 재료 흙

볏짚발효퇴비 뒤집어 쌓기

퇴비살균과 후발효 작업

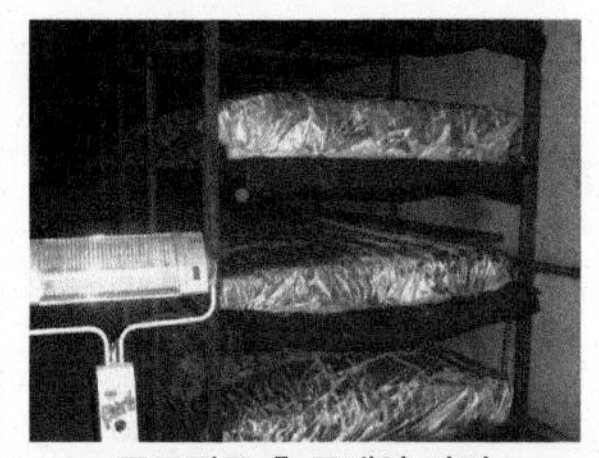

종균접종 후 균배양 과정

수확기의 버섯

팽나무버섯(팽이)

야생 팽나무버섯

팽나무버섯의 다양한 유전자원

액체종균 대량 배양

병재배 버섯 발생

억제 과정을 마친 버섯

수확기의 버섯

팽이버섯 병재배 과정

병재배 배지재료

배지 입병 작업

팽이버섯 균배양

버섯 발생

팽이버섯 수확기

포장 작업

액체종균 제조 과정

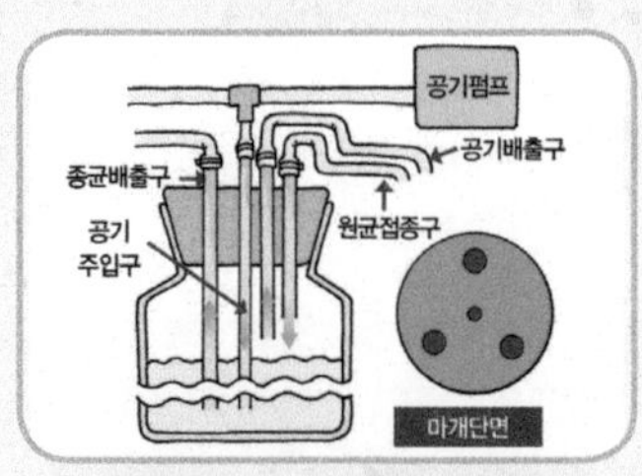

액체종균 배양 용기 모식도

액체 접종원 배양

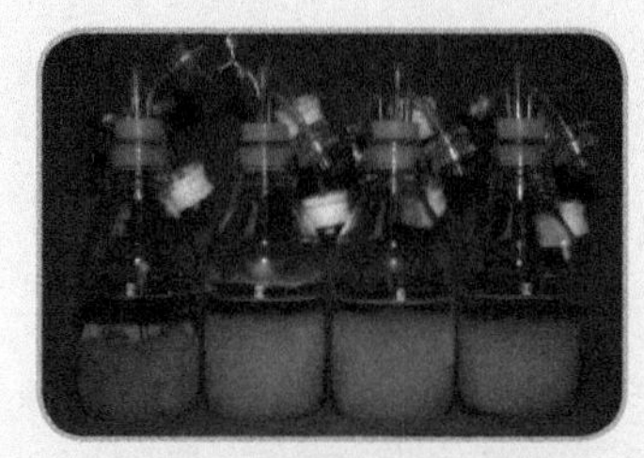
팽이버섯 액체배지 최적 pH 6-8

느타리버섯 액체배지 최적 pH 4.0

팽이버섯 액체종균 배양 전경

팽이버섯 액체종균 이용 효과

표고버섯

원목재배

원목 쌓기

버섯 발생

원목재배 수확기

톱밥봉지재배

균배양

배양 후 자실체 발생 유도

봉지재배 수확기

느타리

1. 균상재배
2. 비닐멀칭재배
3. 병·봉지재배
4. 병해충 방제
5. 느타리버섯의 효능
6. 버섯재배사 스마트팜 모델

01 균상재배

균상재배법의 개발

느타리버섯의 인공재배는 원목에 이어 1974년 볏짚을 이용한 재배법이 개발, 보급되면서 부업 형태에서 전업농 형태로 전환되었다. 1987년 이후 구입이 쉽고 값싼 재료를 이용한 재배법을 개발하기 위해 다양한 연구를 한 결과 솜을 활용한 재배법을 확립하게 되었으며, 이 방법은 높은 수량성과 연중 버섯생산이 가능하도록 하였다. 현재 대부분의 느타리버섯 균상재배 농가가 솜을 이용한 재배를 하고 있다.

<그림 1-1> 균상재배사의 느타리 생육

균상재배용 배지재료의 특성

가. 솜의 특성

솜은 탄소와 질소의 함량비가 85% 정도로 버섯 재배에 아주 양호한 재료이며 섬유소 함량도 볏짚보다 2배 이상 높은 73.2% 정도로 수량 증대에 크게 기여하는 중요한 성분이다. 또한 솜에는 버섯이 이용하기 쉬운 가용성 물질의 함량이 높아서 재배에 아주 유리하다.

<표 1-1> 솜과 볏짚의 주요 성분 비교 (단위 : %)

종 류	유기물	전탄소	전질소	C/N율	섬유소	리그닌	지 방	알코올 추출물	열수 추출물	회 분
폐 면	92.5	53.6	0.63	85.1	73.2	5.9	7.4	2.3	9.4	3.4
볏 짚	88.4	51.3	0.61	84.0	29.7	12.2	1.5	0.9	1.2	15.1

나. 솜의 종류

솜은 원면을 가공할 때 나오는 부산물로 폐기되는 솜의 일종이며 섬유 공장에서 면의 원단을 절단하고 생긴 부산물의 종류에 따라 단섬유와 장섬유로 구분하기도 한다.

(1) 방울솜(스카치)

형태적으로 둥글둥글한 방울 모양의 작은 솜 송이가 함유된 것을 말하며 깍지솜보다 함유된 솜의 양이 많다. 품질은 중간 정도이며 작업이 편리하고 물리성이 양호하여 농가에서 가장 많이 사용하고 있다.

(2) 깍지솜

씨껍질이 80% 이상 함유된 것으로 면자각이라고도 하며, 대부분 수입품이다. 수입 초기에는 낮은 품질로 많은 농가들이 피해를 보았으나 현재는 많이 향상되었다. 이 솜은 물리적으로 조직이 각질화되어 수분 침투는 물론 발효가 늦은 단점이 있으므로 재배 시 주의를 요한다.

(3) 백삼

솜털이 가장 많이 붙어 있으며 농가의 선호도가 제일 높으나 섬유의 길이가 길어 솜 터는 기계가 아니면 작업이 어렵다. 또한 화학섬유가 혼합되어 있는 경우가 있으니 구입 시 주의해야 한다.

다. 배지재료로서의 장단점

솜은 부피를 압착시킬 수 있어서 운반에 편리하며 계절에 관계없이 연중 구입이 가능하다. 또한 원료 자체의 형태가 균일하고 동일한 물성을 가지고 있어서 수분 조절이 용이하여 기계화 작업이 가능한 장점을 갖추고 있다. 배지살균 및 후발효 시 자체 발열에 의한 발효가 쉬워 우량 배지 제조에 적합한 특성을 지니고 있다.

솜 배지는 셀룰로스 함량이 높아 버섯의 품질 향상과 수확기간 유지에 유리하며, 균사 활착을 촉진하여 버섯 형성 주기를 짧게 한다. 또한 수확후 배지는 유기질 비료로 작물 재배에 이용할 수 있다. 그러나 솜은 국내산이 거의 없고 대부분 수입되기 때문에 국제 가격 등에 의하여 수급량과 가격의 변동이 심하고, 수입하는 국가에 따라 품질이 다른 단점이 있다. 볏짚보다 수분 흡수가 고르게 되지 못하고 한번 과습된 재료는 최적 수분 함량으로 개선하기가 아주 어려우므로 수분을 맞추는 데 각별한 주의가 필요하다. 솜은 섬유질이 치밀하게 모여 있어 공기 유통이 불량하다. 따라서 발효 중 생성되는 각종 가스가 발산되지 않아 솜 속에 축적되기 쉬우므로 솜 재배 시에는 물 관리, 가스 배출 등 특성에 맞는 관리가 중요하다.

균상재배시설과 장비

가. 퇴적장

배지 제조용 퇴적장은 재배 면적의 50% 이상을 확보하여 바닥에 물이 고이지 않도록 시멘트로 포장하여야 한다. 배지 제조 시 비가 오면 배지가 물에 젖지 않도록 배수를 철저히 하고, 재배사 주위에 오염물질이 있으면 버섯파리 및 잡균의 서식처가 되기 쉬우므로 청결하게 관리한다.

나. 솜털이 기계

솜 재배 시에 가장 중요한 기계장비이므로 성능 좋은 것을 선택하는 것이 아주 중요하다. 솜을 터는 기계는 2마력 이상의 전력과 솜이 가늘게 잘 세분, 분리되도록 하는 성능이 있어야 하며 물이 연속 자동 분무되도록 하는 장치가 부착되어야 한다. 또한 솜을 터는 칼날은 길이를 알맞게 하여 가늘고 균일하게 털 수 있어야 한다.

균상재배기술

가. 배지 제조

(1) 재료 준비

재배 시 투입되는 솜량은 3.3㎡(1평)당 60kg 정도가 알맞으며 시기에 따라 여름에는 50kg, 겨울에는 60kg 정도로 달리한다. 60평 재배사의 경우 3000~4000kg이 필요하며, 솜은 단섬유가 많고 건조 상태가 양호하며 깨끗이 보관된 것이 좋다.

솜 준비 수분 조절 및 야외발효 배지 입상

살균 및 후발효 종균접종 및 배양 버섯 발생

<그림 1-2> 느타리버섯 솜재배 과정

(2) 수분 조절

솜을 털면서 수분을 조절하는 방법에는 솜털이 기계와 경운기 로터리를 이용하는 두 가지 방법이 있는데 소면적일 경우에는 솜털이 기계로 정밀작업을 하는 것이 좋다. 솜 수분 조절에서 가장 중요한 과정 중 하나인 물을 주는 방법은 기계에 샤워식 파이프를 부착하여 자동관수가 되도록 하는 것이다. 관수된 물이 솜 덩이의 내부까지 고르게 스며들도록 하는 것이 중요하며, 부분적으로 과습된 것이 없도록 하여야 한다.

솜은 지방질이 많고 표면에 얇은 왁스층이 있어서 수분 흡수가 잘 안 되고 흡수 속도도 대단히 늦다. 따라서 수분 조절에 세심한 주의를 요하며, 솜의 수분 함량은 70% 정도로 한다. 수분 함량의 간이측정법은 한쪽 손바닥에 물먹은 솜을 쥐고 짰을 때 물이 2~3방울 떨어질 정도면 된다.

<표 1-2> 솜 배지 제조 중 중요 특성 및 유의 사항

작업 과정	특 성	유의사항
재료 선택	짧은 솜털 많은 건조품	단섬유로서 목화씨 등 불순물 없을 것
수분 흡수	초기 흡수 곤란, 후기 과습	종균 심을 때 과습 방지
털기 작업	기계화 작업 용이	덩어리 없이 고르게 퍼지게 할 것
살균 후 발효	가스 발생 많음, 휘산 곤란	가스 제거, 산소 공급, 공극률 유지
균사 생장	수직 생장 곤란	혼합 재식, 고르게 분산 유도
버섯 발생	균상 표면 건조	실내 및 균상 표면 건조 방지
수확 관리	수확 기간 장기 유지	균사층 및 하층부 약함

(3) 야외 발효

○ 발효 방법

솜 재배는 야외 발효를 시키지 않고 수분만 맞춘 후 즉시 입상하는 경우와 야외에서 3~4일간 발효 후 입상하는 경우가 있다. 솜에 함유된 영양원이 발효 미생물에 의하여 버섯에 적합한 영양분으로 전환되는 1단계로서 야외 발효를 실시한다. 하지만 겨울에는 발효 상태가 불량하게 될 우려가 많으므로 발효를 시키지 않고 즉시 입상하는 것이 오히려 더 유리하다. 야외 발효는 외부 온도가 15℃ 이상 되고 강우에 의한 과습 피해가 없는 시기에 실시하는 것이 좋다.

야외 발효 시에는 수분이 조절된 솜을 깔판 위에 폭 180cm, 높이 150cm 정도 되게 더미를 만들어 쌓아야 한다.

○ 뒤집기 작업

뒤집기 작업의 목적은 뭉쳐져 있는 솜 덩어리를 털고 풀어서 사이사이에 수분이 고르게 흡수되고 공극이 유지되도록 하여 배지 전체의 균일한 발효를 유도하는 데 있다. 첨가물은 기본적으로 넣지 않는 것이 좋으나 겨울철에는 발열 촉진 재료로서 이분(泥粉, 가공 중 잎담배가 부서져 가루가 된 것)을 2~5% 정도 첨가하면 효과가 좋다. 또한 배지재료가 씨껍질이 많은 깍지솜일 경우 더욱 효과가 높고 발열이 진행되면 뒤집기 작업을 하여야 한다. 1차 발효 후 뒤집기를 하고 동일한 방법으로 배지를 쌓은 후에 1~2일이 경과되면 발열이 이루어지게 된다. 전체적으로 뒤집기 작업은 3회 실시하고 발효 및 수분 상태를 관찰하면서 작업을 하여야 한다. 뒤집기 작업 후 입상을 하고 일반적으로 퇴적 기간은 10일 내외가 알맞다.

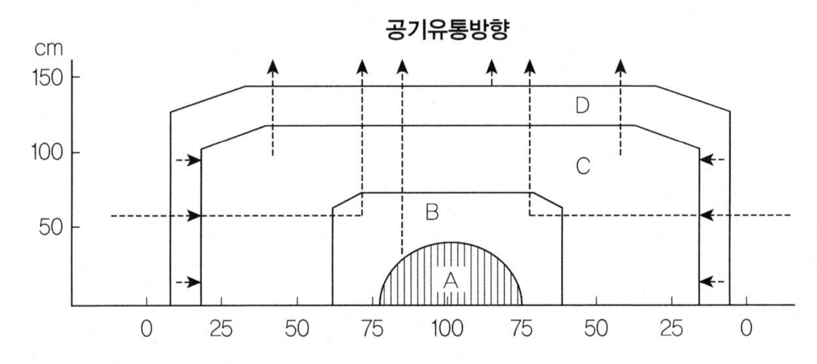

A 부분 : 산성혐기성 부분, CO_2 최고농도, 산성
B 부분 : 혐기성 부분, 온도 65~80℃, O_2 고갈
C 부분 : 호기성발효, 최적발효 부분
D 부분 : 건조호기성 부분, 최고온도 45℃ 이하, 분해불량

<그림 1-3> 솜 더미 부위별 발효 상태

(4) 배지 살균 및 후발효

○ 배지 입상

재배사에 솜을 입상하기 전에 주위를 청결하게 하고 가온 보일러 및 물 공급 장치를 점검한다. 야외에서 솜의 상태를 점검할 때 수분은 70%로 유지한다.

가스 및 악취가 있거나, 과습·건조 등으로 수분 함량이 부적합할 때는 이를 교정한 후에 입상하여야 한다. 균상에는 0.03~0.05mm의 두꺼운 비닐을 넓게 깔고 솜을 두께 20cm 내외로 성글게 쌓는다.

○ 살균 및 후발효

작업 과정 중 살균 및 후발효는 가장 중요한 작업이므로 원칙대로 실시한다. 스팀보일러의 습열로 2~3시간 가온하게 되면 재배사 내 공기 온도가 60℃ 이상이 된다. 그러나 배지 내의 온도는 서서히 상승하므로 5~8시간이 지나야만 60~65℃에 도달하고 이때부터 8~12시간을 유지해야 살균이 된다. 후발효는 산소를 좋아하는 미생물을 배양하는 과정이다. 따라서 환기를 하면서 온도를 유지해야 한다. 이후에는 배지 온도를 50~55℃ 사이로 조절하고, 2~3일간 유지하면서 고온성 미생물이 형성되도록 한다.
후발효 시에는 적당량의 산소 공급이 필요하므로 환기가 되어야 한다. 잘된 배지는 첫째, 솜에 악취가 없고 부드러우며, 둘째는 수분이 적당하여 손으로 만지면 부드러운 촉감이 있다. 셋째는 백색 또는 회색을 띤 고온성 미생물의 균총이 번식된 부분이 많아야 한다.

나. 종균 접종 및 균사 배양

(1) 종균 접종

○ 재배 품종

현재 보급된 품종이면 모두 재배가 가능하지만 가장 중요한 점은 재배 시기에 따른 최적 품종을 선정하는 것이다. 품종별 적정 재배 시기 등 확실한 정보를 미리 습득하고 종균배양소에 미리 주문 예약하여야 한다.

○ 종균 접종 준비

종균 재식량이 많을수록 균사생장이 빠르고 양호하다. 종균은 평당 10~15병 정도 준비하고, 재식 직전에는 구입한 종균 병의 균사 활력, 병해충 오염, 외부 상태 등을 육안 점검한다. 종균을 심기 직전에 재배사 청소와 소독을 실시하고 살충제를 뿌려서 버섯파리가 침입하지 못하도록 한다. 접종용기 또는 작업자의 손발을 소독하고 주위 환경도 청결하게 한 다음 병에서 종균을 빼내어 은행

알~콩알 크기 정도로 잘 부수어서 심는다. 특히 수확후 배지가 주위에 있으면 반드시 제거한 후에 종균을 심고, 용기는 클로로칼키 3000배 액으로 소독하여 사용하거나 깨끗이 세척한 후에 종균을 담아서 재식하여야 한다.

○ 종균 심는 방법

종균을 심는 방법은 층별재식법과 혼합재식법이 있다. 층별재식법은 균상의 첫 칸에 있는 배지를 비운 후 균상 양측에 20cm 높이의 판자를 대고 배지의 1/3가량을 옮겨서 고르게 편 다음 그 위에 접종할 종균량의 30%를 균일하게 흩뿌려 주고 다시 솜을 1/3가량 고르게 편 후 30%의 종균을 재식한다. 그리고 나머지 솜을 모두 옮긴 후 표면에 40%의 종균을 피복 재식한다. 혼합재식법은 종균과 배지를 내부까지 혼합시켜서 심는 방법이다. 위의 방법에서 공통적인 사항은 균상 표면을 종균으로 완전히 피복함으로써 배지 표면을 균사가 빨리 덮도록 하여 외부의 잡균 피해를 방지할 수 있도록 하는 것이다. 종균 재식 시 기온이 20℃ 이상인 고온기에는 내부에 재식하는 종균량을 50%로 줄이고 표면 접종 위주로 재식하며 균상의 가장자리에 많은 양이 재식되도록 한다.

(2) 균사 배양

종균 심기 완료 후 바로 균상에 활대를 반원형으로 꽂은 다음 비닐로 덮어주면 균사가 생장할 때에 산소 공급이 잘되고 발산되는 가스의 축적이 적어지는 경향이 있다. 균사 배양 중의 조건은 다음과 같다.

○ 온도 관리

균사 배양 중에는 온도 관리가 아주 중요하며 솜의 온도가 23~28℃가 되도록 잘 조절하여야 한다. 그러나 균상온도가 32℃ 이상이 되면 잡균이 발생하기 쉽고, 비닐 내부의 높은 온도와 비닐 밖의 낮은 온도 차이에 의해 유리수(遊離水)가 많이 생성되면 병원균 전염의 원인이 될 수 있다. 이런 경우 실내온도를 서서히 낮추어 줌은 물론 균상 내부의 열이 신속히 발산되도록 한쪽을 부직포로 막은 플라스틱 관을 비닐터널 안에 넣어 산소공급을 해주어야 한다. 균사 배양 중 균덩이 현상(균이 엉켜 계란 프라이처럼 되면서 갈색을 띠는 것)이 생긴 부위에 버섯이 발생하지 않는 경우가 있다. 방제 대책은 배지에 가스가 축적되지 않도록 하고, 25~28℃의 적온에서 균사를 활착시키며 과습된 부위가 없도록 하여야 한다. 솜의 온도가 30℃ 이상이 되면 환기를 시켜서 실내 온도를 낮춰야 한다. 균사 생장 기간은 여러 가지 조건에 따라 다른데 일반적으로 20일 정도가 알맞으며 이 기간 중에는 외부인의 출입을 통제한다. 균사가 배지에 완전히 자란 후 1~4일 더 배양한다.

○ 습도 및 환기
버섯 균사가 비닐 안에 덮혀 있기 때문에 재배사의 가습 및 환기를 실시할 필요는 없다. 그러나 실내 온도가 높거나 가스가 축적될 우려가 있으면 환기를 시켜서 조절한다.

다. 버섯 발생과 자실체 생육

(1) 버섯 발생과 관리
균사 생장만 하는 영양생장기와 버섯이 발생하는 생식생장기로 나눠 관리한다. 균사 생장이 완료되면 버섯을 발생시키기 위하여 생식생장기로 전환시켜 주어야 하는데 전환시기는 버섯 품종에 따라 다르다. 버섯을 발생시키기 위하여 재배사는 다음과 같이 관리한다.

○ 온도 및 광 조절
버섯을 발생시키는 조건 중 가장 중요한 것이 온도 관리이다. 균사가 배지에 거의 자란 시기부터 빛을 쪼이고, 비닐 제거 이전에 저·중온성 품종일 경우 배지 온도를 10~16℃로 내려 주어야 한다. 빛은 백색 또는 청색광(400~500nm)이 가장 효과적이며 2종류를 혼합하여 사용하는 것도 좋다. 빛은 신문을 읽을 수 있을 정도인 100~500lux의 밝기로 낮에만 비춰준다. 밤에는 빛이 없어도 무방하다. 저온 처리로 원기를 형성시키고 비닐을 조금씩 가장자리부터 벗기면서 버섯을 발생시킨다.

○ 비닐 제거
온도를 내린 후 비닐이 덮인 상태에서 어린 버섯이 측면 군데군데에 소량씩 형성되면 비닐을 서서히 벗겨야 한다. 만약 균사 생장이 완료되었다고 급격하게 비닐을 벗기게 되면 표면이 즉시 건조되어 균사가 약화되고 버섯원기 형성이 늦게 된다. 이 시기부터 버섯이 공기 중에 노출되므로 재배사의 공기환경이 중요하게 된다. 실내 습도를 95% 이상 높게 유지하여 습한 공기가 어린 버섯에 접할 수 있도록 해야 한다. 버섯이 건조한 공기에 노출되면 버섯 갓이 얇아지고 생육이 약해진다.

○ 환기

버섯은 자실체가 생육하는 동안 많은 양의 산소를 요구하고 탄산가스를 배출하게 된다. 따라서 재배사 내의 탄산가스를 제거하고 외부의 신선한 공기를 실내에 공급하기 위해 환기가 필요하다. 환기가 부족하면 버섯의 대가 길어지고 갓은 작아지며 환기량이 많으면 갓은 커지지만 대는 짧아진다. 급격하게 환기를 하면 균상 표면이 말라서 각질화되고 어린 버섯이 쉽게 건조되므로 조금씩 꾸준하게 실시한다. 겨울철에 외부의 찬 공기를 많이 넣어주면 유리수가 발생해 세균성 갈반병의 피해가 심해지므로 날씨가 추운 계절에는 낮에만 환기를 하도록 한다.

○ 관수

초기에는 관수량을 적게 하여 표면균사의 마모를 방지한다. 일일 관수량은 평당 800㎖ 정도로 2회 실시하는 것이 적당하나 균상의 상태나 버섯 발생 상태에 따라 적당히 조절한다. 관수 시 수압이 높으면 어린 버섯이 흔들려서 사멸되기 쉽다. 관수는 상단 부분부터 실시하고, 하단에는 상단에서 낙하되는 물을 감안하여 관수량이 약간씩 감소되도록 조절한다. 관수를 하지 않거나 불균일하게 할 경우 버섯 발생 후 재배 기간이 길어질수록 배지 중량이 감소한다. 특히 무관수 시는 중량 감소가 심하여 균상과 배지가 격리되기도 한다. 실내에는 가습시설을 하여 공중습도를 높임으로써 균상 표면의 건조를 방지한다. 버섯 발생 시 실내 습도는 90% 이상 높게 유지하여야 한다. 특히 관수를 하지 않거나 1주기 후부터 관수를 하게 되면 배지 중량이 감소할 뿐만 아니라 버섯 수량도 3주기 이후부터 급격히 감소하게 된다. 그러므로 관수는 1주기부터 균상 표면이 촉촉할 정도로 계속하는 것이 좋다.

(2) 생육기 균상 관리

○ 재배사 습도

버섯 생장기 재배사 습도는 85~90% 정도로 유지하고, 관수량은 800㎖/3.3㎡ 정도로 하는 것이 원칙이지만 버섯 발생량 및 상태에 따라서 가감한다. 즉 버섯 발생량이 적거나 크기가 작을 때는 300~500㎖/3.3㎡가 적당하고 버섯 발생량이 많거나 버섯이 생육할 때에는 800~1000㎖/3.3㎡ 정도로 증가시키는 것이 좋다. 관수 후에는 유리 수분이 오래 정체되지 않도록 관리하며 여름철에는 관수량을 많게 하고 겨울철에는 적게 한다.

○ 환기

환기량은 버섯의 형태에 따라서 조절하는데 버섯 갓이 크고 줄기가 짧으면 환기량을 감소시키고 반대 현상일 때에는 증가시켜주어야 한다.

<표 1-3> 환기 시 재배사 내 풍속에 따른 느타리버섯의 형태적 특성 및 수량

풍속(fpm)*	개체중 (g)	갓과 대의 각도(°)	수량(g/box)	CO_2 농도 (ppm)
0~1	15.3	146	155	1,850
0~0.2	8.8	110	530	530
0.2~0.5	8.9	114	601	590
50 이상	10.7	164	250	1,361

* fpm : feet/minute

버섯 품질의 경우 외국에서는 대보다는 갓 위주로 정하고 있으나 우리나라에서는 반대로 갓보다는 대를 선호하는 경향이 있다. 그래서 대가 길고 갓이 작은 버섯을 생산하기 위하여 환기를 억제하므로 세균성 갈반병의 피해가 생기고 생산량이 감소하는 농가가 많아지고 있다. 특히 강제 환기 시스템을 사용할 경우에는 재배사 내 풍속이 중요한데 사람이 느끼지 못할 정도(0.2~0.5fpm)로 아주 약하게 해주어야 한다. 풍속이 강할 경우에는 버섯의 형태가 나팔형이 되거나 한쪽으로 갓이 뒤집어지는 기형버섯이 발생하므로 재배사 내 풍속의 변화를 최대한 없애고 원활한 대류가 이루어지게 한다.

○ 온도

실내 온도는 품종에 따라서 다르지만 일반적으로 13~18℃를 유지한다. 수확 시에는 버섯 밑을 눌러주면서 옆으로 돌려서 채취하여 균상에 손상이 가지 않도록 한다. 수확한 자리에 물이 고이거나 파괴되면 잡균이 발생하기 때문이다. 버섯 수확 주기가 끝나면 실내 습도는 85% 정도로 약간 높게 하고 온도는 15

~18℃를 유지해 준다. 버섯 채취 시기는 버섯 색택이 변하지 않고 갓 끝이 밑을 향한 상태일 때 수확한다.

○ 관수

수확 전 균상 관리에서 가장 중요한 부분은 관수다. 솜재배는 보통 4주기 정도 수확을 하는데 그 기간 동안 균일한 수분 공급이 되지 않으면 급격한 수량 감소를 초래한다. 특히 무관수 등의 불규칙적인 관리 시 수분 공급 부족으로 균상 표면을 두드리게 되면 북소리가 나면서 밑부분에 공간이 있는 것처럼 느껴진다. 즉 표면의 외피 골격은 그대로 유지되지만 내부가 축소되면서 두 층이 분리되어 공간이 만들어지게 된다. 이 같은 현상이 발생하면 표면에 발생한 버섯은 내부 균사와 연결되지 못하고 단절되므로 버섯 생육에 필요한 양분과 수분의 공급이 불가능하게 된다. 특히 배지의 수축 정도가 심하고 배지 표면에 다시 균사가 생장하기도 하며, 일부 자실체가 건조되면서 갈변 증상이 일어나고, 버섯에서 다시 버섯이 발생하는 경우도 나타난다. 개선 대책으로는 균상 표면을 칼을 이용해 일정한 간격으로 절단한 후에 충분한 관수를 한다. 관수된 물은 균사가 활착된 솜배지에 스며들면서 떠 있던 표면층을 가라앉히는 역할을 할 수 있으나 너무 많이 관수하면 밑에 깔아놓은 비닐 속에 물이 고이게 되므로 비닐 밑에 작은 구멍을 만들어 고였던 갈색의 물이 빠져나가도록 하여야 한다. 만약 물이 오랫동안 정체하면 배지가 썩게 되므로 주의한다.

(3) 버섯 형태와 재배환경

○ 고온다습 환경의 자실체 형태

느타리는 재배사 내부 환경이 온도 20℃ 이상, 습도 80% 이상이 되면 자실체 형태가 대부분 대에 비해 갓이 작아지며, 색깔이 연한 회색에서 회갈색을 띤다. 그리고 여름느타리는 재배사 내부가 온도 20~25℃, 습도 80% 이상으로 유지되면 버섯 발이는 왕성하나 가장자리부터 발이가 이루어지고, 성숙한 버섯은 대가 짧고 갓 끝이 일정하지 않은 불규칙한 모양을 나타낸다.

○ 저온다습 환경의 자실체 형태

느타리는 생육 적온보다 저온이면 대가 굵고 짧아지며 갓도 작아진다. 특히 대의 가운데가 볼록해지는 비대 현상이 나타난다.

여름느타리는 13~16℃ 정도의 저온상태가 유지되고 80% 이상의 습도일 때 색택이 암갈색에 가깝고, 육질도 단단한 편이며 갓 끝부분이 너풀너풀한 것도 많이 줄어들고 갓 두께도 두꺼워 품질이 상당히 좋게 된다. 그러나 버섯의 생육 속도가 너무 느리고 발이율이 정상적인 온도에 비해 떨어진다.

○ 탄산가스 농도와 느타리버섯 자실체 형태
일반적으로 재배사 내 CO_2 농도는 버섯 생육과 밀접한 관계가 있다. 버섯이 자라서 성숙하는 과정에 탄산가스 농도가 너무 높으면 기형버섯이 많이 생기게 된다. 탄산가스의 농도가 높을수록 갓 직경은 감소하는 반면, 대길이는 증가한다. 결국 고농도에서는 완전한 성숙이 이루어지지 않거나 성숙이 되더라도 버섯의 형태를 제대로 갖추지 못하고 사멸한다. 또한 농도가 높을수록 갓이 회색에서 청색으로 변한다. 버섯이 성숙될수록 환기량을 늘려야 하는데 탄산가스 농도를 1500ppm 이하로 하는 것이 좋다.

라. 수확 및 포장

수확된 버섯은 밑부분을 절단한 후에 갓이 터지거나 상처가 나지 않도록 주의하면서 균일한 버섯으로 2kg 또는 4kg씩 포장하여야 한다. 버섯은 종이상자의 밑부분부터 수평으로 담으면서 정밀하고 정성스럽게 포장하여야 한다. 최근에는 100~200g씩 소포장하는 것이 유통에 유리하나 포장노력비가 높은 단점이 있다. 운반 시 품질의 변화를 최소화하기 위하여 온도 조절이 가능한 운반수단을 이용하는 것이 바람직하다.

균상 재배는 3~5주기 동안 버섯을 수확할 수 있다. 따라서 균상을 잘 정리하고 온·습도 관리를 잘하여 다음 주기의 수확을 준비해야 한다.

마. 폐상 소독

버섯 재배가 거의 끝나가는 시점이 되면 각종 병해충의 밀도가 증가하게 된다. 이 병원균의 밀도를 줄이지 않으면 다음 재배 시 병해충에 의한 피해가 커질 수 있다. 따라서 폐상 작업을 제대로 해야 연작 피해 또는 병해충에 의한 피해를 막아 버섯의 품질과 수량을 유지할 수 있다. 폐상 소독은 증기 또는 약제로 할 수 있다.

(1) 증기 소독

폐상 전에 재배사를 완전히 밀폐하고 생수증기를 분출하여 실온을 70℃로 올린 후 7시간 정도 유지하고, 12~14시간 경과한 다음 수확후 배지를 제거한다.

02 비닐멀칭재배

비닐멀칭재배의 특성

느타리버섯 재배에서 균상 표면을 비닐로 멀칭하고 일정하게 구멍을 뚫어 그곳으로만 버섯이 발생하도록 하면 균상의 병해를 방제하고 병 발생의 원인이 되는 물고임 현상을 없앨 수 있는 장점이 있다. 또한 균상 관리가 편리하고 노동력이 절감되며 버섯 발생 시 다발화가 강해진다. 특히 여름느타리버섯의 경우 무멀칭 균상 재배에서는 자실체가 하나씩 개체로 발생하나 멀칭재배에서는 다발화를 유도할 수 있다. 따라서 여름느타리버섯의 단점인 개체 발생, 갓의 품질 저하 등이 개선되어 봄가을에 재배하는 품종과 비슷한 상품성을 갖출 수 있다. 또한 어린 버섯의 고사가 생기지 않는다.

<그림 1-4> 느타리버섯 비닐멀칭재배

느타리버섯을 관행적인 방법으로 재배하면 균상 전체에 버섯이 발생하여 수확과 균상 관리 작업에 상당한 시간과 인력이 소모된다. 그러나 비닐멀칭재배를 하면 재배 과정이 매우 간편하고 편리해져 봄·가을에 재배하는 느타리버섯의 경우 52%, 여름철에 재배하는 여름느타리버섯의 경우 64%라는 획기적인 노동력 절감 효과를 거둘 수 있다.

<표 1-5> 느타리버섯 비닐멀칭재배와 관행재배 비교

구 분	느타리버섯(*P. ostreatus*)		여름느타리버섯(*P. sajor-caju*)	
	관행	비닐멀칭	관행	비닐멀칭
자실체 수	15	33	1	79
다발 무게(g)	117	283	2.5	225
자실체 무게(g)	9.7	13	2.5	2.5
수량(kg/㎡)	10.2	10.8	8.0	8.0
투입노동력(%)*	100	48	100	36

* 균상 면적 : 60평

비닐멀칭재배의 장단점

비닐멀칭재배의 장점은 균상 관리가 편리하고, 수확 시간이 단축되며, 버섯 품질이 양호하고, 버섯이 다발로 형성된다는 것이다. 또한 균상 표면에 병원균이 서식할 수 있는 장소를 제공하지 않으며 2주기 버섯 발생이 빨라진다. 단점으로는 멀칭비닐을 구입하거나 제조하여야 하고 관행재배에 비해 종균 접종 시간이 더 걸린다는 점을 들 수 있다.

<표 1-6> 비닐멀칭재배와 관행재배의 특성 비교

조사 항목	재배 방법			
	비닐멀칭재배		관행재배	
	느타리버섯	여름느타리	느타리버섯	여름느타리
균상 관리	편리함	편리함	어려움	어려움
버섯 품질	매우 양호	매우 양호	보통	보통
버섯 다발	큼(40~50개)	79	작음(10~15개)	1

조사 항목	재배 방법			
	비닐멀칭재배		관행재배	
	느타리버섯	여름느타리	느타리버섯	여름느타리
균상 상태	건전함	건전함	갈색으로 변함	갈색으로 변함
관수 면적	20%	20%	100%	100%
종균 접종 시간 (시간/60평)	2.5	2.5	2	2
종균접종량 (병/3.3㎡)	10	10	10	10
버섯 발생	구멍 부위	구멍 부위	균상 전체	균상 전체
2주기 발생	빠름(약 7일)	정상	정상	정상

비닐멀칭재배 방법

비닐멀칭재배는 균상에 있는 배지를 비닐로 피복하는 방법으로 배지의 발효가 되지 않았을 경우 배지에서 발생되는 가스 때문에 버섯 균사가 생장하지 못한다. 따라서 비닐멀칭재배를 하기 위해서는 배지의 충분한 발효가 필수적이다. 또한 비닐 멀칭 후 배지 수분이 적은 경우 보충할 수 있는 방법이 없으므로 종균 재식 때까지 배지의 수분을 65~70%가 되도록 조절한다. 종균을 접종할 때에는 균상에 덮은 멀칭 비닐의 구멍이 완전히 종균으로 덮이도록 한다. 만약 멀칭 구멍이 종균으로 덮이지 않으면 균상에 관수를 할 경우 물이 배지에 고여 병원균의 서식처가 되기도 하고 배지 내 수분 증발도 발생하기 때문이다. 이와 같이 비닐멀칭재배는 배지 내의 수분 증발을 막아주고 균상에 물을 주어도 물이 배지 내로 들어가지 않기 때문에 버섯 균사의 안전성을 유지해 줄 수 있다. 또한 비닐멀칭재배의 경우 발효가 잘된 배지를 입상함으로서 균사 배양 도중에 가스 빼기 작업이 필요 없고 버섯 균사가 생장하는 데 아무런 장해도 일으키지 않는다.

비닐멀칭은 종균 접종과 동시에 해야 한다. 비닐을 너무 늦게 덮게 되면 1주기의 버섯은 생산할 수 있으나 푸른곰팡이병이 발생하여 균상 전체로 번지게 되므로 오히려 멀칭을 하지 않은 것만 못하게 된다.

가. 멀칭용 비닐 제조

비닐멀칭재배에서 구멍의 크기가 작고, 많을 경우 종균의 접종이 어렵고 버섯 발생도 너무 많아져 품질을 떨어뜨린다. 반면 구멍의 크기가 너무 크면 무멀칭 방법과 별다른 차이가 없게 되므로 접종 시간 단축 및 수량 증수를 위해서 최적의 구멍 수를 유지하는 것이 좋다.

멀칭용 비닐을 가정에서 직접 만들어 사용할 경우 번거로움이 있지만 숙달되면 2~4시간 정도면 60평 분량의 멀칭용 비닐을 만들 수 있다. 최근에는 느타리버섯 멀칭용 비닐(지름 10cm, 간격 10cm)이 개발되어 시판되고 있다. 멀칭재배 시 구멍의 크기와 간격은 9~10cm로 하고 구멍 부위에 더 많은 종균을 접종하여 구멍의 가장자리가 뜨지 않도록 하는 것이 중요하다. 비닐의 색깔은 투명이든 흑색이든 상관없다.

<표 1-7> 멀칭 비닐의 구멍 크기와 수에 따른 버섯 수량

구분	멀칭 비닐의 구멍 크기와 수 (지름cm/ 개/ ㎡)					
	5/100	6/64	7/49	9/36	10/25	관행
수 량(kg/㎡)	15	15	15	16	16	14
종균 접종 시간(분)	35	20	15	10	5	3

<표 1-8> 멀칭 비닐의 규격

구멍의 지름(cm)	구멍 사이의 간격(cm)	구멍 수(개/㎡)
10	10	25

나. 종균 재식과 비닐 멀칭

비닐멀칭재배에서 종균을 접종하는 방법은 종균의 50%를 혼합접종에 사용하고, 종균의 10%는 균상을 고르게 한 다음 균상 표면에 약하게 뿌려준다.

그리고 비닐 멀칭을 한 후 구멍 부위에 나머지 40%를 접종한다. 주의할 사항은 멀칭 구멍에 종균을 접종할 때 구멍의 가장자리가 종균으로 완전히 덮이도록 해야 한다는 것이다.

다. 균상 비닐터널 설치

터널 설치의 가장 큰 목적은 접종한 종균이 건조되지 않도록 하기 위해서이며, 다음으로는 접종한 부위가 외부의 잡균 등에 오염되지 않도록 하기 위해서이다. 터널 설치 후 며칠이 지나면 비닐 내부 표면에 이슬 같은 작은 물방울이 맺히는데 이는 터널이 정상적으로 설치되었다는 것을 의미한다. 만약 터널 내부에 외부의 공기가 들어가게 되면 물방울이 맺히지 않고 내부가 선명하게 들여다보일 정도로 투명한데 이는 균상 표면의 건조가 일어나고 있다는 의미이다. 터널 내부는 수분의 증발이 억제되어 건조가 일어나서는 안 된다. 또한 균상 표면에 비닐멀칭을 하였다고 해서 비닐터널을 설치하지 않으면 구멍 부위에 접종하였던 종균이 건조되어 버섯 균사가 생장을 할 수 없으므로 버섯재배는 실패하게 된다. 따라서 비닐터널은 반드시 설치해야 하며, 기타 균사 배양과 버섯 발생 등에 관한 작업은 관행의 방법에 따라 실시하면 된다.

<그림 1-5> 느타리버섯 균사 배양을 위한 균상 비닐터널

03 병 · 봉지재배

병 · 봉지 재배의 발달

느타리버섯 재배 초기에는 간이 버섯 재배사와 원목 및 볏짚 등을 이용하여 자연적인 환경조건에서 인력으로 재배하는 형태가 주를 이루었다. 이러한 재배는 재료의 효율은 높으나 인력이 많이 필요하고 계절적 영향을 많이 받게 된다. 이를 개선하기 위하여 자동화된 기계로 각종 배지재료를 일정한 크기의 소형 용기 안에 집어넣고 균사를 자실체로 발생시켜 수확하는 재배법이 개발됐다. 이를 통해 1인당 생산성이 높아지고 계획생산이 가능해졌다.

배지 제조와 균 배양, 버섯 생산의 분업화가 가능한 병·봉지 재배는 균상 재배 시설에서도 버섯을 기를 수 있어서 재배 농가가 증가하고 있다.

<그림 1-6> 느타리버섯의 병재배와 봉지재배

병 · 봉지재배의 장단점

병재배법의 장점은 모든 과정에서 작업을 자동화, 기계화할 수 있어 인력이 절감되고 소규모인 경우에는 자가 노동력 위주로 재배할 수도 있으며 기계적인 규격품 생산이 가능하다는 것이다. 또한 재배사 내의 온습도를 최적으로 조절해 연중 재배할 수 있으므로 계획생산을 통한 버섯의 수급 조절이 가능하다.

단점은 재배를 위한 시설비 및 기계설치비 등의 비용이 균상 재배에 비하여 매우 많이 소요되고 균상 재배에서 생산되는 버섯보다 품질이 약간 떨어지는 경향이 있다는 것이다. 전국적인 대량재배를 할 경우 전문 기술자가 있어야 하고 주재료인 톱밥을 구하는 데도 어려움이 예상된다. 봉지재배는 균상 재배보다 자동화율이 높으나 아직 입봉작업, 접종작업 등에 있어서는 병재배에 비하여 작업 효율이 낮은 실정이다.

<표 1-9> 봉지재배와 균상재배의 장단점

	봉지재배	균상재배
장점	○ 자동화율 높고 고정노동력 사용 가능 ○ 고정 판매망 구축으로 계획생산 가능 ○ 병해충에 의한 실패율 낮음 ○ 재배기술 습득이 비교적 쉽고 재배가 안정적	○ 적은 자본으로 재배 시작 가능 ○ 재배 규모 및 시기 결정이 쉽다 ○ 배지의 이용 효율이 높다 ○ 전업형과 부업형 농가 형태 모두 가능
단점	○ 균상 재배에 비하여 시설투자비 과다 - 혼합기, 입봉기, 살균기, 접종기, 냉난방 시설 등 ○ 배지재료의 공급처 확보가 어려움	○ 고정 판매망 확보 어려워 계획생산 어려움 ○ 자동화율이 낮음 ○ 병해충 때문에 배양 성공률 낮음 ○ 계절적인 생산량 변화가 심함 ○ 안전생산기술 습득에 장기간 소요

병 · 봉지 재배시설 및 장비

가. 재배시설

병·봉지 재배를 위해서는 배지생산과 재배과정에서 일괄작업을 할 수 있도록 구조를 갖추고, 버섯을 연중재배하기 위해서 환경 조건을 자동적으로 조절할 수 있는 시설을 갖춰야 한다. 이와 같은 시설과 장비를 구비하기 위해서는 많은 자금이 필요하다. 시설은 크게 배지제조 및 배양실, 버섯 재배사로 구분할 수 있다.

(1) 배지제조 및 배양 시설

○ 톱밥야적장

톱밥야적장은 버섯 재배에 필요한 톱밥을 일정 기간 야외에서 퇴적 및 뒤집기 작업을 하면서 발효시키는 장소로 충분한 면적을 보유하여야 한다. 야적장 바닥은 콘크리트가 좋고 약간 경사지게 하거나 배수로를 만들어 물이 바닥에 고이지 않게 하여야 한다.

○ 작업실

버섯 배지를 만드는 장소에 필요한 장비(톱밥체, 톱밥혼합기, 배지입병기, 마개기, 살균기, 보일러 등)를 설치할 공간과 작업 공간이 있어야 한다. 작업실은 단열 또는 온습도 조절장치를 완벽하게 하지 않아도 된다. 다만 입병기, 살균기, 보일러 등을 설치해야 하기 때문에 전기 용량 및 배선의 안전도에 중점을 두어야 한다. 소요 면적은 하루 생산량 3000병일 경우 약 66㎡(20평) 이상이면 되고 전체적으로 직사각형으로 설계해야 기계를 배치하는 데 유리하다.
기계 설비 중 톱밥체 및 혼합기는 먼지와 소음 때문에 작업실 밖에 설치하지만 동절기에 배지가 얼거나 혼합기의 대형화로 입병 시간이 길어지면서 배지 내에 발열이 생기는 문제, 인부의 작업환경 등을 고려하여 먼지를 제거하고 온도 조절이 가능하도록 하는 것이 좋다.
작업실의 기계류는 입병기, 마개기, 운반기기, 살균기 순으로 배치한다. 증기보일러는 살균솥의 크기에 따라 다르나 0.2~0.5t 정도면 고압살균이 가능하다. 자동송출입병기는 플라스틱 바구니가 적재되어 입병과 동시에 마개 막기 작업이 이루어진다. 살균기에는 병이 적재된 컨테이너가 들어갈 수 있어야 하며 크기는 대략 하루 생산량을 기준으로 1~2회에 살균할 수 있으면 된다. 작업실에는 상하수도 장치가 잘되어 있어야 하고 주위에 톱밥야적장, 첨가제 보관 창고, 자재 창고, 탈병실 등이 있어야 편리하다. 작업실에서 발생하는 먼지 등이 배양실로 옮겨가는 것을 막기 위하여 차단 장비 또는 에어샤워기 등을 설치한다.

○ 냉각실

살균기에서 꺼낸 배지는 압력이 떨어진 후에도 보통 100℃에 가까운 고온이므로 균을 접종할 수 있을 정도의 상온으로 냉각시키는 시설이 필요하다. 살균기에서 나오는 뜨거운 공기를 냉각실 밖으로 내보내고 깨끗한 공기를 받아들일 수 있도록 필터를 갖춘 여과 시설이 있어야 한다. 바닥은 미생물이 서식할 수 없도록 먼지나 습기를 없애야 하고 항상 청결해야 하며, 냉방시설을 하여 온도를 10℃ 이하로 낮출 수 있어야 한다. 냉각실의 크기는 하루 입병량을 고려하여 설치하며 외부창에는 환풍 장치도 필요하다. 냉각실을 만들 때 살균기 앞쪽에는 예냉실, 뒤쪽에는 냉각실을 구분하여 설치하는 것이 좋으며 냉각 시에는 외부의 찬 공기가 직접 유입되지 않도록 접종실에 있는 무균 공기를 유입시켜서 이용하고 배출되도록 한다. 최근의 살균기는 자체 내에서 상온에 가까운 온도로 낮출 수 있게 돼 있으므로 예냉실의 크기는 점차 감소하는 추세이다.

○ 접종실

살균이 끝나고 냉각된 배지에 안전하게 버섯균을 접종할 수 있도록 무균상과 무균실 등 외부에서 먼지나 잡균이 침입할 수 없도록 차단하는 장치가 있는 방을 말한다. 병재배가 시작된 초기 단계에는 사람 손으로 직접 접종을 하였으나 요즈음에는 반자동 및 자동접종기, 액체종균 접종기 등을 사용하고 있다. 무균실은 항상 청결해야 하며 밖에서 여과 멸균되지 않은 공기가 유입되는 것을 막기 위해 여과된 공기를 접종실에 강제 유입시켜 양압의 상태를 유지한다.

<그림 1-7> 병·봉지 재배용 살균기 및 스팀보일러

○ 배양실

배양실은 버섯균이 병·봉지 속의 톱밥에서 완전하게 자라도록 하는 시설이다. 배지에서 잡균이 발생하지 않도록 배양실 주위와 실내를 청결하게 유지해야 하며, 실내 온도를 15~20℃로 조절할 수 있도록 냉난방 시설을 갖추어야 한다. 균사 배양 시 균사의 호흡으로 발생한 탄산가스가 축적되지 않도록 2~3시간마다 15분 정도 여과된 공기로 환기를 시키며, 초음파가습기를 설치하여 습도를 70% 정도로 유지한다.

배양실의 크기는 재배 규모에 따라서 차이가 나는데 보통 1㎡당 300병 정도 배양할 수 있고, 배지 배양 기간은 버섯 종류에 따라서 차이가 있지만 20~30일 정도 소요되므로, 30일 동안의 배양 물량을 항상 쌓아 둘 수 있는 공간이 필요하다.

(2) 재배시설

○ 재배 환경조건

- 온도

버섯 균사가 생육할 수 있는 한계온도는 5~35℃ 범위이고 이보다 낮으면 생육이 정지하게 된다. 버섯균은 저온에 견디는 힘은 강하나 고온에는 약한 성질을 가지고 있으므로 고온 피해를 방지할 수 있도록 시설을 설치하여야 한다. 버섯 발생을 위해 영양생장기에서 생식생장기로 전환할 때에는 필수적으로 온도의 변화가 있어야 하며 이와 같이 버섯을 발생시키기 위하여 온도를 낮추는 것을 발이작업이라고 한다. 버섯 종류 및 품종에 따라 많은 차이가 있으나 재배사 내의 온도를 5~25℃ 범위로 유지할 수 있는 시설을 갖추어야 한다.

<그림 1-8> 병·봉지 재배법에 의한 느타리버섯의 생육

- 습도

버섯의 발이를 유도할 때에는 재배사의 공중습도를 90% 이상으로 유지하면서 환기를 해야 한다. 버섯 생육 중 공중습도는 계절적으로 약간 차이가 있으나 80~90% 전후가 가장 알맞은 조건이므로 가습시설도 이에 맞추어 설치한다.

- 환기조건

버섯은 배지의 영양원을 분해하여 균사를 통하여 흡수하는데 분해 시 많은 탄산가스(CO_2)가 발생한다. 따라서 외부의 신선한 공기를 유입시켜 CO_2 농도를 1000~2000ppm 이하로 낮게 유지해야 한다.

- 빛

빛은 버섯 발생 및 갓의 색깔에 영향을 주며, 버섯 균사 생장에는 크게 영향을 미치지 못하는 것으로 알려져 있다. 특히 느타리버섯, 영지버섯 등에는 빛이 버섯의 생육을 촉진하고 갓의 색깔을 진하게 하여 상품가치를 높이지만 양송이, 팽이버섯 등에는 빛이 크게 영향을 미치지 못하는 것으로 알려져 있다.

○ 재배를 위한 시설

- 발이실

균사생장이 완료된 병이나 봉지를 재배사로 옮겨서 버섯이 발생할 수 있도록 환경 조절이 된 곳을 말한다.

재배사는 배지 생산 규모에 따라 크기를 조절하고, 통로는 대차 등이 쉽게 이동할 수 있도록 최소 폭 2m 이상이 되어야 하며 발이실 내부에는 양면에 90cm 폭의 대차 또는 고정식 균상이 2~3열 위치하고, 양 측면에는 60cm 정도의 폭으로 통로가 양쪽으로 있어야 한다. 최적온도는 12~18℃, 습도는 80~95%, 탄산가스 농도는 1000~3000ppm 이하를 유지할 수 있어야 한다. 발이기간은 품종에 따라 다르나 보통 3~10일 정도 지나면 초기에는 많은 회백색 버섯이 발생하고, 시간이 갈수록 갓이 흑색을 띠는 버섯으로 생장한다. 버섯의 색은 온도에 의해 결정된다.

- 생육실

발이실에서 발이된 느타리버섯을 생육실로 옮겨서 키운 후 수확한다. 생육실의 최적온도는 품종에 따라서 차이가 있으나 저온성은 10~15℃, 고온성은 18~23℃로 조절하고 실내습도는 85~90%가 유지되도록 한다. 탄산가스 농도는 1000~3000ppm 정도가 유지되도록 환기량을 조절한다. 생육실에서 7~10일 정도 지나면 생육이 완료되어 수확을 할 수 있게 된다.

- 발이, 생육 일체형

냉방기기와 재배환경 자동조절장치가 설치된 재배사에서는 한 장소에서 발이와 생육을 하면서 생육 시기에 따라 재배환경을 적절하게 조절하므로 이동에 소요되는 인력을 절감할 수 있다. 현재는 주로 이 방법이 사용되고 있다.

○ 재배를 위한 장비

- 배지혼합기

톱밥, 면실피, 비트펄프, 미강, 면실박 등의 배지재료를 혼합하기 위한 장비로 먼지가 많이 발생하며 배지재료가 있는 창고 및 야적장에서 쉽게 이동할 수 있는 작업실 밖에 설치하는 것이 보편적이다.

- 입병기

배지혼합기에서 재료 혼합과 수분 조절이 된 배지를 1박스 16개의 플라스틱 용기에 일정량씩 넣는 기계로 병의 무게가 일정해야만 좋은 기계이며, 입봉기와 달리 마개기가 연결되어 있는 것이 차이점이다.

입봉기는 플라스틱병 대신 내열성 비닐봉지에 일정량의 혼합된 배지를 원형 또는 사각 모양으로 성형하여 넣어주는 기기를 말하는데 입병기에 비하여 작업 속도가 느리다. 입봉된 배지는 봉지 내 톱밥배지의 형태가 파괴되지 않도록 별도의 상자에 담아야만 대량 이동이 가능하다.

- 살균기

입병 또는 입봉된 배지 내의 유해 미생물을 제거하기 위하여 사용하는 장비로 상압살균기, 고압살균기 등이 있다.

- 접종기

살균이 끝난 배지에 종균을 접종하는 기기로 인력 접종, 반자동접종기, 4구 자동접종기 등이 있으며 현재에는 4개의 병을 동시에 접종하는 자동접종기가 일반적으로 사용되고 있다. 최근 액체종균을 사용하기 시작하면서 액체종균 접종기가 개발되어 많이 사용되고 있다.

- 가습기

배양실, 생육실 등에 설치되며 버섯 발생 및 생육에 필요한 습도를 조절하는 장비로 가압형, 원심형, 초음파식 등 다양한 종류의 가습기들이 사용되고 있다. 이 중 물방울의 입자가 가장 작은 초음파식 가습기가 효과적으로 사용될 수 있다.

- 냉난방기

버섯 재배에 필수적인 장비로 배양실, 냉각실, 접종실, 생육실, 저온저장고 등에 설치되어 온도를 일정하게 조절할 수 있게 한다. 재배사 내 환경조절 장치에 연결되는 것이 보통이다.

- 이동용 대차

생육단계별로 병·봉지 등을 옮기는 경우에 필요한 이동 장비로 없으면 많은 인력이 소요되기 때문에 버섯재배에서는 필수적인 기기이다.

병 · 봉지 재배기술

가. 배지 제조 및 살균

(1) 배지 제조

○ 배지 재료

배지 재료는 버섯이 생장하는 데 필요한 물리·화학적인 필수 요소를 가지고 있어야 하며, 주재료인 톱밥과 첨가제로 구성된다.

톱밥은 배지를 구성하는 기본재료 중 주재료로서 균사 생장 및 자실체의 생육시 없어서는 안 될 양분, 수분과 산소를 공급하는 역할을 한다. 생장에 필요한 필수영양원을 공급하는 첨가제로는 미강이 주로 이용되었으나 최근에는 버섯의 수량성 및 품질을 증대할 목적으로 비트펄프와 면실박을 이용하는 농가가 증가하고 있다.

기존의 배지 재료는 톱밥에 영양원인 미강을 20% 혼합하여 사용하였으나, 솜,

펠릿, 면실박, 밀기울, 팽화왕겨, 옥수수이삭속(콘코브) 등 다양한 재료를 혼합하는 형태로 변화되고 있다.
예전에는 제재소에서 부산물로 생산되는 톱밥을 주로 사용하였으나 최근에는 포플러, 미송 등 목재를 분쇄하여 만든 톱밥을 사용하고 있다.
느타리버섯 재배에는 포플러, 오리나무 등의 톱밥이 적당하며 미송 톱밥은 3~4개월 동안 퇴적 발효 후에 사용하는 것이 좋다.
첨가제로 톱밥에 혼합되는 미강(쌀겨)은 13% 정도의 조단백질과 조지방을 함유하고 있을 뿐만 아니라 무기염류와 비타민류도 들어 있다. 톱밥에 부피 기준으로 20% 정도 첨가할 경우 양분 공급과 보수력을 증대시켜 주는 역할을 한다.
미강은 지방 함유량이 많아서 상온에서 장시간 보관하게 되면 올레인산 함량이 많아지고 산패되어 수량이 많이 감소하게 된다. 탈지강은 지방분을 뺀 것으로 열처리를 하여 건조되어 있으므로 변질될 염려가 없지만 생미강보다는 수량이 감소되므로 가능하면 사용하지 않는 것이 좋다.

<그림 1-9> 병재배 느타리의 단계별 생육

일반적으로 큰느타리버섯에는 밀기울을 많이 사용하고 있고 느타리버섯에서도 대체 첨가제로서 효과가 있는 것으로 알려져 있다. 그러나 밀기울이 다량 함유된 것은 열처리 시 밀기울이 풀로 변하면서 물리성이 나빠진다.
왕겨는 농산부산물로 톱밥에 20~30% 정도 첨가하면 배지 속의 공극량을 증대시켜 산소 공급은 물론 수분 조절도 용이하게 되는 장점이 있다. 그러나 생왕겨보다는 팽화(膨化) 또는 분쇄된 것을 사용하는 것이 좋으며 왕겨 첨가량이 너무 많으면 물리성이 악화되고, 배지 무게가 급격하게 감소되어 배양이 완료된 시기에는 배지 부피가 크게 축소되고 수량이 떨어지는 단점이 있다.
그 외에 버섯 재배에서 배지의 주·부재료로 사용될 수 있는 다양한 농산부산물들이 있으나 대량 구입의 용이성, 생산의 안전성, 병해충의 발생 등 여러 가지 문제로 쓰지 못하고 있다. 그러나 현재 사용되고 있는 재료 구입에 문제가 발생할 경우를 대비하여 사용 가능한 재료를 2~3개 정도 파악해 놓는 것이 좋다.

<표 1-10> 미강의 일반 성분 및 비타민 함량

함유 성분	함량 (%)	비타민 종류	함량 (mg/kg)
수 분	13~14	디 아 민	22.4
조 단 백	11~17	리보플라빈	2.6
조 지 방	10~19	니 아 신	303.2
조 섬 유	8~9	펜토테닉산	23.5
무 기 물	5~13	비 오 틴	4.2
기타화합물	50~70	코 린	1.254.0

<표 1-11> 미강의 저장 기간에 따른 수량 변화

저장기간(개월)	올레인산(%)	버섯 발생	수량(g/800cc)
0	4.4	매우 양호	107
3	5.4	양호	105
6	13.1	불량	100
12	17.6	불량	91

○ 톱밥 혼합 및 수분 조절

일반적으로 톱밥의 혼합 및 수분 조절은 톱밥을 톱밥체로 쳐서 불순물을 걸러낸 후 혼합기에 넣어 미강과 고르게 혼합하고, 물을 뿌려가면서 다시 혼합하여 수분을 65~70%로 조절한다.
혼합기는 서서히 회전하면서 수분이 고르게 흡수되도록 하며, 수분이 조절된 배지재료는 오래 방치하면 변질되므로 즉시 사용하는 것이 좋다.
또한 펠릿화되어 있는 재료들을 사용할 경우 미리 약간의 수분을 첨가함으로써 팽창되어 가루가 되게 한 다음 다른 재료들과 잘 혼합해 수분을 조절하는 것이 좋다. 배지 수분을 간이 측정하는 방법은 톱밥을 손에 쥐고 약하게 힘을 주어보면 된다. 이때 손가락 사이로 물이 1~2방울 흐를 경우 약 65% 내외의 수분 함량이 된다. 그러나 재료의 상태에 따라 다를 수 있으므로 수분측정기를 사용하는 것이 가장 정확하다.

○ 입병·입봉 작업

입병은 혼합된 톱밥을 플라스틱병에 일정하게 넣는 것을 말하며, 병의 크기가 850㎖일 경우 배지의 최적 입병량은 510~560g이다. 자동 송출 입병기를 사용하면 16개의 병이 들어 있는 바구니를 쌓아 놓고 혼합된 배지를 자동으로 병에 넣은 뒤 마개를 막을 수 있다. 이때 배지를 균일하게 충전하여 모든 병에 적량의 배지가 들어갈 수 있게 해야 한다. 봉지재배의 배지 형태는 원통형, 사각형이 있으며, 배지 중량은 600g~2.5kg이다.

배지량에 따른 수량 및 회수율의 경우 배지량이 증가할수록 병당 수량은 증가하나 톱밥 배지량에 대비한 회수율은 감소한다. 봉지 크기에 따른 수량은 직경 14cm 이후 감소하고 회수율은 직경이 클수록 점차 감소한다.

배지 중량에 따라 배양 및 생육특성, 수량 등이 달라지며 배지 길이가 길수록 배양 기간이 길어진다. 배지의 균사 생장이 완료된 후 발이 소요 기간, 생육 일수, 수확 일수 등은 배지량 및 봉지 직경과 별 관계가 없다. 그러나 총재배기간은 배양 일수에 영향을 받아 배지량이 많을수록 길어진다. 원통형의 봉지에 600~1000g을 넣은 배지가 주로 사용되고 있으며, 용량이 작은 배지는 1회 수확하고, 배지 용량이 큰 것은 2회 정도 수확한다.

○ 배지 살균

입병 또는 입봉된 배지는 살균 과정을 거침으로써 유해 미생물을 없애고 배지를 연화시켜 접종된 버섯 균사가 잘 자랄 수 있도록 해야 한다. 살균 방법은 고압살균(121℃에서 60~90분)과 상압살균(98~102℃에서 4~10시간)이 있다.

살균기의 형태는 4각형 또는 원형이다. 배지는 상자에 담겨 운반대차에 쌓은 상태로 살균기에 넣어지기 때문에 대차는 살균기의 크기에 맞추어 제작하여야 한다. 하루 생산량이 소규모인 경우 살균기 용량은 거기에 맞추어 제작하는 것이 좋으나,

몇만 병 이상의 대규모 생산설비를 하는 경우에는 살균기 용량이 무작정 큰 것보다는 3000~5000병 규모의 살균기를 여러 대 설치하는 것이 효과적이다.

<표 1-12> 온도 및 압력과 살균 소요 시간의 관계

온도(℃)	기압(atm)	압력(kg/㎠)	살균 소요 시간(분)
100	1.00	0	4.3
110	1.41	0.43	2.0
115	1.67	0.69	1.4
120	1.96	0.99	1.3
125	2.26	1.33	1.2
130	2.67	1.72	1.1
140	3.57	2.65	1.1

다. 버섯균 접종 및 배양

(1) 버섯균 접종

접종은 버섯균을 살균된 병 또는 봉지의 배지 내에 이식하는 아주 중요한 작업으로 병 안의 배지 온도가 20~25℃가 되면 실시한다. 무균실 또는 무균상에서 수행하여야 하며, 일반적으로 자동접종기로 실시하는 것이 좋지만 소농가 또는 봉지재배 농가의 경우 반자동접종기를 사용하거나 수작업으로 할 수 있다. 무균실은 미생물과 먼지의 밀도를 최대한 낮추고 청결하게 관리하며 헤파필터에 의해 여과된 공기만 공급되도록 하고 실내온도는 20℃ 이하로 낮게 유지하는 것이 좋다.

<그림 1-10> 종균 접종 장면

(2) 버섯 균사 배양

접종 작업이 완료되면 배지는 바구니에 넣은 채로 대차 또는 적재판 위에 6~8층으로 쌓아서 배양실로 옮긴다. 버섯은 균사 생장이나 자실체의 생육을 위해 배지 내 당과 공기 중의 산소(O_2)를 소비하여 필요한 화학 에너지를 얻고 CO_2를 배출한다. 느타리버섯의 병·봉지 재배에서 배출되는 CO_2는 접종 후 15일경에 최대가 된 후에 점점 감소하며, 배양 과정 중 CO_2 배출량이 최대가 될 때 균사 생장도 최대가 된다.

배양실의 온도는 배양량에 따라 결정하며, 배양 적재 높이가 높은 경우에는 적재된 배양 더미의 정중앙 온도를 측정하여 25℃를 넘지 않게 조정한다. 습도는 65~75% 정도가 알맞다. 습도가 낮은 경우에는 배양기의 표면이 건조되기 쉽고, 그 결과 버섯 발생이 불균일하고 발생량이 감소되어 수량성이 낮아지는 경향이 있다. 배양 기간은 버섯 종류에 따라 다르나 보통 20~25일 정도 소요되며 병 전체가 흰 균사로 덮인다. 배양 시에는 배지의 균사 생장 상태를 자주 관찰하여 잡균이 발생하면 즉시 제거하여야 한다.

○ 온도

배양실의 온도는 배양 초기에 배지량이 적게 쌓인 경우 20~22℃를 유지하고 균이 3cm 정도 자랐을 때 18~22℃로 낮추어 유지한다. 실내 온도를 균일하게 하기 위하여 전열선 등을 이용할 수 있으며 실내 공기를 순환시켜 온도의 균일화를 꾀한다. 느타리버섯의 배양 완료 기간은 22~23일 정도이며 이보다 기간이 길어지면 균사가 노화되어 수량이 떨어진다.

○ 습도

배양실의 습도는 65~75%로 하여 배지의 수분이 유지될 수 있도록 한다. 뚜껑의 구조와 필터 종류에 따라 다르나 배지 표면의 건조 정도에 따라 습도를 조정하여야 한다. 혹시 병속 상층 표면이나 중앙부의 구멍이 건조되어 푸른곰팡이균이 번식하면 배양실을 가습하여 실내습도를 높여 주어야 한다.

<그림 1-11> 병·봉지 재배용 느타리버섯 배양

○ 환기

환기량은 배양병 수, 외기 온도, 습도, 건물 구조, 환기 방법에 따라 횟수 및 시간을 조절한다. 1일 3회 정도는 완전히 공기를 바꾸어 주어야 하고, 공기 순환이 잘되게 하여 실내 상하층의 온도가 모두 균일하게 해야 한다. 배양실에 수용 가능한 병의 양은 평당 1200~1400병(천장 높이 3m)이 적당하고, 탄산가스 농도는 3000ppm 이하가 되도록 하여야 한다.

라. 생육관리 및 수확

(1) 병재배에서의 균긁기 및 발이유기

균긁기는 봉지재배에서는 없는 과정으로 배양이 끝난 병의 마개를 열고 병의 상면과 구멍 속의 접종원을 긁어내는 작업이다. 이 작업은 배지 병 표면의 노화된 균을 제거하여 균사를 재부상시킴으로써 버섯이 균일하게 발생하도록 하기 위한 것이다. 균긁기는 접종균이 남지 않으면서도 너무 강하게 문지르지 않도록 하고 병 입구로부터 10mm 정도 아래까지 긁어낸다. 균긁기 직후 병 표면의 건조를 방지하기 위하여 물주기를 한다. 이때 물은 청결하고 오염되지 않은 것이어야 한다.

발이실의 온도는 13~16℃ 또는 고온성일 경우 19~23℃로 맞추고, 습도는 85~95%로 높게 맞추어 버섯을 발생시킨다. 또한 배지의 표면이 마르지 않도록 신문지를 덮어 주면 병 속의 균사는 영양생장을 하다가 생식생장으로 전환되어 버섯이 발생하게 된다.

<그림 1-12> 느타리버섯 병재배용 균긁기 기기

(2) 봉지재배에서의 발이유기

발이유기는 영양생장에서 생식생장 단계로 전환시키는 과정으로 온도, 습도, 탄산가스, 빛 등 환경 요인의 변화에 의해 원기가 형성된다.

봉지재배 시 발이유기 방법은 봉지의 마개를 잘라내고, 배지 표면에서 비닐을 2~3cm 정도 남기고 제거한다. 재배 상자에 8~10개씩 정도 담아 균상에 놓고 품종 특성에 맞는 온도로 조정하며, 습도는 발이 시에는 90~95% 이상, 생육 시에는 85~90%로 하고, 재배사 내의 CO_2 함량은 1500~2000ppm 이하가 되도록 환기를 한다. 환기가 불량하면 대가 길어지고 심하면 버섯이 사멸하는 경우도 있으므로 주의해야 한다. 빛은 100~500lux로 관리한다. 3~5일 후면 원기가 형성된다.

만약 봉지를 배지 상단면과 비슷한 길이로 절단하게 되면 배지 표면이 건조하기 쉽고, 버섯이 비닐과 배지상단부 가장자리 사이에서 발생하므로 경우에 따라서는 품질이 떨어진다. 일부 농가에서 봉지 측면이나 하단부에 발이를 유기하는 경우가 있는데 이 방법은 노동력을 줄일 수 있는 장점이 있으나 발생된 자실체가 전체적으로 골고루 성장하지 못하는 경우가 많다.

(3) 버섯 수확 및 선도 유지

○ 버섯 수확

병 표면에 자란 버섯을 손으로 눌렀을 때 단단한 감이 있거나 갓의 직경이 8~

13mm 정도가 되면 한 손으로 병을 잡고 다른 손으로 버섯을 잡아서 옆으로 넘겨 버섯을 수확한다.

병재배에서 병당 수확되는 버섯량은 대략 90~160g/850cc, 봉지재배에서는 180~230g/900cc 정도가 된다. 수확된 버섯은 소형 트레이에 150~200g씩 랩을 씌워서 포장한다.

<그림 1-13> 느타리 수확 포장 장면

○ 버섯 선도 유지

수확된 버섯은 포장한 후에 선도가 오래 유지되어야 상품성이 높은데 시간이 경과하면 호흡작용에 의하여 양분이 소모되고 열이 발산되어 시들거나 조직이 갈변하는 경우도 있다. 이를 방지하기 위하여 저온을 유지하고 포장된 버섯은 낮게 적재하여 자체 발열이 되지 않도록 한다. 또한 수확된 버섯에 광선이 비치면 퇴색되고 온도가 상승하여 피해를 받게 되므로 주의한다. 버섯의 품질을 좌우하는 것은 주로 갓과 대의 수분 함량이다. 때로는 세균의 증식에 의해 품질이 저하되고 심할 경우 버섯에 알코올(술) 냄새가 날 정도로 품질이 나빠지게 된다. 조직이 연약한 것보다 단단하거나 윤기가 있는 버섯이 오래 보관할 수 있다.

마. 탈병 · 탈봉 작업

병재배에서 수확이 완료된 병은 즉시 탈병하여 배지나 병을 재이용하지만 봉지재배에서는 비닐제거기로 수확후 배지와 비닐을 분리하여 처리한다.

탈병장은 재배시설과 격리되어 있어야 하고 탈병기에는 컨베이어가 차량까지 연결되어 있어 폐톱밥을 차에 적재하거나 멀리 운반하는 데 편리하도록 한다. 바람이나 환기통을 통하여 먼지나 잡균 등이 비산하거나 재배시설에 다시 날아오지 않도록 한다. 이때 발생하는 폐톱밥은 유기질 비료 제조 공장에서 주로 이용한다.

탈병된 병은 직사광선에 오랫동안 방치하면 분해되거나 탈색되어 재사용이 어렵게 된다. 재배 중에 잡균이 심하게 발생한 수확후 배지는 살균기로 살균해 오염원을 제거해야 한다. 탈병기는 철저하게 소독하고 칼날이나 마모된 부품은 즉시 교체하여 주어야 한다.

병 · 봉지 재배사의 방역 대책

가. 잡균 억제 대책

병·봉지 재배에서는 잡균을 억제하기 위해서 공기를 여과하여 재배사 내에 주입하거나 물리 화학적으로 소독하는 방법을 쓴다.

(1) 공기 여과

헤파(HEPA)필터 등을 이용하여 외부 공기를 여과해 청결한 공기를 배양실, 무균실, 재배사 등에 공급함으로써 잡균 발생을 억제하는 방법이다.

<표 1-13> 무균 상태와 관련된 미세 입자의 크기

종 류	크기(㎛)	종 류	크기(㎛)
바이러스	0.003~0.005	식물 세포	10~80
담배연기	0.1~1.0	물방울	600~1.000
세균	3~5	육안 식별 가능	45
곰팡이 포자	5~30	HEPA필터	0.3

무균실은 보통 헤파필터를 사용하는데 이때에는 청정도를 클래스(class) 단위로 표시한다. 클래스100의 의미는 공간 입방피트당 0.5mm 이하의 입자가 100개 이하 존재하는 것이다. 무균실과 접종상은 클래스100 이하로 유지되도록 한다.

(2) 자외선등

태양광선 중 자외선은 살균 능력을 가지고 있는데 파장 265nm에서 살균 능력이 가장 강한 것으로 알려져 있다. 이 같은 크기의 파장은 핵산의 최대 흡수값과 일치하여 미생물체에 직접 조사하면 사멸시킬 수 있다. 자외선의 장점은 빛을 쪼일 때만 효과가 있고 잔류에 의한 피해는 전혀 없으며, 사용법이 간단하고 유지비가 적게 들며 물체에 대한 투과력이 없으므로 빛이 직접 닿는 표면만 살균 효과가 있다는 것이다. 단점으로는 자외선이 눈이나 피부에 닿으면 염증과 암을 일으키는 효과가 있다. 그러므로 자외선등은 작업할 때는 반드시 꺼놓아야 한다.

(3) 소독제 이용

○ 알코올

에탄올은 사람의 손, 접종 도구, 기기 등의 소독에 사용한다. 사용 농도는 70%가 적당하며 이보다 높으면 오히려 효과가 떨어지게 된다. 메탄올은 인체에 해가 되므로 사용해서는 안 된다.

○ 크레졸 비누

크레졸은 살균력이 강하나 물에 잘 녹지 않아서 알칼리로 만들어 이용한다. 크레졸액을 비누에 혼합시켜 유화한 것에는 크레졸이 50% 정도 함유되어 있다. 소독 시에는 30~50%로 희석하여 사용하며, 작용 특성은 페놀과 비슷하나 살균력은 이보다 2~3배 더 강하므로 오래 접촉하면 피부가 부식되거나 자극이 일어날 수 있다.

○ 염소계 화합물

염소와 염소계 화합물은 효과적인 소독제가 된다. 제품으로서는 차아염소산소다 1~10%, 차아염소산칼륨 65~75%, 표백분 등이 이에 속한다. 이들은 살균력이 강한 편이나 화학적으로 불안정하고 쇠를 부식시키며, 단백질 및 금속이온 유기물 등에 의하여 불활성화되기 쉬워 효과가 떨어지는 경우도 있다. 일부 세균과 바이러스에 대하여 세포 기능 저해 작용으로 살균 효과가 크나 세균 아포 및 사상균에 대해서는 효과가 적다. 사용 농도는 유효 염소량(성분량)으로 200~500ppm 정도가 가장 알맞다. 버섯균에 직접 닿으면 약해가 발생하므로 주의하고 단일 제품으로 사용하는 것이 좋다.

○ 염화벤잘코늄액(Benzalkonium Chloride 50%)

기존의 염화벤잘코늄은 고체로 돼 있어서 사용이 불편하였으나, 현재는 50%의 액상 제품이 시판되고 있어 편리하다. 이 약제는 무아포 세균, 곰팡이류에 항균 작용이 있고, Typhus균에 대한 페놀계수는 20~60 정도로 효과적이다.

이 약제는 유효 농도에서 비교적 조직자극성이 적어 피부·조직·점막에 사용되며, 양이온 표면 활성제이므로 표면장력을 저하시키고 청정작용·각질용해작용·유화작용이 있어 소독 및 세척에 효과적이다.

병원에서는 세균 소독제로서 손가락·수술 부위의 소독, 점막 소독에 쓰며 눈에 점적하거나 관주에 의한 방광 또는 요도의 세정(1000~20000배 액)에도 사용한다. 기타 금속기구, 고무제품의 소독에도 쓰이며 포장 단위는 1, 20, 200kg으로 되어 있다.

소독할 때는 0.2~0.005% 용액으로 희석해서 사용하지만 제품에 따라 원제의 농도가 다르므로 제품 설명서에 있는 소독 시의 적용 배수를 확인하고 사용하면 효과적이다.

04 병해충 방제

병해

가. 병의 특징

느타리버섯 재배 과정에는 많은 병해충이 발생한다. 버섯 병원균은 버섯균사나 자실체를 직접 가해하거나 배지에 발생하여 영양분의 손실로 수량 및 품질의 저하를 가져온다.

버섯에 발생하는 병은 대부분 병원균과 버섯균의 유전적 요인과 재배 환경에 의하여 발생의 정도가 결정되는 경우가 많다. 또한 버섯균과 병원균의 영양분 경쟁을 위한 싸움의 형태로 나타나고 그 피해의 정도는 버섯균의 활성, 균상의 상태, 병원균의 병원성 정도에 달려 있으며 온도와 습도, 대기 등의 환경 요인도 병 발생에 큰 영향을 미친다.

버섯의 병은 한 가지 요인에 의하여 발생하는 경우는 드물고 여러 가지 원인이 복합적으로 작용한다. 세균, 곰팡이와 같은 전염성 병원이 보통 주된 원인이며, 재배 환경 불량, 배지의 발효 불량과 같은 비전염성 병원이 보조적인 원인으로 작용한다.

버섯에 발생하는 병해는 전염성 여부에 따라 크게 전염성 병원에 의한 병과 비전염성 병원에 의한 병으로 구분할 수 있다. 전염성 병원은 세균, 곰팡이(진균), 점균 및 바이러스 등이며, 비전염성 병원은 건조 및 과습, 저온 및 고온, 환기 부족과 과다, 빛 부족과 과다 등의 환경 요인들이다.

버섯에 피해를 주는 주요 해충으로는 버섯파리, 응애, 선충류 등이 있다. 이들은 재배 과정에서 균사나 자실체의 조직, 버섯이 자라는 배지를 먹을 뿐만 아니라 여러 병해충을 매개함으로써 2차적인 피해도 주고 있다. 또한 버섯 자체가 식물이 아닌 미생물이어서 약제에 의한 방제가 곤란하거나 방제를 한다 해도 효과가 매우 낮으므로 일반 작물보다 그 피해가 심하다. 버섯 재배 때 많이 발생하는 버섯파리는 세시드, 시아리드, 포리드 등이 있으며, 이들은 현재 느타리버섯이나 양송이 재배 농가에 심각한 피해를 주고 있다.

나. 병의 원인

병의 원인은 전염성 여부에 따라 크게 생물적 요인과 비생물적 요인으로 구분할 수 있다. 전자는 전염성 병원, 후자는 비전염성 병원이라 통칭한다.

전염성 병원은 버섯의 자실체 및 균사체에 기생하거나 독소를 분비하여 버섯균을 사멸시키는 병원성 병해와 균상에 오염된 잡균이 배지의 영양원을 이용하기 위해 경쟁함으로써 버섯의 수량 감소를 보이는 부후성 병해로 구분한다.

비전염성 병원은 전염성을 갖지 않는 특징이 있으며, 비생물성 병해 또는 비기생성 병해, 혹은 생리적 병해라고도 한다. 버섯의 비전염성 병은 기상조건, 배지조건 등에 의하여 발생할 수 있다. 전염성 병원으로는 세균, 곰팡이(진균), 점균 및 바이러스 등이 있으며, 비전염성 병원은 건조 및 과습, 저온 및 고온, 환기의 과다와 부족, 빛의 과다와 부족 등 환경 요인들이다.

<표 1-14> 버섯에 발생하는 병원균의 종류

전염성 병원	비전염성 병원	
	배지상태 불량	재배환경 불량
점균류 (粘菌, slime mold) 사상균 (絲狀菌, fungi) 세균 (細菌, bacteria) 바이러스 (virus)	배지의 물리적인 상태 배지의 화학적인 상태	습도 온도 환기 광선

(1) 전염성 병원

전염성 병은 병원체가 버섯 또는 균상에 감염된 후 급속히 생장, 증식하여 건전한 버섯과 균상으로 퍼지면서 피해를 주는 병을 말한다. 전염성 병원에 의한 병은 진전될수록 병 발생 면적과 피해 정도가 현저하게 증가한다. 기생성(寄生性)인 것과 병원성(病源性)인 것으로 나눌 수 있다. 기생성은 어떤 생물체가 다른 생물체 내외에서 생활하며 기주(寄主)에게서 영양분을 빼앗아 생활하는 것을 말한다. 병원성이란 기생체가 기주에 침입하여 생리적, 화학적, 형태적 이상 증상을 초래할 수 있는 능력을 말한다. 따라서 병해는 기주와 병원성을 가진 기생체 간의 상호관계가 성립되어야만 발생한다. 버섯 재배 시에 발생하는 전염성 병원으로는 곰팡이, 세균, 바이러스, 선충 등이 있는데 이들의 특징은 다음과 같다.

○ 세균

세균은 이분법으로 증식하기 때문에 증식 속도가 곰팡이에 비하여 상대적으로 빠르다. 고온다습, 중성 및 알칼리성 환경을 좋아하며, 이러한 환경조건에서는 세균의 번식이 빠르기 때문에 병이 쉽게 발생한다. 세균은 운동성이 있고 단세포이기 때문에 물을 통하여 쉽게 전파되며, 곤충이나 작업 도구에 의해서도 전염될 수 있다. 세균에 감염된 버섯이나 배지도 병원세균의 중요한 전염원이 될 수 있다. 버섯에 병을 일으키는 대표적인 병원세균으로는 *Pseudomonas tolaasii*(세균성갈색무늬병), *P. agarici*(세균성회색무늬병), *P. fluorescens*, *Pseudomonas* sp.(미라병, 마미병) 등이 알려져 있다.

○ 곰팡이(균류)

곰팡이는 진핵세포로 구성되어 있는 아주 작은 생물체로 대부분 실 모양을 하고 있다. 엽록소가 없어 자체 영양분을 생산할 수 없고 증식은 주로 포자에 의해서 이루어진다. 버섯 재배 시 발생하는 곰팡이도 버섯균과 같이 진균에 속한다. 버섯에 병을 일으키는 대표적인 병원성 곰팡이로는 *Trichoderma koningii, T. viride, T. hamatum, T. harzianum, Gliocladium virens* (*T. virens*). *Penicillium* sp., *Aspergillus* sp. 등이 있다. 이들은 여러 식용버섯류에서 푸른곰팡이병균이란 이름으로 통칭되며, *Trichoderma*의 완전세대인 *Hypocrea*속에 의한 병해도 증가하는 실정이다. 버섯에 피해를 줄 수 있는 *Trichoderma*속 균은 30여 종류가 알려져 있으나 국내의 느타리버섯 균상에 피해를 주는 푸른곰팡이병균은 주로 *Gliocladium* sp., *T. viride, T. harzianum, T. koningii* 등이 알려져 있고, 최근에는 *Hypocrea*속 균에 의한 피해가 급증하고 있으며, 일부 종은 표고의 골목(榾木)에도 막대한 피해를 준다.

○ 바이러스(virus)

바이러스는 미생물이 아니고 핵산과 단백질로만 구성된 거대 분자로서 DNA나 RNA 중 한 가지 핵산만을 가지고 있다. 바이러스는 인공배지에서 배양되지 않고 살아 있는 세포 내에서만 복제되며 광학현미경으로는 관찰할 수 없을 정도로 크기가 아주 작다. 이분법으로 증식하지 않고 생장도 하지 않는다. 에너지를 만들어내는 대사계를 가지고 있지 않아 숙주세포의 리보솜을 이용하여 단백질을 합성하는 특징을 가지고 있다. 버섯바이러스는 미국 펜실베이니아의 양송이 재배 농가에서 최초로 발생되었고, 병증에 따라 X-disease, watery stripe, brown disease, die-back 등의 다양한 이름으로 보고되었다. 버섯바이러스는 느타리버섯뿐만 아니라 양송이, 표고, 풀버섯, 팽이버섯 등에서도 분리되었다.

(2) 비전염성 병원

비전염성 병이란 전염성을 가진 생물성 병원균 이외의 요인에 의해 발생하는 이상 증상을 말한다. 일반적으로 병의 발생 및 진전에 가장 뚜렷하게 영향을 주는 요인은 온도와 습도이고, 빛과 배지 산도(pH) 등도 자실체의 형태와 병의 발생에 영향을 미친다.

○ 습도의 영향

버섯을 재배할 때 지나친 건조는 균사 생장과 버섯 발생을 억제할 뿐만 아니라 발생한 자실체가 기형화되는 원인이기도 한다. 또한 과습한 조건에서는 세균병, 곰팡이병과 같은 생물성 병해가 많이 발생한다. 버섯 균은 생육시기에 따라 각각 다른 습도 조건을 요구하는 경우가 많은데, 일반적으로 자실체 유도기와 생육기에는 재배사의 실내 습도를 90% 내외로 조절해야 버섯의 발생이 균일하고 생장이 양호하다. 그러나 95% 이상으로 과습하면 버섯 표면의 수분 증발이 감소하여 자실체의 생장이 지연되며, 세균성갈반병 등의 발생이 증가하게 된다. 실내 습도가 80% 이하로 내려가면 버섯 발생이 감소하고 품질도 저하된다. 또한 푸른곰팡이 병원균 등의 포자 비산이 쉬워져 병원 진균에 의한 병해 발생이 증가하게 된다.

○ 온도의 영향

균사 생장과 버섯의 발생 및 생육은 품종에 따라 다르지만 현재 재배되고 있는 버섯류의 균사 생장 가능 온도는 대략 5~35℃ 범위이고, 최적온도는 25~30℃

인 것이 대부분이다. 저온 및 고온에 의한 피해는 생육 단계별로 다르게 나타나는데 온도가 지나치게 낮거나 높으면 균사생장이 심하게 억제되며, 40℃ 이상의 고온에서는 버섯 균사가 쉽게 사멸한다. 자실체는 균사보다 온도에 대한 반응이 민감하여 저온에 노출되었을 경우에는 갓의 형성이 불량해지고 대가 굵어지며, 고온에 노출되었을 경우에는 대가 짧아지고 갓이 지나치게 크게 형성되며 포자가 빨리 비산한다. 자실체 역시 35℃ 이상의 고온에서는 생육이 정지되는 버섯이 많고 수분 함량이 많은 버섯일수록 그 피해는 더 심각하게 나타난다.

○ 환기의 영향

버섯은 호기성균이기 때문에 균사 생육 시 호흡과 기질의 분해 과정을 통하여 산소를 소모하고 CO_2를 방출한다. 따라서 버섯 재배사에는 쉽게 이산화탄소가 축적된다. 버섯균의 균사 생장은 일정 수준의 CO_2가 존재할 때 촉진되지만, 자실체 형성 시에 환기가 부족하면 발이 지연 및 어린 버섯 사멸을 초래하기도 한다. 재배사 내의 이산화탄소 농도가 1000ppm 이상이면 버섯의 대가 길어지고 갓이 작아지며 심할 경우에는 균상의 버섯이 전멸하기도 한다. 반면 균상에서 종균 활착 시 환기를 과다하게 하면 균사 생장이 느려진다.

○ 배지(기질)의 영향

현재 재배되고 있는 버섯류는 식물 유래의 유기물에 기생하여 영양분을 획득하는 목재부후균과 양송이, 풀버섯 등과 같이 퇴비에 발생하는 부생성 버섯류, 동충하초와 같이 곤충에 기생하여 생활하는 버섯류가 있다. 느타리, 양송이 등과 같이 균상재배를 하는 버섯류는 대량으로 배지를 제조하기 때문에 배지 제조 과정에서 처리를 잘못하면 버섯의 발생과 품질에 직접적으로 영향을 받고 세균, 균류 등과 같은 병원균에 의해 병이 발생하기도 한다. 퇴비배지, 볏짚배지, 솜배지를 많이 사용하는 균상재배는 배지의 수분 함량, 살균 및 후발효 상태가 균사 생장과 자실체 발생량, 품질 그리고 생물적 원인에 의한 병의 발생에 직접적인 영향을 미치기 때문에 버섯의 종류와 품종에 가장 적합한 방법으로 배지를 조제해야 한다.

○ 빛의 부족 및 과다

빛은 버섯균사 생장을 억제하고 자실체 발생 및 포자형성을 촉진하는 것으로 알려져 있다. 자실체 발생에는 청색광(400~500nm)이 가장 효과적이며 자외선(400nm 이하)은 균사를 사멸시킨다. 자연광은 청색광 영역을 포함하고 있다. 자실체 발생기에는 8시간 동안 빛을 비추고 16시간 동안은 비추지 않는 광주기가 가장 효과적이나 먹물버섯류와 같은 경우는 수분간의 빛 조사만으로도 자실체가 유도된다. 광량은 120~200lux 정도가 적당하며, 직사일광을 피해야 한다. 간접광이라도 1000lux 이상으로 과도한 경우에는 자실체의 생장이 지연되고 버섯의 대가 짧아지며 갓이 커지고 색이 과도하게 짙어져서 품질이 저하되는 경우가 많다.

○ 약해

버섯을 재배하면서 병해충의 예방 및 방제를 위하여 일부 살균제, 살충제를 사용하고 있으나 사용횟수는 점점 감소하고 있다. 버섯은 식물보다 약제의 투과성이 낮고 병원체와 버섯 균사는 다 같이 미생물이기 때문에 쉽게 약해를 입을 수 있다. 약해를 입게 되면 갓이 청색으로 변하고 형태가 뒤틀어지며 어린 버섯은 죽는 경우가 많다. 일부 약제는 잔류독성 및 내성이 문제가 되기 때문에 처리 시기, 농도, 처리량을 정확히 결정해야 한다.

다. 병의 진단

진단이란 병의 원인을 밝혀 병원균을 결정하는 과정인데, 병 방제를 위해서 필수적이다. 정확한 진단을 위해서는 버섯의 종류, 재배 유형, 병원체의 종류별로 나타나는 병증과 표징을 정확히 파악해야 한다. 병원 진균에 의한 푸른곰팡이병, 하이포크레아 등은 균상 또는 골목에 푸른색의 포자를 형성하거나 하이포크레아의 자좌를 형성하는데 이를 표징이라고 한다. 그러나 바이러스에 감염된 버섯은 쉽게 표징이 나타나지 않는다.

버섯은 병의 진전과 전염이 매우 빠르다. 재배시설 내의 환경요인, 버섯의 종류와 품종 등에 관한 정보를 정확하게 평가하고 병든 버섯 또는 균상 및 기질에 발생한 표징을 육안 또는 현미경 관찰 등을 통하여 빨리 진단하는 것이 기본이다. 그러나 정확한 병원균을 찾아내기 위해서는 전자현미경으로 조직을 관찰하거나 혈청학적 방법, 분자생물학적 기법 등을 동원해야 하는 경우도 많다. 병증 및 표징에 의한 진단은 버섯의 병을 찾아내기 위한 가장 확실한 방법이나 버섯의 종류, 생육시기, 생육환경, 병의 진전 등에 따라 다르게 나타나는 경우가 많기 때문에 주의해야 한다. 세균에 의한 병해는 주로 반점이 형성되거나 자실체의 색이 노란색~갈색을 보이거나 느타리의 세균성 갈반병처럼 응결수가 생기는 등의 병증을 보이고 심한 경우에는 세균 덩어리가 자실체 위에 형성되는 표징을 보이기도 한다. 진균류에 의한 버섯의 병은 감염 초기에는 기중균사(氣中菌絲, 배지 위로 뻗어 나온 균사)가 잘 발달한 균사가 형성되거나 푸른색의 포자가 형성되는 등 표징이 비교적 초기에 나타나기 때문에 쉽게 진단할 수 있다.

라. 병원균의 서식처 및 전파

(1) 병원균의 서식처

병원균의 서식처는 병의 종류에 따라 다르다. 재배사 내의 토양은 온도와 습도의 변화가 적고 병원균 생존에 필요한 영양원을 공급받을 수 있기 때문에 훌륭한 서식처가 될 수 있다. 병이 발생하였던 폐상퇴비에는 많은 병원균이 존재하고, 재배사 안쪽이나 주위에 방치되어 있는 병든 버섯도 병원균의 주요 서식처가 된다. 재배사의 건축재료를 목재로 할 경우에는 잡균이 발생하기 쉽고, 배지재료인 볏짚, 솜 등에도 병원균이 존재할 수 있다. 종균이 잡균에 오염될 수도 있고 저수통에 있는 물이 병원세균에 오염될 수도 있다. 공기 중에는 각종 곰팡이의 포자가 존재하며, 병이 발생한 재배사 주변에는 더욱 많은 병원균이 존재한다. 따라서 병원균의 서식처를 효과적으로 처리하여 병원균을 박멸하는 것은 버섯 병을 예방하기 위해서 매우 중요하다.

○ 공기

대기 중에는 무수히 많은 각종 병원균의 포자나 균사체가 존재한다. 고온 다습한 여름철에는 더 많아진다. 공기 중에 존재하는 병원균의 포자는 배지가 공기 중에 노출되는 작업 과정에서 균상 내로 침투하므로 작업하기 하루 전에 재배사를 소독하고 종균접종 작업은 밀폐된 상태에서 실시해야 한다.

○ 토양

토양 중에는 버섯병원균 이외에도 다양한 미생물이 존재하고 있다. 재배사 내의 토양은 온습도의 변화가 적고 병원균 생존에 필요한 양분을 공급받을 수 있어서 최적의 서식 장소이므로 콘크리트로 덮고 정기적으로 소독해야 한다. 병원성 곰팡이는 생육에 적합한 환경이 조성될 때까지 후막포자나 분생포자 등을 만들어 잠복한다. 병원세균은 내생포자의 형태로 토양 내에서 새로운 기주가 출현하기 전까지 서식한다.

○ 폐상퇴비와 이병버섯

전년도 또는 전기작에 병해가 발생했던 폐상퇴비와 이병버섯 등에는 많은 병해충이 존재하고 있어서 2차 전염원의 역할을 하므로 재배사를 밀봉한 상태에서 건습열로 제균 소독하고 폐상된 퇴비는 재배사와 멀리 떨어진 곳으로 옮겨 즉시 처리한다. 처리할 수 없는 상황이라면 퇴비장에 모아놓고 2차 전염원 역할을 할 수 없도록 비닐 등으로 밀봉해 보관하여야 한다.

재배 과정 중 병에 걸린 버섯이나 어린 버섯은 제거하여 소각 처리한 다음 균상을 깨끗하게 정리한다.

○ 재배사

재배사는 한번 설치하면 그곳에서 버섯 재배를 계속하기 때문에 많은 병해충의 서식처가 되고 있다. 특히 병·봉지 재배인 경우 균상을 살균하는 과정이 없으므로 재배사의 목재는 주요 병원균의 서식처가 될 수 있다.

○ 배지재료 및 종균

배지 원료인 솜 등에는 많은 종류의 미생물 포자와 균사체가 존재하므로 종균 재식 전에 배지의 살균을 철저하게 해야 한다. 살균이 부족한 경우에는 배지가 변질되어 균사가 생장할 수 없게 된다. 또한 잡균에 오염된 종균을 심으면 초기에 발병이 급진전되어 버섯균사가 생장을 할 수 없으므로 예방을 위해서는 종균 접종 전 잡균 감염 여부를 검사해야 한다.

○ 물

물은 버섯 재배에 필수적인 것이지만 병원성 세균에 오염된 물을 침수 또는 관수용으로 사용하는 것은 병의 발생을 돕는 것이다. 그러므로 관수에 사용할 물을 보관하는 저수통이나 우물 등은 주기적으로 세척하고 소독해야 한다.

(2) 병원균의 전파

병원균은 물이나 바람 같은 비생물적 요인과 곤충이나 사람 같은 생물적 요인에 의하여 옮겨진다. 세균성갈반병균은 물을 통하여 전파되므로 저수통을 사용할 경우 정기적으로 세척하고 뚜껑을 덮어야 하며 저수통의 물에 손을 씻는 일이 없어야 한다. 곰팡이병균은 병원균의 포자가 공기를 통하여 전파된다. 버섯파리, 응애 등이 세균성갈반병균 및 푸른곰팡이병균을 전파하기도 하며, 작업인의 옷, 신발, 손과 작업도구를 통하여 병원균이 전파되기도 한다.

○ 바람

바람을 통해서 병을 전파하는 병원균은 대부분이 곰팡이류다. 이들은 무수히 많은 포자를 형성하고, 공기의 흐름을 따라 이동하여 새로운 전염원이 된다. 특히 바람이 심하게 불 때에는 수십km까지 전파된다.

병원균의 포자가 균상 내에 침입하기 쉬운 시기는 종균 접종 때다. 따라서 종균 접종 하루 전에 재배사 내의 공기, 재배사 벽면과 바닥을 소독하고 밀폐된 상태에서 종균을 접종해야 한다. 균상 표면에 발생하는 병해 방제를 위해 분무기로 약제 살포를 할 경우 분무기에서 발생하는 빠른 공기의 흐름 때문에 병원균 포자가 재배사 내에 퍼지게 되므로 미리 발병 부위를 소석회로 도포하거나 휴지를 몇 겹으로 덮은 후 약제를 살포하여야 2차 전염을 예방할 수 있다.

○ 물

버섯을 재배할 경우 퇴비 제조부터 폐상까지 많은 물을 사용하게 되는데 세균성 병해는 주로 관수된 물에 의해 전파되는 경우가 많다. 따라서 관수에 사용할 물을 보관하는 저수통이나 우물 등은 소독약을 이용하여 정기적으로 소독해야 하다. 특히 재배사 내에 저수통을 놓고 사용하는 경우에는 한 달에 한 번씩 세척하고 저수통에 뚜껑을 설치해야 하며 저수된 물로 손을 씻는 등의 오염원인이 될 수 있는 행위는 하지 말아야 한다.

○ 작업도구, 곤충 등

작업자의 손발, 작업도구, 버섯파리, 응애 등도 병원균을 전파하므로 작업자는 종균 접종 작업이 끝날 때까지 손발 등을 청결히 하여야 하며, 접종 작업에 사용하는 도구 중 종균분쇄기는 사용 전에 깨끗이 청소하고 70%의 알코올로 소독한 후 토치램프로 화염소독해야 한다. 또한 버섯파리 방제를 위해 종균 접종 시 디밀린수화제 4g/평을 종균에 혼합처리하여 사용한다.

마. 병의 관리 및 방제

버섯 병원균은 재배사 주변의 공기, 토양, 물, 배지재료 등에 항상 존재하기 때문에 전염원을 완전히 제거할 수는 없다. 또한 재배환경도 병의 발생에 많은 영향을 주므로 병이 한번 발생하면 완전한 방제가 거의 불가능하다. 버섯은 다른 농작물보다 생육 기간이 대단히 짧고 병의 진전도 빠르기 때문에 예방이 최선의 방법이다. 따라서 버섯 병의 관리는 버섯의 생육 단계에 따라 버섯 균에 가장 유리한 환경을 조성해 주고, 병이 발생하면 정확하고 신속하게 진단하여 확산을 최대한 막거나 버섯 균에 피해 없이 병원균을 제거하는 방제 방법을 취해야 한다. 병 발생을 최소화하기 위해서는 배지의 철저한 살균, 건전한 우량 종균 사용, 균사배양 또는 재배 중에 적절한 환기 등과 같은 재배상의 기본 수칙을 준수해야 한다. 또한 재배사 바닥 및 주위 토양 소독, 병든 버섯 및 잔재물의 철저한 제거 및 소독, 버섯파리와 응애의 철저한 방제 등 재배사(균상)의 위생상태를 철저히 관리해야 한다.

버섯 병의 방제법은 재배환경 조절을 통한 경종적(耕種的) 방제, 항균 미생물을 이용한 생물적 방제, 살균제를 이용한 화학적 방제, 병이 발생한 균상, 골목 및 병의 제거 및 격리를 통한 물리적 방제 등으로 구분할 수 있다.

(1) 생물적 방제

버섯의 유해균을 억제하지만 버섯 균의 생장과 생육에는 영향을 주지 않는 길항 미생물을 이용한 방제법으로 가장 바람직한 방법이라고 할 수 있으나, 방제 효과가 재배 방법에 따라 달리 나타나는 등 개발의 여지가 많아 아직 실용화된 경우는 많지 않다. 생물적 방제법은 약해와 환경오염 등을 막을 수 있는 장점이 있으나 빠른 방제 효과를 기대하기가 어렵고, 병 발생 후의 치료 효과가 매우 낮으며, 환경의 영향을 많이 받기 때문에 처리 효과가 일정하지 않다는 단점이 있다.

(2) 화학적 방제

살균제, 항생제 등의 화학약제(농약)를 사용하여 방제하는 방법으로서 그 효과가 정확하고 신속하며 사용이 간편하고 병이 발생한 후에도 우수한 방제 효과를 보이는 등 많은 장점이 있다. 그러나 병원균에만 효과를 나타내는 약제는 거의 없으므로 버섯에 약해, 잔류 등의 부작용을 초래하는 경우가 많다. 병을 방제하기 위해서는 병의 발생 과정을 정확히 파악하여 꼭 필요한 약제를 적절한 시기에 사용해야 한다. 발병 초기에는 적당한 약제 처리를 통해 병을 방제할 수 있으나, 병이 만연된 후에는 약제 처리로도 방제가 어렵다. 또한 버섯이 발생하고 있을 경우에는 아무리 우수한 약제일지라도 버섯에 직접 살포해서는 안 되며 약제의 사용 시기와 사용량을 정확히 지켜야 한다.

(3) 물리적 방제

재배사 관리를 통하여 가장 쉽고 간단하며 효과적으로 할 수 있는 방제법이다. 병든 부위의 조기 진단을 통하여 전염원, 병든 자실체 및 균상, 재배용 병, 병든 골목 등을 제거 또는 격리한다. 버섯 병을 방제하기 위해서는 재배 초기부터 예방적 조치를 하는 것이 가장 중요하며 발병 시에는 초기에 신속히 방제해야 한다. 방제 시에는 한 가지 방법을 사용하기보다 2~3가지 방법을 복합적으로 사용하는 것이 효과적이다. 세균성갈색무늬병 방제의 경우 약제 사용과 더불어 환경조절(과습 방지)이 필수적이다. 또한 재배사가 밀집한 곳에서는 한 지역 내의 모든 재배사가 공동 방제를 해야 한다.

(4) 경종적 방제

재배법을 개선하여 병을 예방하거나 방제하는 방법이다. 병 발생을 억제하는 데 목표를 두고 실시하며, 병의 예방을 위해서 가장 기본적이고 바람직한 방제법이다. 재배사 주변을 청결하게 관리하고, 폐상 시 재배사의 소독을 철저히 한다. 또 오염되지 않은 우량종균을 사용하고, 재배 중 온도 및 습도를 철저히 관리하며, 전염원이 될 수 있는 버섯파리를 없앤다.

바. 주요 병해의 특징과 방제법

느타리버섯 재배 초기에 재배균상에서 발생한 병해는 주로 푸른곰팡이병(*Trichoderma* sp.), 붉은빵곰팡이병(*Monilia* sp.) 등으로 버섯의 균사와 자실체에 기생하는 병원성 병원균이 아닌, 영양원을 이용하기 위하여 상호 경쟁하는 부후성 병원균이었으며 피해도 심한 편이 아니었다. 그러나 현재의 재배 농가에서 발생하는 주요 병은 부후성 병해보다는 새로운 병원균에 의해 발생하는 세균성 갈반병 등이며 그 피해도 심각하다.

(1) 푸른곰팡이병(*Trichoderma* spp.)

푸른곰팡이병균은 30여 종류가 알려져 있으며, 국내의 느타리버섯 균상에 피해를 주는 푸른곰팡이병에는 주로 *Trichoderma virens*, *T. viride*, *T. harzianum*, *T. koningii* 등 4종이 관여하고 있다. 그중 *T. harzianum*과 *T. virens*에 의한 피해가 많다. 또 *Trichoderma* spp.의 완전세대로 알려진 *Hypocrea*속 균에 의한 피해도 심각하다.

<표 1-15> 느타리버섯 균상에서 발생하는 주요 병해 (농기연, 1988)

병원균	병 명
Trichoderma longibrachiatum	푸른곰팡이병
Trichoderma viride	푸른곰팡이병
Trichoderma harzianum	푸른곰팡이병
Trichoderma hamatum	푸른곰팡이병
Trichoderma koningii	푸른곰팡이병
Gliocladium virens	푸른곰팡이병
Hypocrea spp.	푸른곰팡이병원균의 완전세대
Monilia sp.	붉은빵곰팡이병
Trichurus spiralis	흑회색융단곰팡이병
Slime mold	점균류에 의한 병
Psuedomonase tolaasii	세균성 갈반병
Psuedomonase agarici	세균성 갈반병

○ 병증

푸른곰팡이병원균이 일으키는 병증은 다양하지만, 균상 배지에서 병원균의 균사가 자라고 포자가 형성되어 푸른색을 나타낼 경우 모두 푸른곰팡이병이라고 한다. 배지나 종균에서 발생이 시작되면 처음에는 백색의 균사가 자라고 곧 포자가 형성되면서 푸른색을 띠게 된다. 병이 발생한 부위의 버섯균사는 병원균이 내는 독소(gliotoxin)에 의하여 사멸돼 버섯이 발생하지 않거나 발생하더라도 황색으로 변하여 사멸한다.

푸른곰팡이병은 버섯균사 생장 초기에 오염되면 종균을 재식하고 5~10일 후에나 연녹색으로 나타나기 때문에 조기에 병증을 발견할 수 없어 그 피해가 심하고 방제도 어렵다. 균사 생장 중기에 발생할 경우 느타리버섯 균사가 생장을 멈추고 생장한 균사는 소멸된다. 버섯 발생을 위해 온도를 낮춘 후나 수확 시기에 균상 표면에 *Trichoderma*의 완전세대로 알려진 하이포크레아(*Hypocrea* sp.)가 발생하면 빠른 속도로 확산되고 균사는 완전히 파괴되어 버섯을 수확할 수 없게 된다.

○ 발병 조건 및 전염 경로

푸른곰팡이병이 많이 발생하는 조건은 배지의 수분 과다 또는 부족, 고온 등을 들 수 있다. 배지의 수분 함량이 균일하지 않은 경우에는 배지 살균 및 후발효가 불량하게 되므로 큰 피해를 초래할 수 있다. 배지의 수분 함량이 80%를 넘으면 느타리균사의 생장이 저조하고 푸른곰팡이병이 쉽게 발생한다. 푸른곰팡이병균의 포자는 공기와 흙이 있는 곳이라면 어디에서나 발견할 수 있을 정도로 널리 퍼져 있으며 재배사 내의 공기, 재배사 주변의 먼지, 오염된 작업인의 의복 및 손, 버섯파리, 응애, 쥐 등의 동물, 오염된 종균, 오염된 배지, 작업도구 등이 전염경로이다.

○ 예방 및 방제법

푸른곰팡이병은 발생 초기에는 약제로 어느 정도 방제가 가능하나 후기에는 불가능한 경우가 많기 때문에 병이 발생하지 않도록 예방하는 것이 가장 이상적이다. 먼저 병원균을 매개하는 버섯파리, 응애, 쥐를 방제해야 한다. 그리고 푸른곰팡이병균은 분생포자의 형태로 재배사 내의 공기와 토양에 존재하기 때문에 서식처를 제거하는 것이 중요하다. 재배사 바닥을 콘크리트로 만들어 병원균의 서식처를 제거한다. 수확 후 버섯 잔재물에 푸른곰팡이병균이 쉽게 발생하므로 수확 시 균상 정리를 철저히 해야 한다. 또한 양질의 종균을 사용하고 종균을 접종할 때는 재배사 문을 닫고 위생관리를 철저히 하여 잡균 오염을 막아야 한다. 종균 접종 후 초기에 균상의 넓은 면적에 병이 발생했을 때는 빠른 시간 내에 재살균을 실시하며, 균상 관리 시 표면이 심하게 건조되면 느타리 균사가 사멸하고 이 부분에 푸른곰팡이병균이 발생하기 쉬우므로 표면이 건조하지 않도록 물 관리를 철저히 한다. 또한 균상 표면이 과습해도 푸른 곰팡이병균이 발생하기 쉽다. 특히 균상 표면이 갈변한 부위에서 병원균의 오염이 시작된다. 수확후 배지는 살균한 후 폐상을 하며, 되도록 먼 곳으로 이동시켜 2차 오염을 방지해야 한다. 솜배지는 살균하기에 앞서 균상 표면에 벤레이트수화제 6.0g, 스포르곤수화제 6.6g/3.3㎡ 1000배 액을 살포하여 종균 접종 후 초기의 병 발생을 억제할 수 있다. 적은 면적에 병이 발생했을 때에는 소석회나 생석회 가루 또는 휴지 등으로 발병 부위를 덮는다.

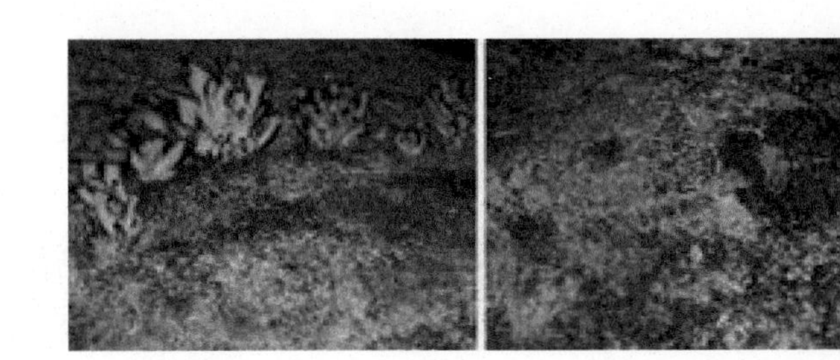
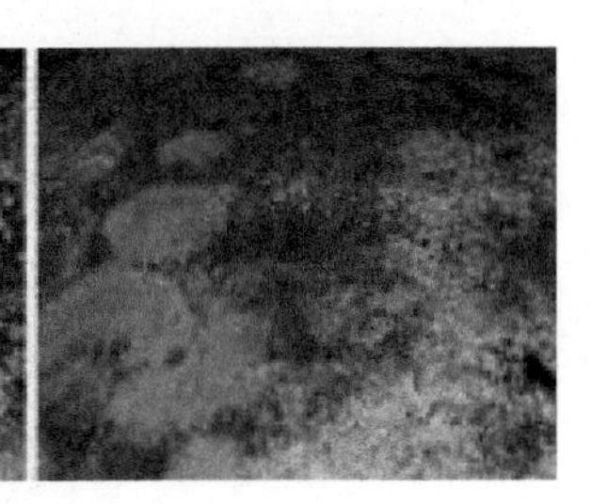

<그림 2-27> 느타리버섯 푸른곰팡이병의 병징

(2) 붉은빵곰팡이병(*Monilia* sp.)

○ 병증

이 병원균은 자연 상태에서 고온기에 먹고 버린 옥수수 또는 빵 등에서 볼 수 있는 붉은색의 곰팡이균이다. 느타리버섯 균상에서 초기에는 백색의 균사가 균상 표면에 솜사탕과 같은 형태로 왕성하게 생장하고 4~6일 후부터는 최초의 발생 부위가 분홍의 분말을 뿌려놓은 듯한 상태로 변하면서 급속히 퍼져나간다. 균사 생장 후기에는 균사가 없어지고 주황색 포자 덩어리가 형성된다.

○ 발생 조건

배지에 영양분이 다량으로 함유되어 있는 상태에서 잘 발생한다. 수량을 증가시키기 위해서 첨가제를 사용하는 경우에는 충분히 발효되지 않았을 때에 주로 발생한다. 다른 원인으로 배지를 너무 과다하게 살균하여 배지 내에 미생물의 밀도가 낮을 때에도 발생하며, 특히 배지 내에 수분의 함량이 불충분할 때에 발생한다.

○ 방제법

이 병은 방제 시기를 놓치면 균사생장 기간 동안 균상 전면에 발생해 버섯 수확량이 급격히 떨어지므로 고온기에는 균사 생장 초기에 세밀히 관찰하여야 한다. 이 병은 배지의 수분 함량이 알맞지 않을 때 발병하므로 수분 함량이 65~70% 내외가 되도록 조절하여 살균을 실시한다. 특히 살균 후의 후발효 온도는 50~55℃ 내외를 정확히 유지함으로써 우량배지를 제조하여 종균 접종 시 병원균의 일부가 침입하더라도 방어 능력을 갖도록 해야 한다. 또한 이 병은 고온기에 비닐이 뚫어진 곳에서 흔히 발생하므로 종균 접종 후에는 비닐이 뚫어진 곳이 없도록 한다. 균사 생장 기간에는 실내 온도를 20℃ 내외로 낮게 유지하며 배지 내의 온도를 22~23℃로 유지한다.

(3) 흑회색융단곰팡이(*Trichurus spiralis*)

○ 병증

이 병이 많이 발생할 때에는 균상 표면이 흑회색의 융단 모양으로 되고 버섯이 발생하지 않는다. 소면적에 발생할 때에는 솜이나 균상 표면에 아주 작은 가시가 돋친 모양이며 육안으로는 발견하기 어렵다. 특히 이 병은 관수를 할 때 회색 먼지와 같은 포자가 많이 비산되는 특성을 갖고 있어 재배사 전체로 급속하게 비산된다.

○ 발생 조건

이 병원균은 사물기생균으로 배지에 느타리버섯균이 자라지 못한 곳이나 버섯균이 생장하고 사멸한 곳에서 생장한다.

○ 방제법

현재로서는 푸른곰팡이병과 같이 예방에 주력하는 방법 외에는 뚜렷한 방제법이 개발되어 있지 않다. 그러므로 소면적에 병이 발생하였을 때에 소석회를 덮어 포자의 비산을 방지하고 빠른 시간 내에 제거하여 소각하여야 한다.

(4) 세균성 갈색무늬병(Bacterial brown blotch)

느타리에서 가장 문제가 되는 병으로 주로 *Pseudomonas tolaasii*에 의해 발생한다. 이 병원균은 그람음성균으로 1~2개의 편모를 가지고 있으며, 증식이 매우 빠르고, 저온에서도 잘 자란다. 병원성 *P. tolaasii*는 비병원성 *Pseudomonas reactant* 균주와 대치 배양하면 백색 침강선(white line)을 형성하기 때문에 쉽게 알아볼 수 있다.

○ 병증

세균성 갈반병은 초기에는 버섯 갓의 표면에 황갈색의 점무늬가 생기고 점차 진갈색의 불규칙한 큰 병반으로 확대된다. 병이 심하면 버섯 표면은 점액성을 띠고 부패한다. 어린 버섯에 감염되면 뚜렷한 갈색 점무늬가 생기고 아주 어린 자실체는 전체가 갈변 부패한다. 부패한 버섯은 심한 생선 비린내를 풍기기도 한다.
성숙한 버섯의 갓 일부분에 감염되는 경우 감염 부위의 생장이 중단되어 기형이 된다. 버섯 생장기에 발병하면 담갈색을 띠다가 병이 진전함에 따라 진갈색으로 변하면서 생장이 중지된다.

○ 전염원 및 전염 경로

병원세균은 볏짚, 폐솜과 같은 배지재료와 관수용 물 등에 존재하며 재배사의 관수용 물, 버섯파리, 작업인부의 손 등에 의해 전염된다. 일반적으로 관수용 물은 지하수를 사용하는데 저장탱크에 저장한 물은 거의 모든 경우에 병원세균이 검출된다. 균상에 오염된 세균은 작업 인부의 손과 버섯파리 등을 통하여 전염되는데, 세균성 갈반병에 감염된 재배사에서 채집한 버섯파리는 모두 병원세균이 검출된다.

○ 발병 조건

세균성 갈반병은 버섯 자실체 표면의 수분과 관련이 있다. 버섯 표면의 수분은 환기 정도, 공기 중의 습도, 재배사 내부와 자실체의 온도 편차 등에 의해서 결정된다. 재배사가 구조적으로 보온력이 없거나 오래된 재배사여서 보온력을 상실한 경우 많이 발생하며, 재배사 내의 온도가 하강하는 저녁에 재배사 벽면, 균상, 버섯 등에 결로 현상이 일어날 때 많이 발생한다.

○ 예방 및 방제법

예방법으로는 버섯을 발생시킬 때 재배사 내의 공기 중 습도는 90~95%, 배지 내의 수분 함량은 65~70%가 되게 균상 관리하여 병 발생을 억제하고, 각종 병원균을 전파하는 매개체인 버섯파리와 응애를 철저히 방제한다. 폐상소독(70℃의 건열, 습열로 10~12시간 살균)을 철저히 하고, 관수용 지하수 저수조를 정기적으로 클로로칼키 3000~5000배 액으로 세척 및 소독하며, 버섯 수확 후 균상 정리를 철저히 한다. 또한 한 주기가 끝나면 균상을 관수를 충분히 하고 버섯 발생기에는 관수를 자제하며, 균상에 관수한 후 즉시 환기를 실시하여 균상 표면의 과다한 물방울이 증발되도록 한다. 재배사의 단열을 보완하여 밤낮의 온도 편차를 줄이고, 재배사 벽면, 버섯, 균상에 물방울이 생기지 않도록 한다.

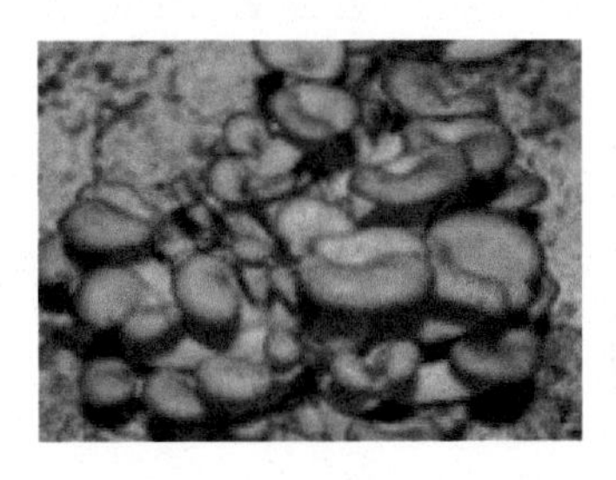

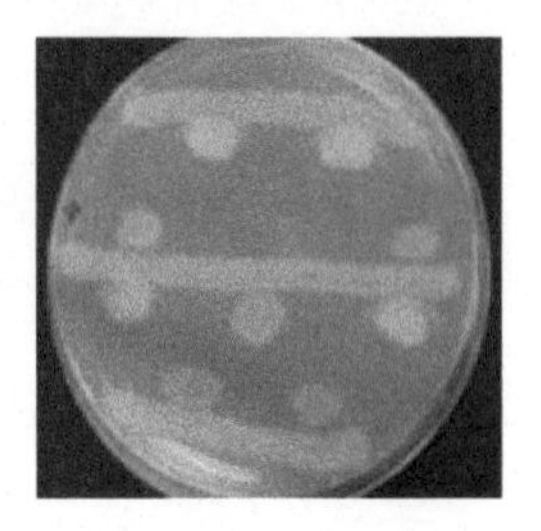

<그림 1-15> 느타리버섯 세균성 갈색무늬병의 병징 및 백색침강선 형성

(5) 느타리 세균성 무름병(Bacterial soft rot)

세균성 무름병은 *Burkholderia gladioli* pv. *agaricicola*에 의해 일어나는 병으로 느타리, 양송이, 큰느타리 등 다양한 버섯에서 발생하며, 최근 국내에 보고됐다. 이 병원균은 그람음성균으로 King's B 배지에서 둥글고 약간 점액성이며 형광색을 띠지 않고 노란색의 색소를 생산하며, 직경은 1~2mm이다. 전자현미경상으로는 끝이 둥근 막대 모양이며, 1~2개의 편모를 가지고 있고 평균 크기가 0.8~1.3 × 1.2~2.3㎛였다. 이 균은 4℃에서 아주 천천히 자라지만 41℃ 이상에서는 자라지 않는다.

○ 병증

세균성 무름병은 초기에는 *Pseudomonas tolaasii*와 마찬가지로 버섯 갓의 표면에 황갈색의 점무늬가 생기고 점차 진갈색의 불규칙한 큰 병반으로 확대된다. 병이 진행되면 황갈색의 무름 증상을 보이면서 심할 경우 점액이 흐르며 부패하여 심한 악취를 풍긴다. 어린 버섯에 감염되면 자실체 전체가 심한 무름 증상을 보이면서 부패한다. 부패한 버섯은 생선 비린내를 풍기기도 한다. 성숙한 버섯의 갓에 감염되는 경우 감염 부위가 연갈색을 띠나 병이 진전됨에 따라 진갈색으로 변하고, 결국 무름 증상을 보이면서 심하게 부패한다 . 이 병원균은 큰느타리(새송이), 양송이, 팽이버섯, 잎새버섯 등에도 무름병을 일으킨다. 특히 외국에서는 양송이에 많이 발생하며 구멍병(cavity disease)으로 알려져 있다.

○ 전염 경로 및 발병 조건

병원균의 전염 경로와 발병 조건은 정확하게 알려져 있지 않지만, 세균성 갈반병과 마찬가지로 볏짚, 솜과 같은 배지재료와 관수용 물, 버섯파리, 작업인부의 손 등에 의해 전염될 가능성이 많다. 발병 조건은 공기 중의 습도, 재배사 내부와 자실체의 온도 편차에 의해 버섯 자실체 표면에 수분이 많을 때 주로 발생한다. 재배사가 구조적으로 보온력이 없거나 오래된 재배사여서 보온력을 상실했을 때 많이 발생하며, 재배사 내의 온도가 하강하는 저녁에 재배사 벽면, 균상, 버섯 등에 결로 현상이 일어날 때 많이 발생한다.

○ 방제법

이 병은 최근 국내에 보고됐고 정확한 방제법이 알려져 있지 않으므로 버섯 세균병의 방제법에 따르면 될 것이다. 예방법으로는 각종 병원균을 전파하는 매개체인 버섯파리와 응애를 철저히 방제하고, 관수용 지하수 저수조를 정기적으로 클로로칼키 3,000~5,000배 액으로 세척 및 소독하며, 폐상소독을 철저히 한다(70℃의 건열, 습열로 10~12시간 살균). 버섯을 발생시킬 때는 재배사 내의 공기 중 습도는 90~95%, 배지 내의 수분 함량은 65~70%가 되게 균상 관리하여 병 발생을 억제하고 버섯 수확 후 균상 정리를 철저히 하며, 한 주기가 끝나면 균상에 관수를 충분히 하고 버섯 발생기에는 관수를 자제한다. 또한 균상에 관수한 후 즉시 환기를 실시하여 균상 표면의 과다한 물방울이 증발되도록 하며, 재배사의 단열을 보완하여 밤낮의 온도편차를 줄이고, 재배사 벽면, 버섯, 균상에 물방울이 생기지 않도록 한다.

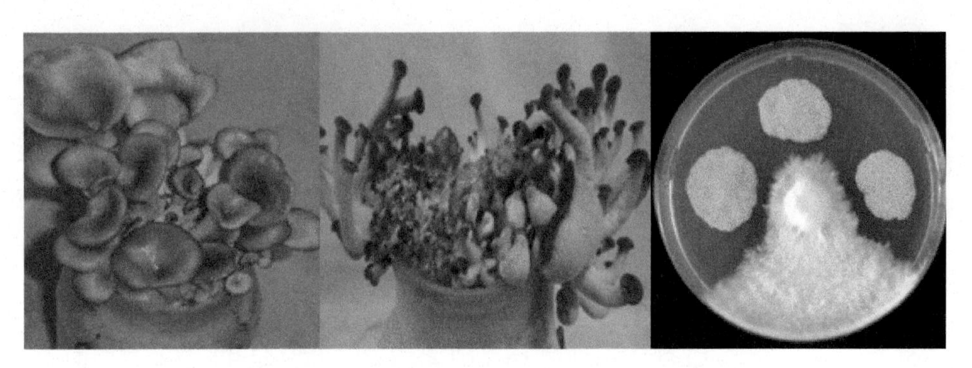

<그림 1-16> 느타리버섯 세균성 무름병의 병징과 균사 생육 억제

(6) 바이러스병

○ 병증

느타리버섯의 바이러스병에 대해서는 수년 동안 많은 연구자들이 다양한 증상과 병증을 보고하거나 제안해 왔다. 하지만 느타리 자실체의 형태가 환경조건에 크게 영향을 받는 것을 고려해야 한다. 따라서 현재까지는 공식적으로 인정할 수 있는 느타리 바이러스 병증은 발견되지 않았다. 그러나 일정한 조건이 주어질 때 병증이 나타날 가능성이 존재하므로 계속적인 연구가 필요하다.

○ 방제법

느타리버섯에 피해를 주는 바이러스는 순활물 기생성이고, 발병 기작과 발병 요인이 아직 밝혀지지 않았기 때문에 전염 방법과 예방 및 방제법 등은 식물병원성 바이러스에 준하여 기술한다. 따라서 느타리버섯의 바이러스 감염을 피하기 위해서는 예방 이외에 다른 방법이 없다. 예방책으로는 다음과 같은 것을 들 수 있다. 우선 바이러스 무병주를 육성하여 사용하고, 바이러스 증상을 보이는 자실체는 포자가 비산하여 전파될 가능성이 있기 때문에 가능한 한 빨리 제거한다. 곤충 매개체에 의해 전염될 가능성이 있으므로 매개체인 버섯파리와 응애를 철저히 방제하고 작업 인부나 작업 도구에 의한 전파를 방지하기 위하여 위생 및 소독을 철저히 한다.

(7) 점균류에 의한 병해

○ 병증

느타리버섯의 균사 생장이 완료되어 정상적으로 버섯을 수확하는 상태에서는 병해가 나타나지 않으며, 표면균사가 사멸된 부분에 주로 발생한다. 이 병의 병원균은 하등균류로서 균상에서 불완전세대, 굵은 균사 뭉치 모양, 버섯과 균상표면의 끈적끈적한 거미줄 모양 등 여러 가지 형태로 나타난다.

○ 발생 조건

이 병원균은 고온 다습한 상태인 여름에 주로 잘 나타나는데 균상표면이 열악한 환경조건에서 균사체나 버섯 자실체가 약화되며 발병한다. 이 병은 일부분에서 발생한 후 건전한 부분을 덮어 버섯균의 활력을 저하시킨다.

○ 방제법

특별한 방제법이 없으므로 발병 부위의 병원체를 제거하고, 전체적으로 균상 정리를 실시하여 포자와 유주자(遊走子) 등이 이동 또는 전파되지 않도록 하면 된다. 이 병은 표면균사와 자실체가 기상환경적인 피해를 받았을 때에 주로 발생한다.

충해

버섯 해충은 버섯 균사나 자실체에 피해를 주는 버섯파리와 유기물이 많은 배지를 가해하는 응애류 및 선충류로 나눌 수 있다. 이들은 균사나 자실체 조직을 가해하여 수량을 감소시키고 버섯의 상품 가치를 떨어뜨려 경제적 손실을 일으키며, 버섯에 해를 주는 각종 병원균을 매개하여 전파시킴으로써 2차적인 피해를 발생시킨다. 그러나 대부분의 재배 농민들은 해충에 의한 피해를 절실하게 인식하지 못하고 있으며 약간의 수량 감소만 있을 것으로 생각한다.

가. 버섯파리

(1) 생활사

평상시에는 숲속의 부엽토, 유기질이 많은 초지, 퇴비 더미, 부후 목재 등에 서식하다가 버섯 재배가 시작되면 성충이 균사의 독특한 냄새에 유인되어 재배사 내로 침입하여 균상에 산란한다. 부화된 유충은 버섯균사 및 자실체를 섭취하면서 성장하여 번데기와 성충이 되는 과정을 되풀이하면서 증식하고 버섯에 피해를 준다.

버섯파리는 주로 봄 재배 기간 중 후기에 많이 발생하는데 재배 면적의 증가, 연중재배, 재배사 집단화로 전국 각지에서 피해가 발생하고 있다. 주요 피해는 유충에 의해서 일어나는 것으로 균사를 먹고 절단함으로써 수량을 감소시키고, 자실체에 구멍을 뚫어 버섯의 상품 가치를 크게 떨어뜨린다. 성충은 버섯에 직접 피해를 주지는 않지만 각종 병원균, 선충, 응애 등을 매개하여 전파시킴으로써 2차적인 피해를 발생시킨다. 자주 발생하는 버섯파리는 시리아드, 세시드, 포리드 등이며, 느타리나 양송이 재배에 심각한 피해를 주고 있다.

(2) 버섯파리의 종류

○ 시아리드(긴수염버섯파리, *Lycoriella* sp.)

버섯 재배에 있어서 가장 심각한 해충으로 유충은 퇴비 더미, 균사가 자라는 배지, 버섯원기, 자실체를 가해한다. 부화한 유충은 버섯대에 들어가서 파먹기 시작하여 버섯대 내부에 구멍을 형성한다. 발이 단계에서 유충이 가해하면 버섯은 생육이 중지되어 결국 죽는다. 성충은 버섯병원균의 매개체로 작용하며, 응애류와 선충류 등의 버섯 해충도 매개한다. 유충은 머리에 특징적인 흑색의 밝게 빛나는 각피를 가지고 있고, 전체적으로 반투명한 황백색을 띠지만 기주 상태에 따라 몸의 색깔에 변이가 있다. 수컷의 체장은 2.44~3.10mm, 암컷은 3.40~3.77mm로 암컷이 더 크다.

○ 포리드(버섯벼룩파리, *Megaselia halterata*)

부화한 유충은 균사를 먹고 버섯 자실체도 갱도를 내면서 파먹는다. 또한 성충은 자실체에서 눌려 죽어 상품성에 피해를 준다. 버섯 재배사에서 흔히 발생하는 파리로 등이 굽었고, 흑색~갈색을 띠며, 갈색의 아주 작은 안테나를 가지고 있고, 걸을 때 상당히 빠른 움직임을 보인다. 성충의 크기는 수컷은 약 3.13mm, 암컷은 약 3.28mm이고 짧은 털이 있다. 유충은 밝은 크림색으로 한쪽 끝은 무디고 머리 부위는 가늘어져서 돌출한다. 버섯 균사를 주로 먹지만, 버섯의 대나 갓 부위를 먹는 경우도 있다.

○ 세시드(버섯혹파리, *Mycophila speyeri*)

종균배양 초기에 도입된 유충이 심각한 피해를 일으키며, 이들 유충 집단에 의해 약 10%의 수량 손실이 발생한다. 또한 유충은 균사와 배지의 영양분을 먹고, 자실체의 갓과 대에도 침입하여 즙을 빨아 먹는다.

성충은 체장 1mm 내외로 다른 버섯파리에 비해 크기가 작고 몸에 작은 반점이 있는데 육안으로는 거의 보이지 않는다. 성충은 재배사에 잘 나타나지 않고 보이는 것들은 대부분 유충들이다. 유충은 밝은 오렌지색을 띠며, 유성생식으로 번식하기도 하나 유태생(paedogenesis, 성장이 완료되지 않은 유생의 몸에서 생식세포가 성숙하여 모체 내에서 발생하는 생식법)이라는 독특한 생활환(生活環)을 가지고 있어서 밀도가 급격히 증가하므로 재배사에서 많이 발생할 경우에는 버섯 배지 전체가 붉게 물들게 된다. 어미유충은 2.0mm에 이르고 어미유충에서 갓 나온 어린유충의 크기는 0.7mm 정도이다. 번데기는 오렌지색을 띠다 점차 황갈색으로 변한다. 알은 긴 쌀알 모양인데 성충에 비해 비교적 크다.

○ 마이세토필(Mycetophil)
성충은 생김새가 모기와 비슷하다. 유충은 길이 15~20mm로 회백색을 띠며 균상 표면과 어린 버섯에 거미줄과 같은 실을 내어 집을 짓고 버섯을 가해하며 생활한다.

(3) 방제법
버섯파리는 종균 재식 시 균사의 냄새에 유인되어 재배사 내로 침입해 균상에 산란한다. 이것이 생장 증식하여 피해를 주며 침입 시기가 빠를수록 피해가 크게 나타나므로 초기에 밀도를 낮추어야 한다. 버섯파리 방제 요령은 출입구 및 환기창에 눈금 1mm의 방충망을 설치해 성충이 재배사 내로 침입하는 것을 억제한다. 화학적 방제법으로는 종균 재식 시 디밀린을 평당 13g씩 종균에 혼합하여 처리함으로써 초기에 균상에 침입하는 성충을 효율적으로 막을 수 있다. 사용하는 과정에서 버섯이 발생하면 살포를 중단한다. 버섯은 생육 기간이 짧아서 잔류된 약제가 인체에 해가 될 수 있으므로 버섯 발생 후에는 사용하지 않도록 한다. 적절한 폐상 시기를 선택하여 성충이 도망가지 못할 정도로 밀폐한 후 열로 소독을 실시하여 버섯파리의 증식을 막고 새로운 재배사로 성충이 대량 이동하는 것을 억제한다. 특히 단지화된 지역의 경우 재배사가 밀집되어 있고 재배 시기도 달라서 다른 재배사로 버섯파리가 대량 이동하기 쉬우므로 공동 방제가 효과적이다.

<표 1-17> 디밀린 수화제의 약제 처리에 따른 버섯파리 방제 효과

처리 시기	처리 약량 (g/㎡)	수량 (kg/1.5㎡)	버섯파리 유충 수 (마리/퇴비100g)	방제가 (%)	약해 정도
종균재식 시	4	15.4	2.0	93.7	없음
	8	14.5	1.3	95.9	〃
	무처리	13.3	31.7	0	〃
하온 시	4	15.4	3.0	91.4	없음
	8	14.1	3.3	90.5	〃
	무처리	14.7	34.7	0	〃

나. 응애

(1) 생활사

응애는 거미강 응애목에 속하는 동물이다. 곤충에 속하는 버섯파리와는 다른 부류의 해충으로 체장은 0.5mm 내외로 작으며 생활환은 알, 중란, 부화약충, 전약충, 제3약충, 성충으로 구성된다. 특히 응애는 환경조건에 적응하는 힘이 매우 강하여 휴면형 응애의 경우 양분 섭취 없이 6~8개월을 견딜 수 있고 훈증제나 분제 같은 농약과 열에 저항성을 가진다. 휴면 상태의 응애가 양호한 환경조건을 만나게 되면 24시간 안에 먹이를 섭취할 수 있으며 36시간 안에 산란할 수 있다.

<표 1-18> 온도별 피그미 응애(*Pygmephorus mesembriane*)의 생활사

온도(℃)	성 별	성장 단계별 기간(일)				계
		알	부화약충	약 충	성 충	
18	암	1	1	3	5	10
	수	1	-	2	2	5
24	암	1	1	2	3	7
	수	1	-	2	1	4

또한 번식력도 매우 강해서 붉은고추 응애(피그미 응애)의 경우 암컷 1마리가 200~300개의 알을 낳으며 24℃에서 암컷은 7일, 수컷은 4일 만에 1세대를 거치므로 증식 속도가 매우 빠르다.

(2) 응애의 종류

○ 붉은고추 응애(*Pygmephrus* spp.)

피그미 응애라고도 부르며 체장은 0.2~0.3mm로 작고 군집하는 특성이 있다. 버섯 갓 표면에 담갈색의 가루가 덮여 있는 것처럼 모여 고춧가루가 뿌려져 있는 듯한 착각을 일으킨다. 버섯균을 포함한 모든 균류의 균사를 먹어 피해를 주며 버섯에 오염되어 상품의 품질을 떨어뜨리는 것이 가장 큰 문제이다.

○ 가마시드 응애(*Gamasus* spp.)

가장 흔히 나타나는 담갈색의 비교적 큰 응애로서 활동성이 매우 강하며, 균상 위에서 빠르게 움직인다. 버섯에는 피해를 주지 않고 작은 버섯파리의 유충, 선충 등을 포식한다. 그러나 이 응애는 작업자에게 옮겨 다니며 가려움증을 유발하여 작업 능률을 저하시킨다.

○ 침입 경로

버섯파리가 매개 역할을 하여 살균 후에도 재배사 바닥에 생존한 응애가 증식하며 재배사 내의 버섯, 복토, 퇴비 등의 잔재물이 응애 발생의 원인이 될 수 있다.

○ 피해 증상

균사 및 자실체를 먹거나 자실체를 오염시켜 상품 가치를 떨어뜨리고, 각종 병원균의 매개체 역할을 하여 수량을 감소시키며 버섯 수확 시 작업인의 몸에 기어올라 가려움증을 유발함으로써 작업 능률을 저하시킨다.

○ 방제법

응애는 증식 속도가 매우 빠르므로 예방에 주력해야 하며 재배 초기에 밀도를 낮추는 것이 가장 중요하다. 재배사 내외를 청결히 하고 매개체인 버섯파리 성충의 방제를 철저히 한다. 배지재료 입상 시 재배사 바닥에 살균을 철저히 하며 폐상 시에는 포르말린 훈증과 60℃ 열로 살균과 살충을 철저히 한다.

기타 장해

가. 연작 장해

느타리버섯은 일정한 장소에서 계속 재배하므로 병원균 및 해충의 밀도가 증가한다. 특히 간이 재배사는 재배 횟수가 증가하면서 보온력이 감소해 외부의 환경조건에 많은 영향을 받는다. 그 결과 적정 환경을 유지할 수 없게 되어 새로운 병해충이 발생하기 쉽다. 이와 같은 이유로 병해충의 피해는 계속 증가하며, 전체적인 수량은 저하한다. 이런 연작에 따른 피해를 감소시키기 위해서는 병해충의 서식처를 제거하고 폐상 시 재배사를 소독하여 주위의 병원균 밀도를 감소시켜야 한다. 또한 재배사를 3~4년마다 보수하거나 영구재배사를 사용하여 재배사 내 환경조건을 외부의 영향과 관계없이 재배자의 의도에 따라 마음대로 조절할 수 있어야 한다. 그리고 재배사가 밀집된 곳에서는 개인이 혼자 열심히 방제를 하여도 이웃 재배사에서 병해충이 쉽게 이동해 예방효과가 감소하므로 지역별로 공동방제를 하고 적기에 폐상 및 소독 등을 해야만 충분한 예방 효과를 얻을 수 있다.

(1) 폐상 시기의 설정 및 폐상 소독

○ 폐상 시기

버섯 농가의 대부분은 1년에 1~2회 재배하는 부업농으로 폐상 시기가 매우 늦다. 그렇다보니 병해충이 발생한 상태로 방치하여 재배사 내외의 병해충의 밀도가 매우 높아지면서 연작 장해가 발생하고 있다. 또한 재배사가 밀집해 병해충이 이웃으로 대량 전파되면서 그 피해가 증가하고 단위면적당 생산성이 급격히 감소한다. 따라서 병해충의 피해가 발생하기 전에 폐상하는 것이 가장 효과적이다.

○ 효율적인 폐상 소독과 조치 사항

폐상 소독 시 재배사의 상부 및 측면 환기창, 입구 등 틈새를 버섯파리 성충이나 응애가 도망가지 못하도록 밀봉한다. 그리고 재배사에 스팀을 가하여 퇴비의 온도가 60℃ 이상이 되게 한 후 6시간 이상 살균을 한다. 살균 소독이 끝나면 폐상한다. 폐상한 퇴비는 즉시 경작지의 퇴비로 사용하고 여의치 못한 경우에는 퇴적장 바닥에 비닐을 깔고, 폐상퇴비를 그 위에 놓고 다시 비닐을 덮어 새로운 미생물이 퇴비에서 생장하지 못하도록 한다. 폐상 후 재배사는 차아염소산나트륨(락스) 등으로 세척 소독을 실시한다. 끝으로 재배가 시작되기 전에 재배사 주변의 토양에 소독을 실시하면 병원균의 방제에 효과적이며 특히 하이포크리아 피해가 큰 지역에서 매우 효과적이다.

나. 생리적 장해

기형 버섯 발생과 수확량 감소는 버섯 재배 농가에서 큰 문제이다. 특히 1, 2주기는 정상적으로 수확하나 3주기 이후 전혀 버섯을 수확하지 못하는 경우가 많은데 이것은 재배 환경조건을 알맞게 조절해 주지 못하여 발생하는 것으로 판단된다.

버섯균사가 배지 내에 생장하고, 자실체를 형성하는 데에는 많은 환경요인이 작용한다. 이런 조건들이 맞지 않는 경우에는 균사생장이 부진하고 자실체가 기형으로 형성되어 생장과 수량의 감소로 나타난다.

이와 같은 증상들을 생리적 장해라고 한다. 버섯은 환경조건에 따른 저항력이 비교적 약한 사물기생균(死物寄生菌)으로 인공으로 조제된 배지에 균사체를 배양하여 완전세대인 자실체를 이용한다. 자실체는 발생 환경조건이 매우 까다로우며 온도, 습도, 환기, 빛, 배지 수분, 산도 등에 민감하게 반응한다.

<그림 1-17> 재배사의 환경조건에 따른 느타리버섯의 형태적 변화

(1) 수분

버섯 균사체 원형질의 생활 상태를 유지하며, 균사체 외부로부터 필요한 물질을 흡수할 때 용매로 사용되고, 체내의 물질 분포를 고르게 하는 매개체가 되며, 필요 물질을 합성, 분해하는 데 매개체가 된다. 자실체 및 균사체는 배지, 가습기로 살포된 작은 물방울, 버섯의 생장을 위해 사용하는 관수를 통해 수분을 얻는다.

(2) 환기

버섯이 생육할 때 호흡에 필요한 산소를 공급하며, 호흡에 의해 배출된 이산화탄소를 배출하기 위해 환기가 필요하다. 버섯의 생육에 미치는 이산화탄산의 한계농도는 균사생장 중에는 15% 이하, 자실체 생육에서는 0.03~0.3%인 것으로 알려져 있다.

(3) 온도

온도는 균사 생장 속도, 버섯의 색깔, 버섯의 발생 등에 영향을 주며, 버섯생육에 있어서 가장 중요한 요소라고 볼 수 있다. 느타리버섯균이 생장하는 최적온도는 25℃ 전후이며, 한계온도는 5~35℃의 범위이나, 버섯 발생 및 생장 온도는 매우 다른 양상을 보인다. 버섯 발생의 최적온도는 버섯의 종류에 따라 다르나 일반적으로는 13~18℃이며, 한계온도는 10~26℃ 내외이다. 온도 변화에 따라 버섯의 색깔도 변화한다. 또한 온도가 높은 상태에서는 빠르게 발이하고 발생량은 적으며, 온도가 낮은 상태에서는 발이 기간이 오래 걸리고 발생량은 많다. 최적온도 내에서는 낮을수록 수확량이 증가한다. 품종에 따라서 발이온도와 생육온도가 다른 경우도 있다. 13℃ 이하 저온에서 어린 버섯 및 큰 버섯의 갓 끝에 백색의 인피를 형성하며(수한, 신농46호), 20℃ 이상의 온도에서는 대의 비틀리는 증상(춘추2호)이 생기고 부분 발이하는 등의 큰 차이를 보이는 경우도 있다.

<표 1-19> 재배사 온도에 따른 버섯 자실체의 형태적·재배적 특성

특성	저온성 품종(13± 1℃)		중온성 품종(17± 1℃)		고온성 품종(23± 1℃)	
	저온	고온	저온	고온	저온	고온
버섯 색깔	진회색	백색	진한 흑회색	백색	진한 회갈색	연갈색
갓 두께	두껍다	얇다	두껍다	얇다	두껍다	얇다
대 길이	짧다	길다	짧다	길다	짧다	길다
생장 속도	느리다	빠르다	느리다	빠르다	느리다	빠르다
발이 정도	많다	적다	많다	적다	많다	적다

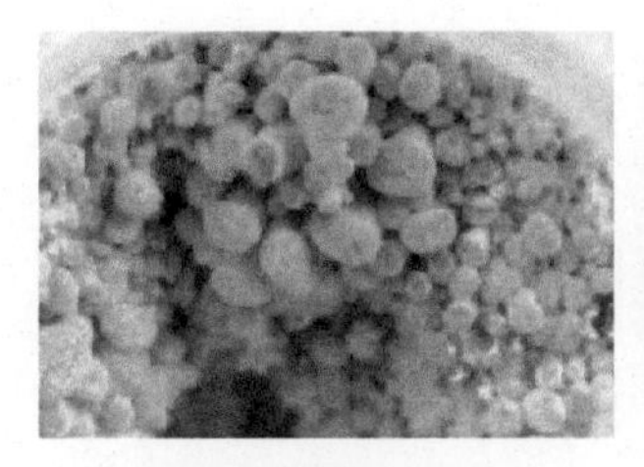

<어린 버섯 백색 인피>

<큰 버섯 갓 끝의 백색 인피>

<대부분의 뒤틀림 증상>

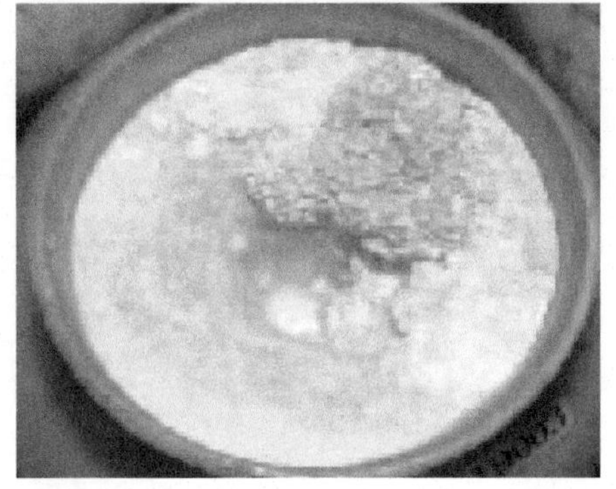

<그림 1-18> 느타리버섯 생육온도별 자실체의 발이 정도(우: 16.5℃, 좌: 23.0℃)

(4) 빛

빛은 온도를 상승시켜 증산이 빨라지게 하고, 버섯이 빛을 향하여 구부러지게 한다. 또한 멜라닌 색소의 집적으로 색깔이 짙어지게 하고, 균사체 및 자실체 신장을 억제하며, 버섯원기를 유기하는 등의 작용을 한다고 알려져 있다.

(5) 산도(pH)

버섯의 균사생장 시에 산도가 알맞지 않으면 생장이 부진하다. 배지의 적정산도는 5.5~7.0 범위이다.

05 느타리버섯의 효능

버섯은 옛날부터 자연에서 저절로 자라는 것을 채취하여 식품으로 이용하면서 기호식품으로서 인식되어왔다. 최근에는 버섯의 영양학적인 면이 밝혀지면서 건강식품으로서의 관심도 높아지고 있다. 버섯은 단백질과 필수아미노산이 풍부하고 미량원소도 많아서 단백질 공급원으로도 중요한 역할을 하고 있다. 최근에는 각종 성인병 예방 및 항암 효과가 입증되어 다양한 기능성 식품으로 개발되고 있다.

영양성분

느타리버섯은 단백질과 지방 함량이 높으며, 수분 89.2%, 단백질 15.7%, 탄수화물 54.4%, 지방 4.2%, 조섬유 12.0%, 철분 7.9%, 비타민C 3.0 mg/100g이 들어 있다. 아미노산은 alanine, methonine, arginine, aspartic acid, serine, histanaine, isoleucine, threonine 등이 함유되어 있으며, 유리당과 당알코올 함량은 8.2~10.6%이다. 느타리버섯의 총 유기산 함량은 2.4~4.0%인데 옥살산, pyroglutamic acid가 풍부하게 들어 있다.

<표 1-20> 느타리버섯 종류별 성분조성 비교(Garcha et al., 1993)(%)

성 분	사철느타리버섯	여름느타리버섯	느타리버섯
수분 함량	91.5	88.7	89.2
탄수화물	53.3	52.4	54.4
단 백 질	19.1	18.9	15.7
지 방	5.8	4.8	4.2
조 섬 유	9.5	10.3	12.0
철 분	9.2	8.7	7.9

기능성

느타리버섯은 '레티오닌' 성분이 있어 독특한 향기를 풍기며, 비타민 B_2, 니아신, 비타민 D_2, 식이섬유 등을 많이 함유하고 있는 저칼로리 식품으로 맛이 좋고 다이어트에도 좋다. 또한 비타민 D_2의 모체인 에르고스테롤이 많이 함유되어 있어 콜레스테롤 수치를 낮춤으로써 고혈압과 동맥경화와 같은 성인병을 예방한다. 비타민 B_2는 성장을 촉진하고 지방과 단백질, 당질의 소화 흡수를 도우며, 니아신은 피부염을 예방한다. 비타민 D는 뼈의 조직을 만드는 데 필수적이고 골다공증을 예방하며 유아의 뼈와 치아를 튼튼하게 한다.

느타리버섯에는 항산화 영양소인 셀레늄, 혈압을 조절해주는 칼륨, 변비 예방에 좋은 식이섬유소 등 뇌졸중 예방에 좋은 영양성분들이 많이 들어 있다. 느타리의 셀레늄 함량은 100g당 18.4 ㎍으로 당근의 8배, 양파의 12배나 되고, 칼륨이 나트륨의 거의 90배 정도로 들어 있어 나트륨 배설을 촉진해준다. 또한 느타리에는 플루란(Pleuran)이란 성분이 들어 있어 항종양, 콜레스테롤 강하, 요추동통·근육경련·수족마비 개선, 면역체계 강화 등에 효과가 있는 것으로 알려져 있다. 느타리는 면역 기능을 높여 직장암과 유방암의 암세포 증식을 정지시키며, 느타리 추출물은 유방암, 폐암, 간암 등에 효과가 크고, 암치료 과정에서 일어나는 구토, 탈모, 설사 등의 부작용에도 효과가 있는 것으로 알려져 있다.

06 버섯재배사 스마트팜 모델

가. 필요성

현재 버섯재배사의 환경관리는 농업인이 현장에서 버섯 상태를 확인한 후 그때그때 경험에 의해 습득한 정보를 기반으로 각종 장치를 조절하기 때문에 버섯을 재배하는 기간에는 재배사에 머물러 있어야 하고 노력이 많이 소요된다. 버섯 생육에 최적화된 생육정보를 기반으로 자동관리하면 현장에서 컨트롤러를 조절하는 노력을 줄일 수 있고, 데이터에 의한 관리로 항상 같은 품질의 버섯의 생산할 수 있다. 아치형 구조와 보온덮개를 기반으로 한 간이버섯재배사는 표준 모델이 개발되어 있지만 샌드위치 단열패널을 사용한 양지붕형 버섯재배사에 대한 표준모델이 없어 시공할 때마다 설계를 해야 하는 수고로움과 비용이 발생된다.

나. 버섯재배사 스마트팜 모델 주요 구성

버섯재배사 스마트팜 모델을 실현하기 위해서는 버섯재배사 내부의 환경을 모니터링하고 원격에서 제어할 수 있는 시스템을 설치해야 한다. 시스템에는 버섯의 성장에 영향을 미치는 요인들을 조절할 수 있도록 온도, 습도, 이산화탄소, 대류팬, 조도 등의 센서와 함께 이들 센서 정보를 기반으로 재배사 내부의 환경을 모니터링하고 제어할 수 있도록 해야 한다. 버섯배재사 스마트팜 모델을 효율적으로 활용하기 위해서는 최적의 버섯 생산을 구현하는 재배사의 환경을 측정 분석하여 데이터베이스로 활용하여 데이터베이스를 기준으로 제어할 수 있도록 한다. 또한 지금까지는 보온덮개를 사용한 간이버섯 재배사 모델이 개발되어 이용되었으나 스마트팜 모델을 위하여 샌드위치 단열패널을 이용한 양지붕형 재배사 모델을 개발하였다. 이들 모델의 구조적 안전성은 적성 적설 50cm, 바람 40m/s로 하였으며 모델은 3.2×10.0m, 6.0×20.0m, 6.6×20.0m 등 3종을 개발하였다. 다단으로 재배하는 균상버섯 재배사의 중앙통로에 내부공기를 강제로 순환시킬 수 있는 대류팬을 설치토록 하였다. 대류팬의 용량은 버섯재배사 내 공기를 분당 1회전 시킬 수 있는 용량이고, 대류팬의 설치 위치는 폭 6~6.6m, 길이 20m 표준버섯 재배사를 길이 방향으로 3등분하면 폭과 길이가 정사각형 형태이며, 각각의 정사각 평면의 중앙에 대류팬을 설치하면 버섯재배사 1동에 3개의 대류팬이 설치되도록 하였다. 대류팬의 공기토출 방향은 상 방향으로 설치하여 버섯재배사 내 공기유동을 최소화하면서 전체적인 대류 현상이 발생되도록 하였다. 외부공기 유입구는 1단 균상 하단부에, 내부공기 배출구는 지붕에 설치토록 하였다.

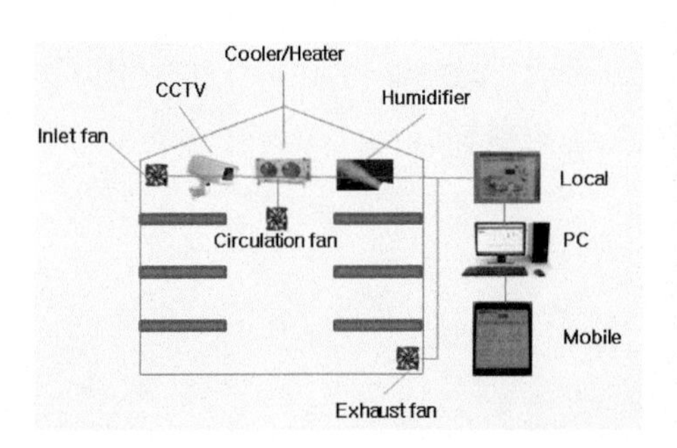

<그림 1-19> 버섯재배사 스마트팜 모델 기본 구조

<그림 1-20> 버섯재배사 스마트팜 모델 모니터링 및 제어프로그램

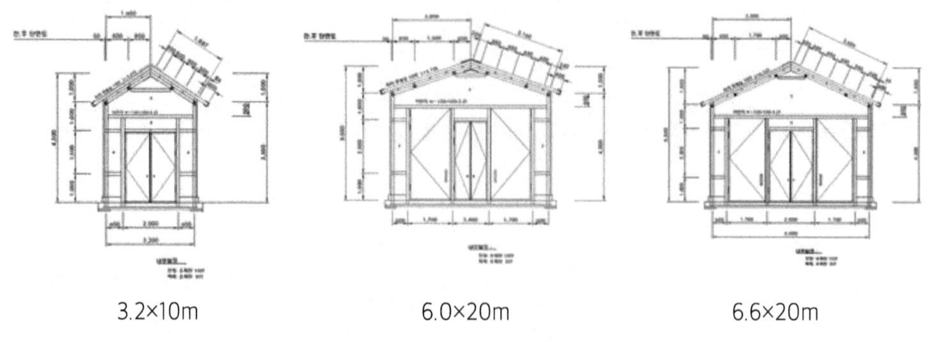

3.2×10m 6.0×20m 6.6×20m

<그림 1-21> 양지붕형 버섯재배사 구조

다. 버섯재배사 스마트팜 모델 이용 효과

데이터베이스에 의한 내부 환경관리로 외부 환경 변화와 관계없이 항상 같은 조건의 환경을 유지 가능해 버섯 생산성 및 품질 향상이 가능하다. 다단 균상 버섯재배사 내 온도 및 습도를 균상 위치에 따라 약 1.5℃ 이내로 정밀 관리하여 버섯의 고른 성장이 가능하며, 표준재배사 이용으로 재배사 설치시마다 해야 하는 설계비용을 해소할 수 있을 것으로 판단된다.

큰느타리(새송이)

1. 일반적 특징
2. 균의 배양 생리적 특성
3. 재배 품종
4. 병재배 기술
5. 영양성분과 기능성

01 일반적 특징

분류학적 위치

큰느타리(새송이)버섯은 분류학적으로 담자균문, 진정담자균강, 동담자균(모균)아강, 주름버섯목, 느타리과(Pleurotaceae), 느타리속(*Pleurotus*)에 속하는 백색부후균의 일종이다. 이 버섯의 영어 학명은 *Pleurotus eryngii*이며, 영어 일반명은 king oyster mushroom 또는 boletus of the steppes이다. 우리말로는 왕굴버섯 또는 초원버섯으로 해석된다. 우리나라에서는 학명으로 '큰느타리버섯'으로 명명되었으며, 상품명은 '새송이'로 통용되고 있다.

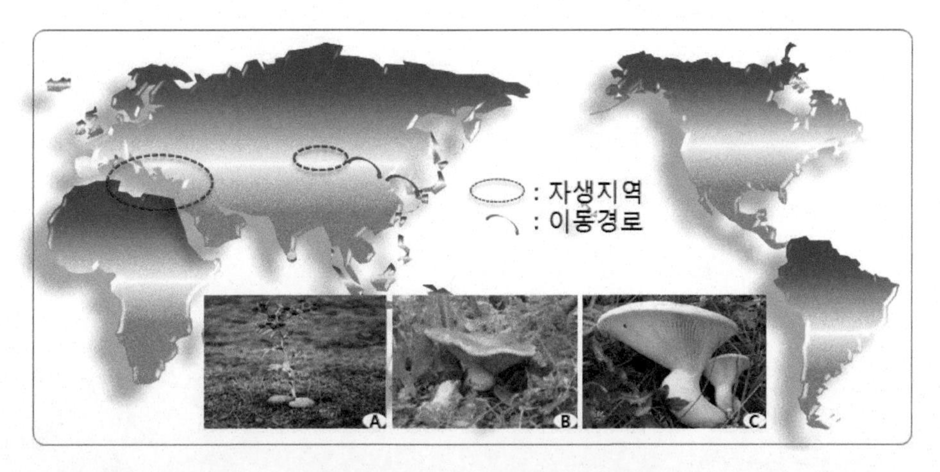

A: 큰느타리(*Pleurotus eryngii*), B: 아위(*P. eryngii* var. ferulae), C: 백영고(*P. eryngii* var. *nebrodensis*)

<그림 2-1> 큰느타리버섯의 자생지역

원산지는 남유럽 일대이고 북아프리카, 중앙아시아, 남러시아 등지에도 분포하고 있는 것으로 알려져 있으며, 한국 등 동아시아에서는 자생하지 않는다. 떡갈나무와 벚나무의 그루터기에서 자생하는 사물기생균으로서 당근류에 속하는 몇몇 식물의 조직에서도 생장이 가능한 조건기생균(반활물기생균)이라는 보고가 있으며, 산형과, 분과, 부처꽃과 등 초본식물의 뿌리에 질병을 유발시키는 병원균으로도 보고되어 있다.

재배 기원과 생산 현황

큰느타리버섯의 인공재배는 이탈리아에서 Zadrazil(1974)에 의해 밀짚을 이용한 자연재배가 이루어진 것이 최초로 알려져 있고, 대만에서 1990년대 초반에 볏짚으로 인공재배를 시작하였으나 상용화에는 실패하였다고 한다. 일본에서는 1993년 대만에서 균주를 도입하여 팽이버섯 병재배법을 응용하여 인공재배에 성공해 빠른 기간에 새로운 식용버섯으로 성장하였다.

한국에서는 1995년 일본에서 균주를 최초로 도입하여 경상남도 지역을 중심으로 재배가 확산되었다. 2000년의 '큰느타리2호' 보급으로 안정적인 재배가 이루어지면서 2007년도 이후 병재배 버섯 중 가장 많은 생산량을 점유하고 있다. 또한 시설 규모화로 재배 면적과 농가 수는 줄고 있으나 생산량과 생산액은 증가하면서 미국 등지에 수출하고 있다.

<표 2-1> 연도별 버섯 생산량 (유통공사, 2009)

연도	버섯 종류별 생산량 (M/T)										
	느타리	큰느타리	표고	팽이	양송이	영지	상황	신령	목이	송이	기타	계
1965			536		106					24		666
1985			6,285		17,341					1,313		24,939
1990	43,732		11,770	404	10,281	810			1	945	47	67,990
2000	70,759		33,725	23,837	21,813	653			19	536	552	151,913
2001	70,529		34,396	37,955	18,089	568			15	250	2,505	164,322
2002	72,348		37,474	38,072	21,277	531			11	373	9,397	179,494

연도	버섯 종류별 생산량 (M/T)											
	느타리	큰느타리	표고	팽이	양송이	영지	상황	신령	목이	송이	기타	계
2003	80,323		36,203	41,232	19,790	696	462	514	7	306	2,295	181,828
2004	52,211	32,736	38,040	32,796	24,053	3,680	2,643	6,594	6	386	1,886	195,031
2005	56,866	43,230	38,936	40,161	18,985	448	512	211	6	724	1,676	201,756
2006	45,782	43,256	37,900	34,400	11,892	225	315	83	6	330	5,513	179,702
2007	45,967	46,357	39,556	36,864	11,150	207	345	77	9	479	5,389	186,400
2008	40,071	45,906	39,466	55,231	10,822	306	209	77	7	181	5,939	198,209
2009	39,159	36,808	43,747	61,057	8,174	305	410	77	34	337	8,455	198,563
2010	45,191	44,351	39,997	53,187	22,635	650	176	79	42	729	9,239	216,276
2011	46,598	54,820	23,015	43,098	13,052	282	171	6	44	210	8,815	190,111
2012	51,991	50,605	30,971	50,841	10,993	197	178	6	48	420	13,16	209.415
2013	66,039	44,098	26,871	33,416	6,678	208	152	12	61	86	11,15	188.780
2014	76,389	47,814	25,058	33,259	11,493	428	205	12	111	89	13,56	208.419
2015	62,467	46,530	30,537	37,554	10,757	140	174	12	94	89	11,67	200.024

* 느타리 2003년도 (느타리류+큰느타리)

<표 2-2> 큰느타리버섯 연도별 수출 현황 (M/T, 1000$)

연도	버섯 종류별 생산량 (M/T)			
	전체 물량	큰느타리	전체 금액	큰느타리
1995	97	-	1,226	-
2006	1,852	362	14,576	1,631
2007	3,610	932	25,505	3,455
2008	9,051	1,989	31,454	7,298
2009	16,515	3,177	42,769	9,666
2010	21,566	3,564	49,964	11,267
2011	18,506	3,867	45,238	14,141
2012	14,818	3,389	29,925	12,483
2013	16,491	3,858	43,811	14,155
2014	15,466	4,116	40,698	14,471
2015	15,205	4,755	39,889	15,588

02 균의 배양 생리적 특성

현재 생산농가에 가장 보급이 많이 된 품종을 위주로 배양 생리적 특성을 비교 분석하였다.

균 증식용 최적 배지

큰느타리버섯의 최적 배지는 YMA로 알려져 있으나, 큰느타리 1호는 PDA와 YMA 배지에서 잘 자라고 큰느타리 2호는 YMA 배지에서 잘 자란다. 균사 생장 최적 배지는 같은 종(species)의 버섯이라도 품종에 따라 차이가 있으므로 새로운 품종으로 바꾸고자 할 때는 잘 자라는 배지를 알아두어야 한다.

<표 2-3> 배지 종류에 따른 큰느타리 품종별 균사 생장 비교 (농과원, 2000)

품종	배지 종류와 균사 생장 직경 (㎜/10일)			
	MEA[i]	YMA	MCM	PDA
큰느타리 2호	61	78	74	74
큰느타리 1호	39	76	61	80

[i]MEA(malt extract 20g, peptone 5g, agar 20g), YMA(yeast extract 3g, malt extract 3g, peptone 5g, sugar 10g, agar 20g), MCM(sugar 20g, yeast extract 2g, KH_2PO_4 0.4g, K_2HPO_4 1 g, $MgSO_4$ 0.5g, agar 20g), PDA(potato 200g, sugar 20g, agar 20g)

배양 온도

균사체의 최적 배양 온도는 모두 25~30℃이고, 20℃ 이하의 온도에서 큰느타리 2호는 큰느타리 1호보다 더 느리게 자라는 경향이 있다. 톱밥병재배 시 호흡열에 의한 배양병 내의 온도상승을 고려하여 배양실 내 온도를 균사 생장 적온보다 낮게 관리하고 있는데, 큰느타리 2호의 경우 배양실 온도를 무리하게 낮게 관리하면 오히려 균사 생장이 지연될 수 있다. 균사 생장 최성기인 접종 후 15~18일경에 배양병 내부의 온도가 균사 배양 최적온도 범위인 25~30℃를 유지하기 위하여 배양실의 온도는 20~22℃ 정도로 관리한다.

<표 2-4> 배양 온도에 따른 큰느타리 품종별 균사 생장 비교 (농과원, 2000)

품종	배양 온도(℃)와 균사 생장 직경(㎜/10일)				
	15	20	25	30	35
큰느타리 2호	33±0.1	40±0.3	79±0.4	80±0.0	5±0.0
큰느타리 1호	38±0.2	51±0.4	80±0.1	79±0.3	5±0.0

배지 산도(pH)

큰느타리 균사체의 액체배지 pH 수준에 따른 균사 생장 반응은 정치배양과 폭기배양 등 배양 조건에 따라 다르다. 250㎖들이 삼각플라스크에 감자추출배지를 50㎖씩 넣고 16일간 정치배양한 경우, pH 6에서 균사생장량이 가장 많고 다음이 pH 7, 5의 순이다. 그러나 1.3L들이 액체종균병에 감자추출배지를 1L씩 넣고 폭기배양한 경우에는 pH 4에서 균사생장량이 가장 많고 다음이 pH 4.5~5이다.

액체종균배양병에서는 폭기에 의하여 배지와 균사체가 유동함으로써 균사체에 충분한 양분과 산소가 공급되고, 빠른 효소작용 및 양분분해 과정에서 생성되는 유기산에 의하여 배양액의 pH가 낮아지는 것으로 생각되며, 이의 완충작용을 위하여 액체배지 제조 시 살균 전에 pH 4.0으로 조정한다.

<표 2-5> 배지 pH에 따른 큰느타리 균사 생장 (농과원 2000)

구분	배지 pH 수준별 큰느타리 균사 생장				
	4.0	5.0	6.0	7.0	8.0
균체 건조량 (㎎/50㎖/16일)	45	57	94	82	54
여과액 pH	3.5	4.3	5.4	6.4	6.8

<표 2-6> 액체종균의 배지 pH에 따른 큰느타리 균사 생장 (농과원, 2000)

구 분	액체종균 배지 pH 수준별 큰느타리 균사 생장				
	3.5	4.0	4.5	5.0	5.5
균체 건조량 (g/ℓ/7일)	0.82	1.48	1.30	1.34	0.88
여과액 pH	3.3	4.3	4.9	6.2	6.3

탄소원과 질소원

큰느타리 균사체는 탄소원으로 단당류 글루코스(glucose, 포도당)와 다당류 덱스트린(dextrin)에서 잘 자라며, 질소원으로는 카사민산(casamino acid)에서 잘 자란다. 글루코스는 자연계에 널리 분포하며 천연의 배지재료로부터 공급받을 수 있다. 다당류도 올리고당류, 이당류로 분해된 후 배지 내에서 단당류인 글루코스로서 공급되어 균사체의 생장에 이용된다.

<표 2-7> 탄소원 및 질소원 종류에 따른 큰느타리 균사생장량 (농과원, 2000)

탄소원	균사체 건조무게 (mg/21일)	질소원	균사체 건조무게 (mg/25일)
glucose	48	NH_2Cl	57
fructose	28	$(NH4)_2SO_4$	52
mannose	24	$(NH_4)_2HPO_4$	57
galactose	26	$(NH_4)_2C_2O_4 \cdot H_2O$	45
xylose	21	$(NH_4)_2C_4H_4O6$	59
arabinose	23	$NH_4H_2PO_4$	54
ribose	19	NH_4NO_3	50
maltose	31	KNO_3	31
sucrose	28	$NaNO_3$	27
lactose	19	$NaNO_2$	0
inulin	19	$Ca(Na_3)_24H_2O$	37
dextrin	49	urea	61
raffinose	20	casamino acid	78
mannitol	18	D-Alanine	61
대조구	8	L-Asparagine	63

03 재배 품종

품종

큰느타리는 느타리속에 속하며 상품명인 새송이로 더 많이 알려져 있으며, 주요 버섯 중 유일하게 우리나라에 자생하지 않는 버섯이다. 1980년대에 외국으로부터 도입된 유전자원으로 재배시험이 이루어졌다. 그 당시는 병재배 시스템이 없어서 농가 보급은 어려웠다. 균사 생장이 느리고 활력이 다소 낮아 상자나 균상재배 시 오염으로 생산성이 아주 낮았다. 1990년 초반부터 병재배 시스템과 액체종균을 이용한 배양이 자리잡고 2000년 들어 재배가 쉬운 품종이 육성되면서 큰느타리버섯 재배가 기하급수적으로 증가하게 되어 현재는 가장 많이 생산되는 버섯으로 거듭나게 되었다. 특히 일본에서 도입하여 선발 육종된 큰느타리2호가 생산량의 85%를 차지하고 있다. 이 때문에 단지 농가에서는 재배하고 있는 품종을 그대로 사용하고자 하고 있어 신품종 재배에 난항을 겪고 있는 실정이다.

<표 2-8> 육성 보급된 큰느타리버섯의 품종

품종명	육성연도	육성기관
큰느타리1호	1998	농촌진흥청
큰느타리2호	2001	농촌진흥청
새송이1호	2004	경남농업기술원
애린이	2006	경남농업기술원
애린이3호	2007	경남농업기술원
단비	2010	경남농업기술원

품종명	육성연도	육성기관
곤지4호	2011	경기농업기술원
송아	2011	농촌진흥청
단비3호	2012	경남농업기술원
단비5호	2012	경남농업기술원
허니킹	2012	허니머쉬
설송	2013	농촌진흥청
곤지8호	2013	경기농업기술원

육성품종의 특징

가. 큰느타리1호

큰느타리1호는 1986년부터 1995년까지 농업과학기술원 응용미생물과에 수집되어 보존 중인 균주들을 대상으로 인공재배 가능성을 검토한 결과 자실체의 육질이 굵고, 다발성이라는 점을 착안, 톱밥을 이용한 병버섯 재배법을 시도하여 우수 균주를 선발하였다. 선발된 균주는 1996년부터 생리적 특성을 검토하였으며, 1997년에는 생산력 검정 및 농가실증 시험을 거쳐 수량성을 확인한 후 우량품종으로 지정하여 농가에 보급하게 되었다. 1997년 품종 '큰느타리1호'가 육성되고 동시에 농가에 병재배 시스템이 갖추어지면서 보급이 확산되었다. 병재배 시스템은 전국에 거의 보급되었지만 특히 경남 지역에 농가 수가 많았다. 점차 팽이버섯 농가들이 큰느타리 재배 농가로 전환하여 더욱 주요 생산지로 부상되었다.

나. 큰느타리2호

큰느타리2호는 1997년 일본에서 수집된 균주의 생리적 특성 및 생산력 검정으로 도입균주의 우량계통 선발과정을 통해 선발된 균주로 농가확대 재배시험을 거쳐 육성되었다. 2000년 품종 '큰느타리2호'가 육성 보급되면서 수량이 증수되고 품질도 개선되어 지금까지 가장 많이 재배되는 품종이 되었다. 특히 큰느타리1호에 비해 발생 개체 수가 적고 수량성이 좋다.

 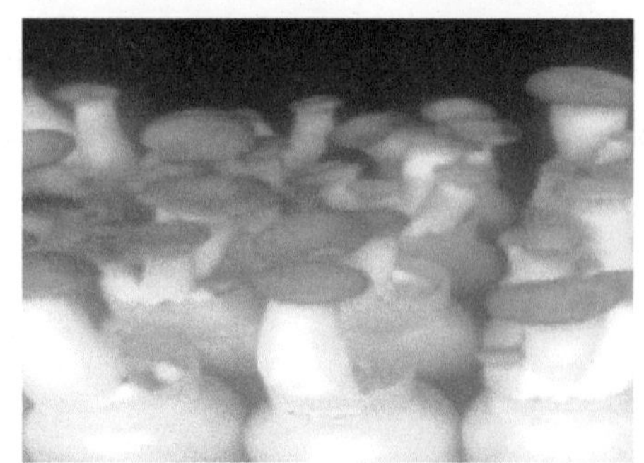

<그림 2-2> 선발육성품종 큰느타리버섯 '큰느타리1호'와 '큰느타리2호'

다. 새송이1호

새송이1호는 미생물 유전자원 보존기관으로부터 큰느타리버섯 45계통을 확보하여 배양적 특성을 데이터베이스화한 후 단포자를 분리하여 순계법으로 자가교배를 통해 선발된 계통을 육종모본으로 삼고 우수계통 간의 단포자를 교배하여 우수계통을 검정한 후 현장적응시험을 통해 선발되었다. 이 교배품종의 명칭을 '진미'라 붙였다가 품종보호등록 시에 '새송이1호'로 명명되었으며, 교배육종을 통해 새로운 버섯으로 등록된 한국고유품종이다. 새송이1호의 대표적인 특징은 생육기간이 기존품종에 비해 2일 정도 단축되고 향미, 씹힘성, 맛 등의 관능적 가치가 높다.

라. 애린이3호

애린이3호는 2005년 애린이 품종의 자가 단포자 교배에 의해 육성된 품종으로서 기존품종인 새송이1호의 품질과 애린이의 지연성장을 보완하여 품질이 우수하면서 수확소요일수가 짧아서 품종의 격을 향상시켜 대가 크고 개체중이 무거워 상품성이 뛰어나 수출품종으로 큰느타리2호를 대체할 품종으로 성장하고 있다.

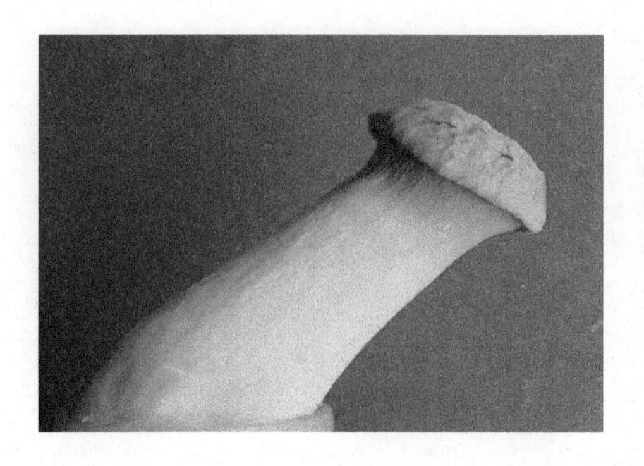

<그림 2-3> 교배육성 품종 '새송이1호'와 '애린이3호'

마. 곤지4호

곤지4호는 큰느타리2호와 형태적으로 거의 유사한 품종으로서 큰느타리2호를 대체할 수 있는 품종으로 큰느타리2호보다 개체 발생 수가 현저하게 적어 노동력을 절감할 수 있고, 조직이 단단하고 갓이 두꺼워 부서짐이 적고 다수성을 나타내어 앞으로 15년이나 재배되고 있는 큰느타리2호의 유력한 대체 품종이라 할 수 있다. 품종 특성은 갓색깔이 진회색을 나타내며 갓형태는 반구형~평반구형으로 자실체 발생량이 4개 이하로 소량발생되며, 발이유기 및 생육온도는 14~18℃ 내외로 중온성 품종이다. 재배상 유의점은 발이유기 시 환기량이 적거나(CO_2 1000ppm 이상) 습도가 95% 이상 높아지면, 공중균사가 발생되며 발이상태가 나빠질 수 있으니 주의하여 재배하여야 한다.

바. 설송

설송은 큰느타리2호, 애린이3호 및 다수성을 나타내는 균주와 3복교배로 육성된 품종으로서 개체 발생 수가 적으면서 내습성에 강해 해안가나 습도가 높은 지역에서 재배가 가능하다. 품종 특성으로는 자실체의 갓 색깔과 모양은 회색이고 반구형을 나타내며 균사배양은 22~24℃에서 35일간 배양하여 균긁기 후 발이온도 14~16℃, 습도 95% 수준, 초발이 후 온도 16℃, 습도 80~90%, CO_2 농도는 1200ppm 수준으로 관리한다. 자실체 발이 후 생육 시 높은 습도(95%)에서도 무르지 않고 잘 견뎌 열악한 환경에도 잘 생육하는 특성을 보인다.

<그림 2-4> 큰느타리2호 대체품종 '곤지4호'와 내습성이 강한 '설송'

소발생형 품종 육성

2000년 후반기 들어 버섯 생산량이 증가하자 일일이 솎음작업을 해주는 번거로운 일을 줄이기 위해 수량이 높으면서 버섯 개체 발생 수가 적은 품종 육성 연구가 진행되어 소발생형 품종이 육성되어 노동력 절감효과를 기대하게 되었다.

가. 단비

단비는 처음으로 개체 발생 수가 적은 품종으로 육성되었으며 또한 과습에 대한 내성이 강하며 발이 이후 후기생육이 우수한 균주이나 초기 발이가 너무 적게 나와 버섯이 안 나오는 경우가 있다. 이것을 개선하기 위해 '단비3호'를 육성하였으며 또한 저장성이 높은 '단비5호'도 육성되었다

나. 송아

송아는 환경제어에 의해 버섯의 발이를 소발생형으로 유도한 품종이지만 아직까지는 농가에서 재배할 필요성을 느끼지 못하나 일반농가의 재배방법을 도입하면 뿌리째 상품화하여 저장성을 지속할 수 있는 품종이다. 핵가족시대

에 필요한 소량 포장이 가능한 품종이라고 볼 수 있다. 버섯 발생온도는 13~15℃, 자실체 생육온도는 16℃ 내외로 중온성이며 자실체의 갓 색깔은 미색이고, 발생형태는 유효경수가 적은 소발생형으로 노동력 절감형이다. 병재배용으로 대가 굵어 고품질로서, 균사배양은 22~24℃에서 35일간 배양하여 균긁기 후 발이온도 14~16℃, 습도 95% 수준, 초발이 후 온도 16℃, 습도 80~90%, CO_2 농도는 1200ppm 수준으로 관리하면 좋다.

다. 곤지8호

곤지8호는 경도가 높아 조직이 단단하고 생육이 빠르고 대가 길고 갓 개산이 늦어 수출품종으로 적합하며, 발이유기 및 생육온도는 14~16℃ 내외로 중온성 품종이다. 생육기간 내 환경변화가 크면 대 표면이 다소 거칠어지는 현상이 나타나며, 발이유기 시 환기량이 적거나 실내공기가 정체될 경우 공중균사 부상으로 발이율이 낮아질 수 있다. 즉, 생육기 환기량이 많으면(CO_2농도 1000ppm 이하) 주름이 노출되거나 생육 시 과습하거나 환기가 불량하면 세균성병이 발생되기 쉽다.

<그림 2-5> 소발생형 육성품종 '단비'와 '송아', '곤지8호'(왼쪽부터)

04 병재배 기술

배지재료와 배지 조제

큰느타리는 병재배를 주로 하고, 일부 봉지재배도 하고 있으나 일반 느타리와는 달리 균상재배는 하지 않는다. 배지재료는 미송 톱밥이나 또는 미루나무 톱밥을 주재료로 사용한다. 영양원 첨가제로는 미강이나 밀기울을 단용하거나 건비지 등 혼용으로 주재료에 25~30% 정도를 첨가한다. 톱밥 입자는 배지의 충전량과 공극률에 영향을 미치며 배양 일수의 장단에 관여한다.

톱밥을 구입할 때는 맞는 수종을 고르고 입자분포가 항상 균일한 것을 선택하는 것이 매우 중요하다. 톱밥의 입자가 전체적으로 너무 잘면 배지의 충전 비중이 높아 공극률이 낮아지고 통기 불량으로 인해 균사생장이 지연되며, 반대로 입자가 너무 굵으면 균사 생장은 빨리 진전되나 배지 내에 충분한 양의 균사를 확보할 수 없고 배지가 건조해지기 쉽다.

영양원 첨가제로는 미강과 밀기울을 쓴다. 이들 첨가제는 균사 생장에 있어 중요한 영양원으로 작용하기 때문에 질에 따라 균사배양 및 자실체 발생에 매우 큰 영향을 미친다. 특히 산패된 미강을 쓰면 지방산의 과산화물로 인하여 정상적인 버섯 재배가 어려울 수도 있다. 첨가제 사용량이 너무 낮으면 영양원이 부족하게 되고, 높으면 배지 내의 공극률이 낮아져 균사생장 속도가 지연되거나 질소 과잉에 의해 버섯 발생이 불량하게 된다. 첨가제는 항상 신선한 것을 사용해야 하고, 대량 구입하여 장기 보존하는 것보다 필요한 양만 구입해서 사용하는 것이 좋다. 특히 미강은 고온기에 1주 정도면 변질되므로 저온저장 등 보관 방법에 유의해야 한다.

가. 배지재료의 이화학적 특성

버섯 병재배 시설농가 35개소에서 수집한 배지재료 14종 143점의 이화학적 특성을 살펴보면 수분 함량은 한천부산물 70.4%>미송 톱밥 65.9%>포플러 톱밥 43.8% 순으로 높고 나머지는 10% 미만으로 낮다. 탄소 함량은 건비지, 미강, 미송 톱밥, 포플러 톱밥 등 대부분의 재료가 40% 이상으로 높았으나 패화석(貝化石) 분말(7.4%)과 한천부산물(7.7%)은 매우 낮았다. 질소 함량은 면실박(6.8%)과 건비지(5.1%)가 가장 높았다. 무기염류 함량에 있어 특히 미강은 인산 4.4%, 칼리 1.4%, 마그네슘이 1.8%로 다른 재료들보다 많다. 패화석 분말은 칼슘이 15.1%, 나트륨이 1.3% 정도이고, 한천부산물도 나트륨이 2.5% 정도이다.

버섯종류별 배지재료의 이화학성이 살균 후의 이화학적 변화 양상을 조사하기 위해 팽이 13개소, 큰느타리 14개소, 느타리 8개소에서 수집한 병재배용 살균배지 3종 35점의 이화학적 특성을 보면 농가의 실정에 따라 고압살균 또는 상압살균한 배지의 수분함량은 팽이 배지가 평균 62.6%이고 낮은 곳과 높은 곳은 54.6~68.0%, 큰느타리 배지는 평균 64.3%이고 59.2~68.3% 범위, 느타리 병재배 배지는 평균이 68.4%이고 63.9~71.2% 범위로 차이가 많다. 살균후 배지 pH는 팽이 배지가 6.5±0.2, 큰느타리 배지 6.1±0.4, 느타리 병재배 배지 5.7±0.7 수준이다. C/N율은 팽이와 큰느타리 배지가 28±4이고, 느타리 병재배용 배지는 21±2 수준이다. 특히, 칼슘함량이 농가 간에 차이가 많은 것은 패화석 분말, 한천부산물 등 무기물 첨가재료의 종류 및 첨가량의 차이 때문이다.

<표 2-10> 병재배 배지재료의 이화학성 (농과원, 2008)

배지재료	샘플 수 (개)	수분함량 (%)	pH (1:5)	T-C (%)	T-N (%)	C/N ratio	P_2O_5 (%)	K_2O (%)	CaO (%)	MgO (%)	Na_2O (%)
미송톱밥	11	65.9	6.1	47.7	0.17	281	0.02	0.03	0.20	0.04	0.13
포플러톱밥	6	43.8	6.8	47.1	0.16	294	0.04	0.09	0.54	0.08	0.04
콘코브	21	9.6	5.6	45.1	0.42	107	0.11	0.46	0.12	0.08	0.04
면실피	10	8.2	6.4	44.9	0.93	48	0.25	0.76	0.30	0.32	0.09
피트펄프	20	9.2	4.9	43.1	1.59	27	0.20	0.40	1.02	0.50	0.66
옥수수피	3	8.9	5.3	44.3	1.23	36	0.69	0.23	0.05	0.26	0.03
미강	17	7.5	6.8	47.0	2.48	19	4.41	1.38	0.14	1.77	0.05

배지재료	샘플 수 (개)	수분함량 (%)	pH (1:5)	T-C (%)	T-N (%)	C/N ratio	P_2O_5 (%)	K_2O (%)	CaO (%)	MgO (%)	Na_2O (%)
밀기울	9	8.6	6.5	43.6	2.45	18	1.87	0.59	0.16	0.78	0.06
건비지	8	3.7	6.3	49.8	5.09	11	1.16	0.54	0.72	0.38	0.31
면실박	14	8.4	6.5	43.9	6.77	7	2.16	1.23	0.39	1.06	0.09
대두피	5	4.2	6.0	43.0	2.20	20	0.40	0.65	0.93	0.48	0.03
패화석분말	9	5.6	8.9	7.4	0.11	67	0.19	0.44	15.08	0.56	1.31
한천부산물	2	70.4	9.7	7.7	0.18	43	0.08	0.77	0.69	0.94	2.45
주문사료	8	8.6	6.1	43.1	2.83	15	2.15	0.70	1.56	0.87	0.40

<표 2-11> 버섯 종류별 농가수집 살균 후 배지의 이화학성 (농과원, 2006)

버섯종류	샘플수 (개)	수분함량 (%)	pH (1:5)	T-C (%)	T-N (%)	C/N ratio	P_2O_5 (%)	K_2O (%)	CaO (%)	MgO (%)	Na_2O (%)
팽이	13	62.6	6.5	44.5	1.63	27	2.11	0.93	1.84	0.80	0.14
큰느타리	14	64.3	6.1	44.4	1.59	28	1.38	0.45	1.69	0.60	0.19
느타리	8	68.4	5.7	44.5	2.14	21	0.64	0.49	1.03	0.45	0.19

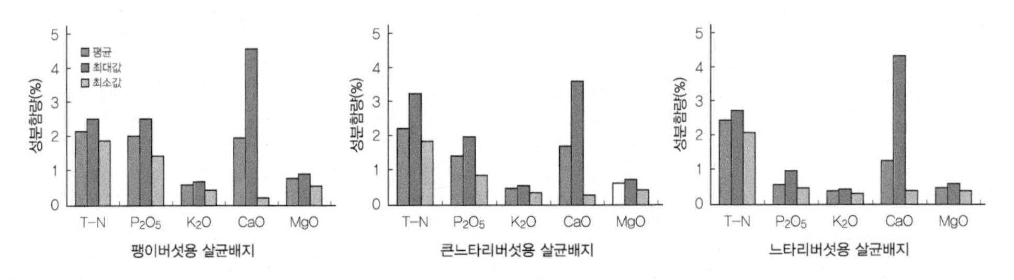

<그림 2-6> 버섯종류별 농가수집 살균배지의 영양성분 함량 평균, 최댓값, 최솟값

배지재료 중 구하기 어려운 것이 있거나 재료의 가격이 급등하는 상황에서 보다 구입이 쉽고 값싼 것으로 대체하려고 할 때 제시한 배지재료들의 성분함량 수치는 빠르고 손쉽게 혼합배지의 영양성분 조성 비율을 결정하는 기준으로 사용할 수 있다. 즉 팽이, 큰느타리, 느타리 등 병재배 버섯의 배지재료 배합 시 각 재료의 성분함량을 참고하여 C/N율, 인산, 칼슘, 마그네슘 등 영양수준을 맞추기 위하여 계산이 가능하다.

<표 2-12> 사례농가 배지재료별 성분표를 활용한 혼합배지의 질소량 계산

배지재료	사용량 (g)	혼합비 [A] (%)	질소 함량 [B] (성분분석표)	질소량 계산 (A×B, %)
미송톱밥	30	12	0.23	0.028
콘코브	100	41	0.46	0.189
미 강	90	37	2.43	0.893
건비지	10	4	6.11	0.250
주문사료	5	2	3.57	0.073
패화석	10	4	0.13	0.005
계	245	100		1.438

나. 배지의 혼합과 특성 변화

배지의 혼합은 미송 75+밀기울 20+건비지 5의 조성비율에 수분함량이 67%인 배지에서 큰느타리의 자실체 수량이 가장 많았다.

<표 2-13> 배지 종류와 수분 함량에 따른 자실체 수량 (국립원예특작과학원, 2008)

배지 종류	수분함량(%)	건조 전 pH	건조 후 pH	배지 무게	건조 무게	병내 수분	고상 (%)	액상 (%)	기상 (%)	큰느타리 2호
미송+미강 (75 : 25)	65	6.49	6.00	586	198	388	23	45	32	123.7±14.4
	67	6.50	5.98	601	185	416	22	48	30	132.4±19.0
	70	6.48	5.96	681	204	477	24	56	20	129.8± 8.9
미송+밀기울 (75 : 25)	65	6.21	5.00	507	177	330	21	38	41	129.5±12.1
	67	6.24	4.98	513	170	342	20	40	40	125.8±15.0
	70	6.23	4.86	591	178	413	21	48	31	123.4±14.1
미송+미강 +건비지 (75 : 20 : 5)	65	6.65	5.81	586	198	388	23	45	32	136.1±10.6
	67	6.69	5.82	601	185	416	22	48	30	142.4±13.9
	70	6.71	5.85	681	204	477	24	56	20	153.2±15.4
미송+밀기울 +건비지 (75 : 20 : 5)	65	6.12	5.11	590	211	379	25	44	31	146.5±17.2
	67	6.16	5.11	634	203	430	24	50	26	158.1±15.9
	70	6.14	5.11	698	212	486	25	57	18	155.9±16.6

배지종류별로 큰느타리의 자실체 수량은 미송 톱밥에 미강 또는 건비지를 첨가한 배지에서는 수분함량 70%, 밀기울 첨가 배지는 65%, 밀기울+건비지 첨가배지는 67%에서 수량이 많았다. 이는 배지재료의 종류 및 조성비율에 따라서 최적 수분함량이 다르고 배지 내의 공극 등 물리성도 pH, C/N, CaO 함량 등 화학성 못지않게 중요하다는 것을 보여준다.

입병

배지혼합 작업이 끝나면 바로 입병 작업을 하는데 배양병의 크기에 따라 입병량 및 버섯의 생육 특성에 차이가 있다.

큰느타리버섯의 병재배용 용기 규격별 배양일수는 31~33일이고, 초발이소요일수는 7일로 대등하다. 또한 생육일수는 9일로 동일하고, 유효경수는 병입구가 클수록 많다. 또한 회수율은 850㎖/70∮에서 47.6%로 높고, 상품성 수량은 1100㎖/75∮에서 114g으로 850㎖/60∮보다 54% 높다.

<표 2-14> 용기 규격별 큰느타리버섯 생육 특성 (경기도원, 2001)

용기 규격	배양일수(일)	초발이 소요일수(일)	생육일수(일)	자실체 특성					상품성 수량(g/병)	배지 입병량(g)	회수율(%)
				발이 개체 수(개)	유효경수(개)	갓직경(㎜)	대굵기(㎜)	대길이(㎜)			
850㎖/60∮	32	7	9	6.4	1.9	38.0	29.7	88.3	74	570	38.5
850㎖/65∮	31	7	9	6.1	2.2	41.2	29.9	98.7	92	590	44.6
850㎖/70∮	31	7	9	5.4	2.5	42.7	29.3	102.1	97	590	47.6
1100㎖/65∮	33	7	9	6.6	2.3	45.4	31.1	101.1	103	690	43.0
1100㎖/75∮	32	7	9	7.0	3.1	44.1	29.9	99.0	114	690	47.1

살균과 냉각

가. 살균 작업

살균은 버섯은 물론 모든 미생물의 증식과 배양에 있어서 가장 중요한 작업이다. 배지에는 진균, 방선균, 세균, 효모 등의 잡균이 서식하고 있는데 이들 해균의 사멸 온도는 살균 조건에 따라 달라진다. 진균은 균사보다 포자 상태에서 내열성이 크고, 무성포자보다는 유성포자가 내열성이 큰 것으로 알려져 있다.

증기살균 시 균사는 60℃, 포자는 65~70℃에서 10분 정도면 사멸되지만, 푸른곰팡이병, 검은털곰팡이병, 붉은빵곰팡이병을 유발하는 병원균들은 일반곰팡이들보다 내열성이 강한 편에 속하며 특히 균핵을 형성하는 곰팡이 중에는 90~100℃의 고온에서도 사멸되지 않는 것이 존재하는 것으로 알려져 있다. 일반적인 세균은 사멸 온도가 그다지 높지 않으나 포자를 형성하는 세균인 *Bacillus*의 경우 대단히 높은 내열성을 갖고 있다. 이 중 *B. slearothermophilus*는 121℃에서 90%를 사멸시키는 데 10분 이상이 소요된다고 한다.

버섯 재배에서 배지의 살균은 반드시 증기살균으로 하며, 크게 상압살균과 고압살균으로 나눈다. 적절한 살균 조건은 상압의 경우 98~100℃에서 4시간30분 이상, 고압의 경우 121℃에서 90분 정도이며, 살균시간은 살균 온도에 도달한 이후부터의 시간을 의미한다.

살균에 있어서 가장 중요한 것이 살균 중의 온도 편차다. 고압살균 시 온도가 너무 내려가거나 살균시간이 길어지면 배지의 성분이 나쁘게 변하고, 상압살균 시 소정의 온도에 이르지 못하면 살균 효율이 떨어진다. 그러므로 온도계, 압력계, 시계 등으로 살균온도, 압력의 변화, 살균시간 등을 확실하게 체크하는 것이 매우 중요한 과제다. 상압살균과 고압살균은 장단점이 있는데, 상압살균은 우선 비용이 덜 들고 배지의 물리성이 좋아지며 주요 성분의 파괴가 적다는 장점이 있으나, 살균시간이 오래 걸리고 살균력이 떨어지므로 종균용 배지의 살균에는 다소 문제가 있다.

살균시간대별 온도 유지와 살균솥 작동 방법은 상압살균의 경우 98℃까지 도달하는 시점만 정확히 관찰하여 이때부터 4시간30분 이상 살균하면 되는데 도중에 온도가 떨어지지 않도록 배기밸브만 적당히 열어 고정시켜 두면 된다.

큰느타리 병재배를 위한 살균 방법은 고압살균과 상압살균으로 구분한다. 버섯 배지의 고압살균 방법은 배양병의 크기에 따라서 배지 내부까지 121℃에 도달하는 시간이 다르므로 850㎖ PP병의 경우 살균기 내부가 121℃일 때부터 90분을 유지하고 1100㎖ 병은 95분을 유지하는 것이 바람직하다. 상압살균 방법은 98~100℃에서 4시간 이상을 유지한다. 상압살균의 경우 배지가 멸균 상태에 이르는 것은 아니므로 종균으로 사용하려는 배지는 반드시 고압살균을 해야 한다.

살균기에는 자동타이머, 감압밸브, 자동배기밸브, 안전변 등을 설치하고, 스팀보일러도 안전변, 민감한 릴레이스위치, 자동급수장치, 자동점화장치 등을 갖추는 것이 사용하기에 편리하다. 그러나 이러한 계기들은 장기간 사용하면 성능이 저하되거나 고장이 날 수 있으므로 주의 깊은 점검이 필요하다.

살균이 끝나고 응결수 배수와 배기 직후에는 살균기 내부와 외부의 온도 및 기압 차이에 의하여 외부 공기가 살균기로 흡입되고, 동시에 병 안으로도 유입되게 된다. 이를 방지하기 위하여 살균기의 배기구에 외부 공기가 흡입되지 않도록 장치를 하거나, 헤파(HEPA)필터 장치를 통하여 일정량의 공기를 살균기 내부로 불어 넣어주기도 한다.

나. 예냉

살균이 끝난 후 온도가 99℃ 이하이고 압력이 완전히 떨어지면 입병실 반대편에 있는 예냉실의 살균솥 문을 서서히 열고 살균대차를 꺼낸다. 이때 솥 내부에서 함께 나오는 잔여 증기는 후드를 작동하여 배출하는데 반드시 헤파필터를 통하여 외부의 공기를 청정하게 보충해야 한다.

너무 오랫동안 예냉실을 가동하는 것은 살균솥의 고온으로 인하여 냉각 효율이 떨어지므로 예냉은 잔여 수증기를 빼내는 정도면 충분하다. 예냉을 거치지 않고 살균된 배지를 냉각실에 곧바로 넣게 되면 급격한 온도차로 인해 잔여 증기가 액화되어 실내의 벽과 천장에 응결수가 맺히게 되고 장기간 반복되면 냉각실에 곰팡이 등이 서식하게 되는 원인이 되기도 한다.

다. 냉각

예냉 후 살균 배지는 냉각실로 옮겨 배지 내부의 온도를 큰느타리 균이 잘 자라는 온도인 22~25℃까지 낮추어 준다. 이때 배지온도가 낮아지는 시간이 너무 길어 55~35℃ 조건이 오래 지속되면 외부로부터 병 내부로 유입된 잡균의 증식이 진행된다. 반대로 배지 내부의 온도가 낮아지는 시간이 너무 짧으면 외부 공기가 급격하게 병 내에 유입되어 잡균도 함께 병 내부로 침투할 가능성이 높아진다.

종균 접종

톱밥종균의 경우 35일 정도 배양된 것이 적당한데 건전한 것만 선별하여 마개가 닫힌 상태에서 병 외부 전체를 75% 에탄올로 분무 소독한다. 다음은 마개를 열고 거꾸로 세워 잡고 배지 표면과 구멍 속에 있는 노화된 접종원을 제거한 뒤 소독액에 젖어 있는 거즈 위에 병 입구가 아래로 향하도록 거꾸로 세워 두고 사용한다.

접종 작업은 접종실 안의 클린부스 내에서 자동접종기를 사용하여 이루어진다. 종균병을 고정시키는 윗부분과 균을 긁어내는 칼날 부분, 종균의 이동 통로, 배지의 병뚜껑 여닫이 부분 등을 접종 직전과 도중에 수시로 화염살균하면서 접종 작업을 한다. 접종량은 병당 10~15g이 적당하며 배지 표면이 완전히 덮이고 병뚜껑에 종균이 닿지 않는 정도가 좋다. 접종 작업이 완료되면 접종기와 바닥에 흩어져 있는 종균 찌꺼기를 청소하고 화염 살균한 다음, 클린부스와 접종실을 75% 알코올로 분무 살균하고 다음 접종 시까지 자외선등을 켜 둔다.

가. 액체종균과 톱밥종균의 비교

큰느타리의 액체종균 접종배지는 톱밥종균보다 배양 기간이 3일 정도 단축된다. 그러나 발이, 갓의 형성 및 수확 기간은 톱밥종균 접종배지와 차이가 없다. 일반적으로 큰느타리의 병재배 시 배양 기간은 30~35일로 느타리의 15~20일, 팽이버섯의 18~25일에 비하여 장기간이 소요되므로 배양 중에 잡균의 2차 오염이 많아질 수 있다. 따라서 배양 기간을 단축시키기 위하여 톱밥배지에 접종하는 종균의 종류는 톱밥종균보다는 액체종균이 유리한 것으로 보인다.

<표 2-15> 액체종균과 톱밥종균 접종배지의 큰느타리 생육단계별 소요 기간 (농과원 2000)

종균 종류	배양 기간 (일)	후숙 기간 (일)	균긁기 후 소요 기간(일)			총재배기간
			초발이	갓형성	수확기	
액체종균	27	10	8	11	17	54
톱밥종균	30	10	8	11	17	57

균사 배양과 후숙 배양

종균접종이 끝나고 배양실로 옮겨서 배지에서 큰느타리균이 자라 백색의 균사체로 뒤덮이고 배지 자체의 색이 보이지 않게 될 때 균 배양이 완료되었다고 본다.

배양실의 환경조건은 온도 20~22℃, 상대습도 65~70%, CO_2 농도 2000~3000ppm으로 조절하고 조명은 하지 않는다. 큰느타리버섯균의 배양적온이 25~30℃인데 배양실의 온도를 20~22℃로 조절하는 것은 병에서 균이 생장하면서 발생하는 호흡열에 의하여 병 내부의 온도는 실내 온도보다 4~6℃ 정도 높게 유지되기 때문이다.

접종된 배지는 2~3일이 지나면 배지 표면에 균이 활착되어 접종 부위 아래 부분으로 균사체가 내려가기 시작한다. 배양 중기에 이르면 병 표면에서 보는 것보다 훨씬 더 배지 내부 깊숙이 균사 생장이 진행되므로, 배양 15일째에는 배지 부피의 70% 정도가 균사체로 만연된다.

균사 생장 속도는 접종 후 15~20일경에 최대에 이르며 이때 CO_2 생성량과 O_2 요구량은 극에 달하고 28~35일이면 균사가 전체적으로 다 자란다.

큰느타리는 발이 및 생육 기간의 단축과 안정을 위하여 후숙 배양이 필요하다. 육안으로 배양이 완료된 병 배지를 배양실에서 5~10일간 더 후숙 배양하면 버섯의 발이 및 생육이 고르게 진행되어 작업이 간편하고 품질관리상 장점이 많은 것으로 분석되었다. 후숙배양의 요구도는 버섯 종류에 따라 달라서 팽이버섯은 후배양이 전혀 필요 없고, 만가닥버섯은 45~60일 정도의 후배양을 요구한다.

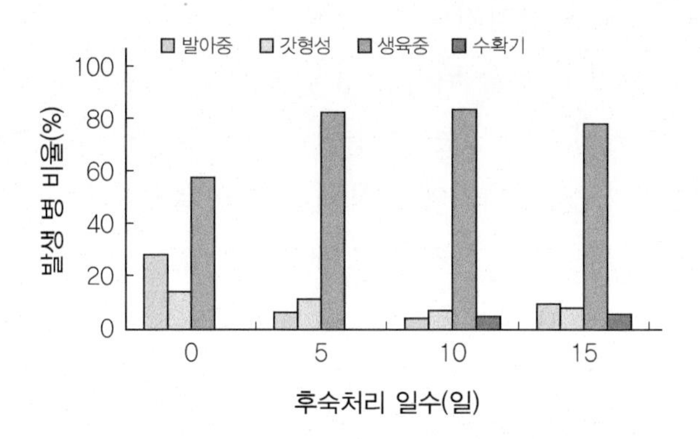

<그림 2-7> 큰느타리 후숙 배양 기간과 자실체 발육단계별 비율
품종:큰느타리2호(ASI 2394), 조사일: 균긁기 후 16일째

버섯 발생과 수확

가. 균긁기와 물 축이기

배양이 완료된 배지는 배양실 밖에서 1차적으로 잡균과 해충에 오염된 것을 육안으로 선별해 내고, 균긁기실로 옮겨 작업을 실시한다. 균긁기는 자실체가 균일하게 발생하도록 배양이 완료된 병배지의 뚜껑을 제거하고 노화된 접종원과 배지 표면의 일부를 긁어내는 작업을 말한다. 균긁기는 배지 표면의 노화 접종원에 균사가 충실하게 자라 하얗게 되어 있고 그 표면의 균사가 활력이 있을 때에 실시하며, 병 내부에 이미 원기가 형성되어 있는 것은 발이 불량과 수량 감소의 원인이 된다.

큰느타리버섯의 균긁기는 만가닥버섯과 같이 凸형 긁기를 하는 방법과 팽이버섯과 같이 수평 긁기를 하는 방법이 있으며, 농가의 사정에 따라 선택 가능하다. 균긁기 작업 전에 기기의 칼날은 알코올 및 화염 소독하고 작업 도중에도 수시로 소독해주어야 오염을 줄일 수 있다.

균긁기가 끝난 배지는 표면이 마르지 않도록 즉시 물 축이기를 한 다음 병을 거꾸로 세운 뒤 발이실로 옮긴다. 물 축이기는 배지 표면이 쉽게 마르지 않도록 하며, 균긁기에 의해 상처 입은 부분이 빠르게 회복하는 데 중요한 역할을 한다.

물 축이기는 균긁기 후에 병입구 배지 표면을 적실 정도로 약간의 물을 주는 것으로 최근의 자동균긁기기를 사용하는 경우에는 균긁기와 물 축이기를 동시에 해결해준다. 또한 병을 뒤집은 상태에서 물을 고압으로 분사해 주기 때문에 병입구 안쪽 면에 붙어 있는 배지 찌꺼기도 깨끗이 제거되므로 일석삼조의 효과를 볼 수 있다. 물 축이기에 사용되는 물은 멸균수를 사용하여야 한다. 그러나 최근에는 물축이기를 하지 않고 재배하는 농가도 상당수 있다.

나. 발이

균긁기가 끝나면 생육실로 옮겨 발이를 유도한다. 온도 14~15℃(17℃), 습도 90% 이상, 조도 100~200lux, CO_2 농도 2000ppm 이하의 조건에서 관리하면 7~8일 이내에 발이가 되어 어린 자실체가 형성된다. 이 시기에 CO_2 농도가 너무 높으면 공중균사가 지나치게 많이 형성되어 정상적인 버섯의 발생을 막을 수 있다. 한편 원기 형성을 빠르게 하기 위해서는 초기 온도를 17℃로 유지하면 1~2일 빨라진다.

큰느타리버섯은 병당 개체 수를 1~2개로 유도하는 것이 좋다. 조건이 적정하면 발이량이 많으며, 습도가 낮은 조건에서는 발이량이 적고, 배지 표면이 건조하면 불균일한 발이로 생산성 및 품질이 떨어진다. 가장 효율적인 방법은 균일한 발이 후에 솎기 작업을 실시하는 것이다.

큰느타리버섯 재배에서는 버섯 발이 시 배지 표면의 건조를 막고, 적절한 환경조건을 유지하기 위해 병을 거꾸로 엎어서 발이시키는 방법을 사용하고 있다. 이 방법은 수시로 원기 형성 상태와 어린 자실체의 발생 상태를 점검하여 어린 자실체가 덮개에 닿아 기형 자실체를 형성하는 일이 없도록 적당한 시기에 덮개를 제거해 주는 것이 중요하다. 발이유기 후 6~7일이 지나면 배지 표면에 낱알 모양의 원기가 덩어리로 형성되고, 9일이 되면 자실체가 병 높이까지 자라는데 그 직전에 병 뒤집기를 해 준다.

다. 자실체 생육

발이 단계를 지난 버섯 병은 뒤집기 작업 후 본격적인 생육 단계에 접어들게 된다. 뒤집고 난 후 1~2일 후 솎기 작업을 하게 되는데 이를 통해 전체 생산량의 70~80%가량을 고품질의 버섯으로 생산할 수 있다. 생육 초기 단계에서 솎기를 하면 수확이나 다듬기 작업이 쉽고 인력도 적게 든다. 생육 단계별 환경조건은 솎기 전까지는 온도 14~15℃(촉성재배 16℃), 습도 85% 이상, CO_2 농도 0.25% 이하의 조건에서 관리하며, 솎기를 한 뒤에는 온도 14~15℃, 상대습도 80%로 낮추고, CO_2는 3000ppm 이하로 관리한다. 적합한 환경조건에서는 9~11일 정도 지나면 수확이 가능하며, 병당 수확량은 100g(850cc) 내외이다. 수확 시기에 상대습도가 높으면 버섯 표면에 지나치게 물이 많아서 상품성이 떨어지거나 유통 중에 버섯이 빨리 갈변하거나 부패하게 된다.

<표 2-16> 생육시기별 온도조건에 따른 솎음처리구의 자실체 생육 특성

처리 조건*	대길이(mm)	대두께(mm)	갓직경(mm)	무게/병(g)	품질(1-9)
Ⅰ-(15℃)	120.6	37.8	40.1	78.8	7.5
Ⅱ-(17℃)	122.9	38.1	40.2	92.5	8.2
Ⅲ-(20℃)	121.7	35.8	49.5	89.0	8.0

* Ⅰ : 15℃ 고정, Ⅱ : 17℃ 발이기(뒤집기 전)→16℃ 원기신장기(솎기 전)→15℃ 신장기, 수확 전
Ⅲ : 20℃ 1일→19℃ 1일→18℃ 1일→17℃ 2일→16℃ 2일→15℃(솎기 이후)

큰느타리버섯 재배 방법에는 방임형과 솎음형이 있다. 방임형은 재배 초기에 병당 6~7개의 자실체를 생산하는 것으로 솎음형에 비하여 품질은 낮으나 생산성이 높다. 솎음형 재배법은 경남 지역을 중심으로 고품질화 재배법으로 보급되어 전국적으로 사용되고 있다. 그러나 최근에는 솎음형에서 솎음 작업 없이 재배하여 자실체의 대기부를 다듬지 않고 톱밥을 남겨둔 채로 500g 봉지 형태로 판매하는 포기형이 확산되고 있다.

<표 2-17> 상대습도 조건에 따른 솎음처리구에서의 자실체 생육 특성

상대습도*(%)	대길이(mm)	대두께(mm)	갓직경(mm)	무게/병(g)	품질(1-9)
Ⅰ	120.6	34.9	46.3	85.5	8.5
Ⅱ	123.0	34.3	47.7	79.2	7.6
Ⅲ	121.7	35.8	49.5	87.8	8.2

* Ⅰ : 90% 이상 1일 → 85% 11일→ 80%, Ⅱ : 90% 이상 4일 → 85% 8일 → 80%
Ⅲ : 90% 이상 7일 → 85% 5일 → 80%

생육기간 중의 문제와 대책

증상	균긁기 후 균상 표면에 기중균사의 재생이 보이지 않는다.
원인	발이 시 습도가 너무 낮거나 또는 세균에 감염
대책	발이습도를 60~98% 범위에서 건/습교차를 크게 설정하여 관리하거나 살균공정 재점검

증상	균긁기 후 균상 표면에 기중균사가 다발하여 안쪽의 균사층에 원기가 형성된다.
원인	발이 시 습도가 너무 높아서 발생
대책	전기 발이관리(5~6일간)에서는 90% 이상, 후기 발이관리(5~7일간)에서는 60~98%에서 건/습 교차를 2단계 설정 관리

증상	균긁기 후 10일 이상 경과해도 버섯의 원기가 형성되지 않는다.
원인	발이온도가 부적절하거나 세균 감염
대책	15~18℃의 범위에서 관리, 지나치게 높거나 낮으면 원기가 아예 형성되지 않거나 또는 원기 형성에 장시간이 필요

증상	덩어리 형태의 원기(기형)가 형성된다.
원인	배양 시 온도 및 환기 관리가 부적절, 발이 시 원기가 건조 상태에 빠져 갓의 분화가 정상적으로 이루어지지 못했을 때 발생
대책	누적온도로 800℃(실온 23℃) 이상 실내의 탄산가스 농도 3000ppm 이하로 관리하고, 발이 시 60~98%에서 건/습 교차 관리

증상	버섯의 대가 휘어진다.
원인	원기형성 시 세균에 의한 감염 또는 형성된 원기의 탄산가스 농도에 의한 장해
대책	누적온도로 800℃(실온 23℃) 이상, 실내의 탄산가스 농도 3000ppm 이하로 관리하고, 발이 시 60~98%에서 건/습 교차 관리

증상	대의 표면이 갈라진다.
원인	온도, 환기 및 배지 등이 부적절하게 관리되어 균상의 숙성불량, 고온 장해나 건조한 생육환경에 의해 해균이 혼입되어 발생
대책	철저한 온도, 환기 및 배지 관리

증상	형성된 자실체의 원기가 부패한다.
원인	발이 시 연속적인 과다 습도로 인해 세균에 감염되어 발생
대책	숙성이 덜 진행된 미숙성 균상에서 주로 찾아볼 수 있는 증상으로 발이와 생장을 할 때 연속적인 고습도 관리를 피하고 건/습 교차를 크게 설정하여 관리

증상	균긁기 후 균상 표면이 황색으로 착색되고 적갈색 물이 고인다.
원인	냉각, 접종 및 배양 초기 관리에서 해균이 혼입되어 균상표면이 오염됨으로써 발생
대책	냉각, 접종 및 배양 초기 관리에서 해균 혼입을 그 원인으로 생각해 볼 수 있으므로 각 공정의 작업내용 및 관리를 재점검

증상	발생한 버섯의 뿌리가 솜털과 같은 균사로 덮여 있다.
원인	자실체 생육 시 습도가 높아 자실체 대의 뿌리 부근이 솜털처럼 생긴 해균인 털곰팡이 균에 감염
대책	생육실의 과습이 원인이므로 자주 환기하고 60~98%에서 건/습 교차를 의도적으로 크게 설정

증상	버섯주름이 거미집 모양으로 덮인다.
원인	자실체 생육 시 버섯파리 등으로 인해 발생
대책	버섯파리 발생 원인인 고온다습 환경을 피하고, 생육실 온도는 18℃를 유지하고 건/습 교차를 크게 설정

증상	기형으로 발생하는 버섯이 많다.
원인	균상과 병의 목 부근에 틈이 생겨 그 틈 안에서 원기가 형성됨으로써 자실체 원기의 탄산가스 폐해 증상
대책	충전 시 적정한 양(함수율이 66~68%의 경우 550~580g)을 넣은 다음 적당하게 다져줌

증상	버섯의 갓이 국자 모양으로 자란다.
원인	생육 시의 환기 부족에 의해 갓의 기형을 일으키는 탄산가스 장해
대책	실내의 탄산가스 농도가 3000ppm 이하가 되도록 자주 환기

증상	버섯이 크게 자라지 않는다.
원인	발이 시 과도한 습도에 의한 소형버섯의 과다 발생 또는 배지 제조 시의 수분부족에 의해 발생
대책	발이공정 시의 과습을 피하고 건/습 교차를 크게 설정하여 발이 수를 억제하거나 배지 제조 시 배지 함수율이 66% 이하가 되지 않도록 관리

증상	갓과 대가 맞닿는 부분이 황색으로 변하고 축소되더니 생육이 정지한다.
원인	어린 자실체가 세균에 감염되었거나 생육 초기의 극단적인 건조 관리
대책	생육 초기에 70% 이하로 건조하게 관리하거나 발이 후반에 습도가 너무 높으면 각종 병해가 발생하기 쉬우므로 건/습 교차를 크게 설정하여 관리

증상	**버섯의 갓 표면에 요철 모양이 발생한다.**
원인	생육 시 관리온도가 낮은 경우에 발생하는 갓 표면의 기형 증상
대책	원기에서 자실체로 전환하는 시기에 습도가 높으면 각종 병해가 발생하므로 생육 초기에 70% 이하의 건조관리로 건조와 충분한 습윤 상태를 상하로 교차시킨 습도 관리

증상	**버섯의 대에 주름이 생기고 때로는 꺾어지기도 한다.**
원인	원기 형성 시 또는 어린 자실체 시기에 세균에 감염되거나 포자가 균상 표면에 혼입되어 발생하는 생육 장해
대책	전용 발이실을 따로 설치하여 발이 관리하거나 또한 포자 오염으로 인한 세균 등의 2차 감염을 방지하기 위해 과습을 피함

증상	**버섯의 생육 방향이 일정치 않다.**
원인	균긁기를 하지 않았거나 균긁기 후 발이 시 과습에 의해 병목 부근에 생긴 기중균사층에 원기가 형성
대책	반드시 균긁기를 하고 발이 시의 습도를 전기와 후기로 나누어 관리하며, 특히 발이 후기에는 과습을 피함

증상	**버섯이 작고 약해서 크게 자라지 않는다.**
원인	발이 시 높은 습도로 인해 병목 부근의 내벽에 발생한 기중균사층에 원기가 형성됨으로써 발생
대책	발이 관리를 할 때 균사가 재생된 후(후기 발이)에는 관리습도를 건/습 교차의 폭을 크게 설정하여 관리

증상	**발이가 너무 많아 발생하는 버섯이 작다.**
원인	발이 시의 관리 습도를 연속적으로 90% 이상으로 관리하거나 균긁기 정도가 너무 얕아 균상 표면에 원기가 다수 형성되어 발생
대책	발이 시의 습도 관리는 60~98%의 범위에서 하루의 습도 교차를 크게 설정하거나 또한 발이 수를 억제하기 위해서는 10mm 이상(이상적으로는 15mm)의 깊이로 균긁기 실시

증상	**대의 일부가 핑크색으로 변하더니 생육이 정지되어 버린다.**
원인	생육실의 관리 습도가 높아서 어린 자실체가 스포로트릭스 균에 감염되어 발생하거나 세균 등에 복합적으로 감염
대책	발이실 및 생육실의 세정과 소독을 철저히 하고 실내에 오염된 공기를 누적시키지 않으며 생육실을 복수룸 관리 방식으로 설치

증상	**버섯이 균상 표면에서 발생하지 않고 병 속에서 자주 발생한다.**
원인	균긁기 직후의 발이 관리에서 균상 표면이 과도하게 건조하거나 배지 충전 시 잘 다져 주지 않아 배지가 수축되어 발생
대책	배지의 충전량이 530g 이하가 되지 않도록 하고, 발이 시 습도가 70% 이하가 되지 않도록 조정

증상	**어린 자실체의 대 또는 한번 형성된 원기에서 다시 새로운 원기가 형성된다.**
원인	건조 및 탄산가스 농도 등에 의해 생육이 일시적으로 정지(가사) 상태가 되어 발생하는 균사체 조직의 탈분화 현상
대책	생육 시 건/습 교차의 균형을 생각하여 관리하고, 생육실 내의 가스 농도 관리 및 뚜껑 등의 피복재 제거 시기가 중요

증상	**발생 조작이 끝난 균상 표면이 진한 녹색으로 변한다.**
원인	배양 중의 균상이 병 내의 온도 상승이나 산소 결핍 등으로 인해 장해를 입어 발생하는 병해
대책	배양 중기(접종 후 10~25일)의 발열량이 왕성한 시기에는 온도 관리에 충분히 주의를 기울여 병 사이의 온도가 26℃(균상온도 28℃)를 넘지 않도록 관리

수확 후 처리

가. 수확과 포장

큰느타리버섯의 톱밥병재배 시 종균 접종부터 수확까지의 재배 기간은 850㎖ 병의 경우 55~65일이 소요된다. 생육단계별로는 균배양 기간이 35~45일(후숙 배양 10~15일 포함), 발이유기 기간 8~10일, 자실체 생육 기간 9~11일 정도가 소요된다. 수확 적기의 자실체 분화 형태는 병당 유효경 수 6~10개, 대 길이 5~10㎝로서 개체 간의 크기가 대체로 불균일한 편이다. 배지 재료의 종류 및 배지조성비율, 후숙배양 기간, 발이유기 방법, 생육환경조건 등에 따라 버섯 품질의 차이가 많다.

수확은 수작업으로 이루어지는데, 자실체의 밑부분이 배지 표면에 단단한 균덩이를 형성하고 있어서 쉽게 떨어지지 않으므로 버섯 밑동을 가볍게 감싸 쥐고 앞으로 밀고 뒤로 젖히면서 뽑아내듯이 수확 작업을 하여 자실체 대와 갓이 파손되지 않도록 주의한다.

수확 후 포장 작업 전에는 버섯의 호흡을 억제하기 위하여 2~4℃에서 급랭하는 것이 좋은데, 이때 무리하게 낮은 온도에 두어 얼게 하거나 포장이 안 된 상태로 장시간 두어서 버섯의 중량이 너무 감소해서는 안 된다.

포장은 150g, 250g 단위의 트레이랩 포장 또는 400g 단위의 비닐봉지, 2kg 단위의 박스 포장 등으로 다양하다.

나. 탈병

수확이 끝난 PP병은 가급적 빠른 시간 안에 재배사 밖으로 꺼내고 즉시 탈병 작업을 하는 것이 좋다. 탈병은 가급적 바람이 적을 때 하는 것이 좋으며, 특히 겨울철에는 외부에 방치할 경우 배지가 얼어붙어 탈병 시 병이 깨지는 경우가 많으므로 수확 후 바로 탈병해야 한다. 부득이한 경우에는 실내나 비닐하우스 내에 두어 배지가 얼지 않도록 한다.

탈병이 끝난 공병은 이물질이나 먼지, 빗물 등이 병 속에 들어가지 않도록 상자에 거꾸로 담아서, 직사광선을 받지 않게 보관한다. 세균이나 곰팡이에 심하게 오염된 병은 따로 모아서 살균을 실시한 후에 탈병 작업을 함으로써 재배사 주위에 잡균의 포자 밀도가 높아지는 것을 방지한다. 또한 수확 후 탈병배지를 가축 사료로 이용하는 경우에는 잡균에 오염된 배지가 섞여 들어가지 않도록 잘 분리해야 한다.

05 영양성분과 기능성

소득작목으로 자리잡은 큰느타리버섯은 맛과 향기가 뛰어나고 다양하게 요리할 수 있어서 최근 소비자로부터 인기를 얻고 있다. 큰느타리버섯은 영양 성분뿐만 아니라 생리활성물질도 다량 포함하고 있는 것으로 밝혀져, 기호식품에서 더 나아가 성인병이나 노인성 질환을 예방하는 건강식품으로 소비자에게 한층 더 가까이 다가가게 될 것으로 기대되고 있다.

영양 성분

일반적으로 신선한 버섯은 수분이 80~90%를 차지하고 있으나 큰느타리버섯은 다른 버섯보다 수분이 적은 까닭에 저장력이 우수하여 외국으로 수출되고 있다. 버섯의 조단백질 함량은 육류보다는 낮지만 대부분의 과일이나 채소보다 높다. 생버섯의 평균 단백질 함량은 2.5~4.0%로서 아스파라거스나 양배추의 2배, 오렌지의 4배, 사과의 12배 정도이며, 가루버섯의 단백질은 19~45% 정도로서 쌀 7.3%, 밀 13.2%, 우유 25.2%보다 높은 편에 속하고, 최대치는 식물성 단백질의 대명사인 대두(大豆) 39.1%에 필적한다.

큰느타리버섯은 회분과 조단백질 함량은 다른 버섯과 유사하나 조지방 함량은 표고버섯의 2배에 달한다. 섬유소의 경우 느타리버섯류는 7.4~27.6%, 양송이는 10.4% 그리고 풀버섯은 4~20% 정도 함유하고 있는 것으로 알려져 있다. 섬유소는 인체의 균형과 건강을 위한 중요한 성분이며, 인슐린의 요구도를 낮추고 혈당치를 조절하는 유익한 성분 중의 하나이다.

<표 2-18> 큰느타리버섯의 일반성분 (농촌진흥청, 2006)

성분	에너지 (㎉)	수분 (%)	단백질 (g)	지질 (g)	회분 (g)	탄수화물 (g)	섬유소 (g)
생것	35	87.8	2.5	0.1	0.7	8.9	0.9
데친 것	32	88.9	2.5	0	0.6	8.0	0.8
가루	244	7.1	37.7	1.1	7.2	46.9	7.7

아미노산의 조성은 단백질의 질을 좌우할 수 있으며, 그중 필수아미노산은 생체 단백질 합성에 필요 불가결한 요소로서 부족할 때는 생체균형이 깨지는 심각한 결과를 초래한다. 20여 가지 아미노산 중 9가지의 필수아미노산은 인체에서는 합성이 불가능하므로 식품으로 섭취해야 하는데, 버섯은 이러한 아미노산을 다량 함유하고 있어 영양적 가치가 매우 크다. 큰느타리버섯은 국내의 식품성분표에 의하면 필수아미노산 10종 중 9종을 함유하고 있어 식품적 가치가 매우 높다. 특히 맛을 좋게 하는 글루타민산(Glu)의 함량이 매우 높아 버섯 특유의 감칠맛을 내고 있다.

<표 2-19> 큰느타리버섯의 아미노산 조성 (농촌진흥청, 2006)

성분	Ile	Leu	Lys	Met	Cys	Phe	Tyr	Thr	Trp
느타리	101	146	102	47	8	95	102	86	10
큰느타리	77	117	123	17	18	81	53	86	21
성분	Val	His	Arg	Ala	Asp	Glu	Gly	Pro	Ser
느타리	104	60	149	166	155	194	71	97	85
큰느타리	89	49	97	81	343	1162	91	57	103

※ 식용하는 부분 100g당 ㎎.

기능성

대부분의 버섯은 항산화력을 지닌 비타민 C가 없거나 매우 적은 데 비하여 큰느타리버섯은 생체중 100g당 비타민 C의 함량이 21.4㎎으로 느타리버섯의 7배, 팽이버섯의 10배나 많이 함유하고 있다. 즉 노화를 유발하는 활성산소를 없애는 항산화 작용이 다른 버섯보다 월등히 뛰어나 노화를 예방하는 역할을 한다.

일반 버섯에 주로 함유된 비타민B_1과 B_2, 나이아신 등은 검출되지 않지만, 다른 버섯에는 거의 없는 비타민 B_6가 많이 함유되어 있다. 악성빈혈 치유 인자로 알려진 비타민B_{12}도 미량 함유되어 있어 신경안정, 피부미용에 좋다. 비만을 예방하기 위한 가장 큰 조건은 칼로리는 낮으면서도 배고픈 느낌, 즉 공복감을 없애주는 것이다. 큰느타리버섯은 칼로리가 매우 낮고 섬유소와 수분이 풍부해서 다이어트 식품으로 좋을 뿐만 아니라 식사 후 포도당 흡수를 천천히 이뤄지게 함으로써 혈당 상승을 억제하고 인슐린을 절약해주기 때문에 결과적으로 비만을 방지한다. 또한 인체에 이로운 여러 가지 성분이 많아 암 예방을 비롯해 당뇨병, 고혈압, 아토피 피부염에도 좋은 것으로 알려져 있다. 큰느타리버섯 추출물이 동물실험에서 면역력 증강에 작용하는 비장세포를 30% 증식시키는 효과를 보였으며, 세포실험을 통해 50%의 암세포 성장 억제 효과를 나타내는 것으로 밝혀졌다. 또한 혈당 및 혈중 콜레스테롤을 낮추며, 대장암 세포 증식 억제 및 세포 사멸에 효과적이라고 알려져 있다.

식용버섯

양송이

1. 일반적 특징
2. 생육 환경
3. 퇴비 제조의 원리
4. 퇴비배지의 재료
5. 퇴비 재료의 배합
6. 야외퇴적
7. 퇴비배지의 후발효
8. 종균 재식과 균사 배양
9. 복토
10. 균상 관리와 수확
11. 영양성분과 기능성

01 일반적 특징

양송이[*Agaricus bisporus* (Lang) Sing]는 주름버섯목(Agaricales)에 속하는 식용버섯으로 맛과 향기가 뛰어나서 세계적으로 널리 소비되고 있다. 양송이는 죽은 식물 잔해나 생물체가 분해되어 만들어진 유기물로부터 영양분을 흡수하여 균사(菌絲)가 생장하고 자실체(子實體)를 형성하는 사물기생균의 일종이다. 양송이는 17세기경 프랑스에서 마분을 이용한 인공재배가 시작된 이래 우리나라에서는 1960년대 초에 볏짚을 이용한 재배법이 확립되어 농가의 소득작목으로 정착하게 되었다. 1978년에 510만달러어치를 수출하여 부가가치가 높은 농가소득 작물로 각광받았으며, 현재 버섯산업 발전의 틀을 만들었다.

버섯재배기술은 1968년 농촌진흥청 균이과에서 연구를 시작함으로써 우리나라 버섯(양송이) 재배의 기초가 확립되기 시작하였다. 1969년부터 농특사업으로 근대적인 재배 및 가공시설 확장 지원 사업이 이루어져 수출이 증대되면서 제1차 버섯 발전 전환기를 맞게 되었다. 1971~1972년에는 농수산물 수출 진흥법 규정에 의하여 수출 품목으로 지정받아 재배기술과 수출이 크게 신장되었다. 세계적인 경기 호전으로 수출량과 가격이 상승하고 재배기술 향상과 대형 농장에 의한 기업형 가공 수출로 양송이 산업은 황금기에 접어들게 되었다. 1976~1978년까지는 양송이 산업의 발달이 최고조에 달하여 농산물 수출에서 잠업 다음으로 높았다. 1977~1978년 연간생산량 4만 7000여t, 수출액 510만 달러로 정점을 이뤘으나 이후 중동 지역의 에너지 파동과 중국산 양송이의 덤핑 수출로 버섯 생산과 수출이 점점 감소하게 되었고 버섯재배는 인건비 상승과 인력난으로 어려운 처지에 놓이게 되었다.

1982년부터 국가적인 대책으로 추진하였던 터널기계화 재배법과 퇴비제조의 생력화가 부진하게 되자 이원재배체계(Tow Zone system)법을 도입하여 국내 실정에 맞도록 개선하여 보급하게 되었다. 이 시스템이 보급되면서 국내 경기 활황과 고기 소비 증가와 맞물려 양송이의 국내 소비가 급격히 증가하고 재배면적이 증가하면서 양송이 재배용 퇴비의 수요도 급격히 증가하였다.

재배에 필요한 퇴비를 충당하기 위하여 굴삭기를 활용한 간이 생력화 퇴비제조법이 사용되고, 퇴비만 전문적으로 생산하는 회사도 생겨나는 등 많은 변화가 있었다. 2005년부터는 재배 면적이 감소하며 수량 또한 다소 떨어지는 경향을 보이고는 있으나 아직까지는 버섯 품목 중에서 가장 안정적인 가격을 유지하고 있으며, 재배자들의 오랜 경력으로 품질도 세계 최고를 자랑한다.

02 생육 환경

양송이의 균사 생장과 자실체 형성에 있어서 온도와 습도 및 환기는 가장 중요한 환경요인이며 이 조건이 알맞은 곳에서는 양송이를 재배할 수 있다.

온도

양송이 균사의 생장온도 범위는 8~27℃이며 최적온도는 23~25℃이다. 자실체의 형성과 생장은 8~22℃ 범위에서 가능하며 품종에 따라 다소 차이는 있으나 15~18℃가 일반적이다.

습도

균사 생장에 알맞은 실내습도는 90~95%, 수확기간 중에는 실내습도를 80~90%의 수준으로 유지하는 것이 이상적이다.

환기

양송이 균은 생활 중 다량의 산소를 소모하고 탄산가스를 방출한다. 재배사 내의 탄산가스 농도가 0.08% 이상 되면 수확이 지연되며 0.2~0.3%가 되면 갓이 작고 버섯대가 길어지는 현상이 일어난다. 그러나 균사생장기에는 탄산가스의 영향이 비교적 적으며 수확기보다 환기를 많이 시킬 필요가 없다.

03 퇴비 제조의 원리

영양원이 되는 배지의 질이 양송이 균사의 생장을 지배하며, 따라서 양송이의 퇴비배지는 균사 생장과 버섯의 수량(收量)에 직접적인 영향을 미친다. 양송이 균은 생장에 필요한 질소, 인산, 칼리, 칼슘 등 각종 무·유기 영양분(無·有機 營養分)을 퇴비배지로부터 얻는다.

양송이 균의 영양과 퇴비

양송이의 일생은 균사 세대인 영양생장기와 자실체 원기가 형성된 다음 버섯이 성숙하는 생식생장기로 구분되는데 영양요구면에서 볼 때 이 두 단계는 약간의 차이를 보인다. 탄소는 제1차 에너지원으로서 셀룰로스, 헤미셀룰로스, 리그닌에서 공급받으며, 질소는 특정 단백질 형태를 필요로 하는데 이들은 퇴비발효 중 미생물에 의하여 생성된다. 인산, 칼리, 칼슘, 마그네슘, 철 등 무기염류는 짚과 첨가 재료에 의해 보급받게 된다.

퇴비배지의 구비 요건

○ 양송이 균과 양송이 균에 유익한 미생물만 잘 자라고 다른 생물들은 자랄수 없어야 한다.
○ 양송이 균의 생장 및 자실체 형성에 알맞은 영양분을 함유해야 한다.
○ 양송이 균의 생장에 알맞은 물리적 성질을 갖추어야 한다.
○ 양송이 균의 생장을 저해하는 유해물질이 없어야 한다.

○ 양송이 균의 생장을 저해하는 병원균, 잡균 및 해충이 없어야 한다.

퇴비배지 발효의 원리

양송이 퇴비는 볏짚·밀짚·보릿짚 등 탄소원, 계분·깻묵·미강 등 유기태 영양원(有機態營養源), 요소와 같은 질소원 등을 배합한 재료를 미생물에 의해 발효시켜 만든다. 양송이 퇴비배지를 만들 때는 재료를 배합하고 수분을 가하여 야외퇴적(野外堆積)과 후발효(後醱酵)를 실시한다. 이 과정을 통하여 짚 속의 셀룰로스와 헤미셀룰로스는 반 이상이 분해되어 발효 미생물의 영양원으로 소모되고 암모니아태 질소는 미생물에 의하여 단백질로 고정된다. 한편 짚의 15~20%를 차지하는 리그닌과 결합하여 리그닌 단백질(다질소 리그닌 복합체)을 구성하여 양송이의 영양원으로서 제공된다. 양송이를 키우는 데는 배지의 성공 여부가 재배의 절반을 차지한다.

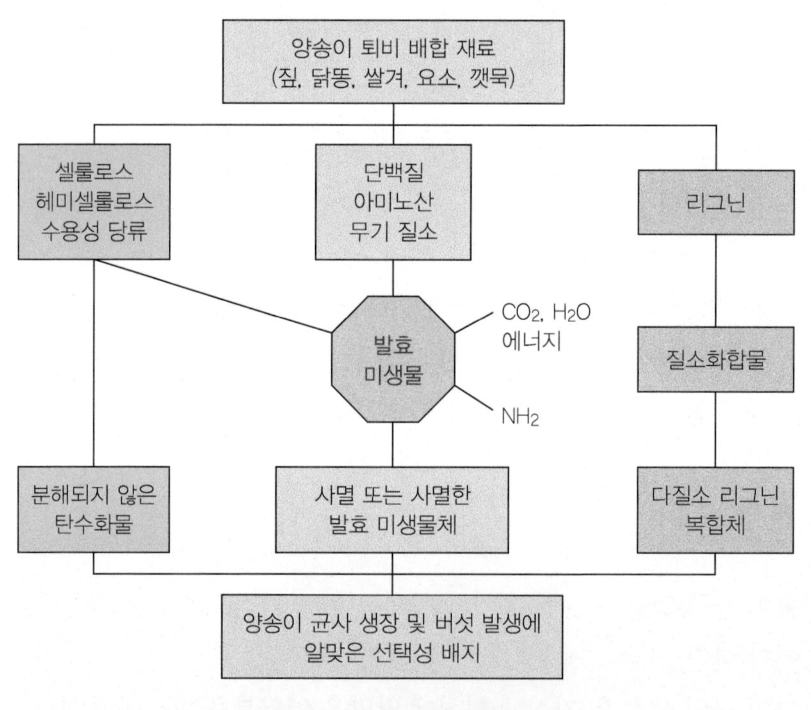

<그림 3-1> 양송이의 퇴비발효 모식도

발효의 기본은 상부상조다. 배지의 영양분을 미생물로 하여금 잘게 부수게 하고 그것을 버섯이 이용하고 발효는 그 미생물이 잘 자랄 수 있는 터전(퇴비)을 만들어 주는 것이다. 마치 쌀(볏짚 등)을 그대로 먹을 수 없기 때문에 밥통(퇴비)에 넣어서 온도와 수분을 맞춰서 밥(질소화합물 등)을 만들어서 먹는 것과 비슷한 원리이다. 밥만 그냥 먹기는 싱거우니까 반찬(사멸 미생물체)도 같이 먹는다. 결국 퇴비를 만드는 과정은 버섯의 입장에서 보면 밥통에서 밥을 만드는 과정과 비슷하다.
배지 발효에 영향을 미치는 주요 요인은 크게 온도, 수분, 산소 및 영양분이다.

가. 온도

퇴비배지의 발효에 관여하는 미생물은 45~60℃에서 생육하는 고온성 미생물이다. 좋은 배지를 만들기 위해서는 알맞은 발효온도를 유지하는 것이 필요하다. 양송이 퇴비배지의 발효에 관여하는 미생물은 세균, 방선균 및 곰팡이 등이다.

나. 수분

퇴비배지의 발효를 위해서는 재료의 수분 함량을 70~75%로 조절하는 것이 알맞다. 이보다 낮을 때는 열에너지의 축적이 부족하고 고온성 세균의 발달이 미흡하여 발효가 불충분하며, 특히 초기의 버섯 발생은 좋은 듯하나 후기에 급격히 감소하는 것이 특징이다. 반면에 수분 함량이 높을 때 퇴비배지의 표면에는 콜로이드의 분산이 심하여 물리성이 악화되고 짚 내부의 공기를 차단함으로써 발효를 억제한다.

다. 산소

양송이 퇴비배지의 발효에 관여하는 미생물은 호기성 균에 속한다. 퇴비 더미 내에 산소가 부족하면 발효는 중단되며 퇴비온도가 떨어지고 각종 유기산과 알코올 등 좋지 않은 분해 산물이 생산되는데 이들 대부분은 양송이 균의 생장을 저해한다.

라. 영양분

퇴비배지의 발효가 원활히 일어나기 위해서는 퇴비재료에 아미노산과 포도당, 과당 등 발효미생물이 쉽게 흡수 이용할 수 있는 영양분이 충분히 함유돼 있어야 한다. 기온이 낮은 봄재배 때에는 퇴비의 초기발열이 부진하므로 발열 촉진 효과가 큰 재료를 첨가해야 하며 기온이 높아 퇴비의 과열 피해가 심한 가을재배 때는 발열 촉진 재료보다는 질소나 지방 성분 등 영양원의 함량이 높은 재료를 첨가하는 것이 좋다.

04 퇴비배지의 재료

퇴비 재료의 종류와 품질 및 배합 방법은 발효 과정에 큰 영향을 미치고 배지의 영양상태, 물리적 성질 등 품질을 결정하는 요인이 되기 때문에 좋은 퇴비배지를 만들기 위해서는 재료의 선택과 배합을 합리적으로 해야 한다.

주재료

양송이 퇴비배지를 만드는 재료는 주재료와 첨가 재료 및 보조 재료로 나눌 수 있다. 주재료는 주로 탄소원을 가진 것으로 볏짚, 보리짚, 밀짚, 솜, 산야초 등 퇴비 더미의 80% 이상을 점유하는 기본재료이다. 우리나라에서는 볏짚을 주재료로 하여 합성퇴비를 사용하며 마분볏짚이나 그 밖의 농가부산물도 일부 사용되고 있다.

첨가 재료

첨가 재료는 무기태질소와 유기태질소로 나누어 구분할 수가 있다. 양송이 퇴비제조 시에 사용되는 무기태질소원은 요소, 유안, 석회질소, 질산암모니아 등이 있는데 그중 요소가 권장되고 있다. 유기태급원으로는 주로 계분과 미강이 널리 사용되고 있으나 가용성 탄수화물, 단백질 및 지방질 함량이 높은 재료인 면실박, 폐당밀 맥주박 등 각종 농가 및 공장 부산물도 사용되고 있다.

보조 재료

주재료와 첨가 재료 이외에도 배지의 물리성 개선과 산도 조절 등을 위한 보조 재료의 첨가가 필요하다. 양송이 퇴비는 끈기가 없고 탄력성이 있어야 하며 수분 함량이 알맞아야 하는데 이러한 퇴비를 만들기 위해서는 석고 또는 지오라이트 등의 첨가가 필요하다.

석고의 첨가량은 보통 볏짚양의 1%가 권장되고 있으나 퇴비 상태가 불량하면 3~5%까지 증가할 수 있다. 첨가 시기는 마지막 뒤집기 때에 하는 것이 보통이나 퇴비 상태가 나쁘면 중간에 첨가해도 괜찮다.

05 퇴비 재료의 배합

퇴비 재료의 배합은 재배 시기와 작업계획 등에 따라 달라진다. 볏짚을 주재료로 할 때의 기본 배합 예는 <표 3-1>에서 보는 바와 같다.

<표 3-1> 양송이 퇴비재료의 기본 배합 예

재배시기	볏 짚	계 분	미 강	요 소	석 고
봄 재 배	100	10	5	1.2	1.0
가을 재배	100	10	-	1.5	1.0

그리고 재료를 배합할 때는 질소의 첨가량을 산출할 필요가 있다. 다음은 기본 배합 예의 질소량을 계산한 것이다.

<표 3-2> 기본 배합 예의 질소 계산

재료명	총물량(kg)	수분함량(%)	건물량(kg)	질소함량(%)	질소량(%)
볏 짚	1,000	15	850	0.7	5.95
계 분	100	15	85	2.67	2.77
미 강	50	15	42.5	2.44	1.04

볏짚 1000kg에 대하여 계분 100kg, 미강 50kg을 배합하고 퇴적 시 전 질소 수준을 1.5%로 조절하려면 다음과 같이 계산할 수 있다. 재료의 수분 함량을 모두 15%라고 하면 건물량은 볏짚 850kg, 계분 85kg, 미강 42.5kg이며 이 속에 함유된 질소의 양은 [계산식 1]과 같다.

[계산식 1]

$$\text{볏짚} : 850kg \times \frac{0.7}{100}\% = 5.95kg$$

$$\text{계분} : 85kg \times \frac{2.67}{100}\% = 2.27kg$$

$$\text{미강} : 42.5kg \times \frac{2.44}{100}\% = 1.04kg$$

계산치와 같이 재료 977.5kg에 들어 있는 전 질소는 9.26kg이다. 이 경우 전 질소 수준을 1.5%로 조절하려면 14.66kg의 질소가 필요하다. 질소의 소요량은 14.66 - 9.26 = 5.4kg으로 요소비료로써 첨가해 주어야 할 양은 [계산식 2]와 같다.

[계산식 2]

$$5.4kg \times \frac{100}{46}\% = 11.74kg$$

(요소의 질소함량)

06 야외퇴적

가퇴적

퇴비의 퇴적 시기는 양송이의 수확 적기를 기준으로 수확 기간, 복토, 균사, 생장, 후발효 및 야외퇴적 일수를 역산하여 결정한다. 야외퇴적 장소는 보온 및 관수 시설이 완비된 퇴비사가 이상적이지만 노천을 이용할 경우에는 병해충 오염 방지, 기상의 악변에 대비한 조처 그리고 계절적인 영향 등에 대한 충분한 대책이 있어야 한다.

퇴비의 야외퇴적은 가퇴적과 본퇴적 그리고 몇 차례의 뒤집기 작업으로 이어지는데 가퇴적 과정은 주재료에 충분한 수분을 공급하여 짚을 부드럽게 하고 발효 미생물의 생장에 필요한 수분을 공급하는 단계이다. 보통 볏짚 100kg당 소요되는 물은 최소한 전 공급량의 70% 이상은 가퇴적 때 주어야 하고 나머지는 본퇴적 때 준다. 퇴비의 수분첨가량은 봄보다는 가을이 많아야 하고 특히 가을에는 초기의 수분공급에 중점을 두고 봄에는 초기 발열을 고려하면서 수분을 공급하는 것이 좋다.

본퇴적

가퇴적을 하고 봄에는 2~3일, 가을에는 1~2일이 경과한 다음에는 퇴비 더미의 온도가 올라가지 않더라도 본퇴적을 실시한다. 본퇴적 시에는 건조한 부분에 충분한 물을 뿌리고 계분, 미강, 깻묵 등 유기태급원과 요소를 뿌리며 적당한 크기로 퇴비 더미를 만든다. 유기태급원은 전량을 짚과 골고루 혼합하여 주고 요소는 사용량의 1/3만을 뿌린다.

한꺼번에 요소를 첨가하면 퇴비의 암모니아 농도가 급격히 증가하여 발효 미생물의 활동을 감소시키며 공기 중으로 방출되므로 본퇴적과 1회 및 2회 뒤집기 때에 1/3씩 나누어 뿌리는 것이 좋다.

<그림 3-2> 양송이 퇴비 제조를 위한 야외발효

뒤집기

뒤집기는 퇴비재료를 잘 혼합시키고 산소 공급을 원활히 하며 퇴적의 상태를 균일하게 유지하기 위한 과정이다. 야외퇴적 중 뒤집기 작업은 배지 상태에 따라 다르나 5~8회에 걸쳐서 실시되는데 봄재배의 경우 후기의 뒤집기가 늦으면 산소 부족으로 혐기성 발효가 일어나기 쉽고 고온으로 인한 이상 발효가 일어나서 수량이 감소한다.

퇴비의 발효는 45~60℃에서 일어나며 55℃ 내외일 때가 가장 좋다. 따라서 뒤집기 작업은 퇴비가 최적온도 범위에서 발효될 수 있도록 하고 산소의 공급이 부족하여 발효가 중단되기 전에 실시한다.

수분은 부족한 부분에만 약간씩 뿌려서 퇴비의 수분 함량이 75% 내외로 유지되어 입상 시에는 72~75%가 되도록 한다. 수분은 1차 뒤집기 때까지는 완전히 조절하고 4~5차 때에는 육안으로 약간 건조한 것처럼 보이는 것이 정상이다.

야외퇴적 말기 즉, 마지막 뒤집기 또는 그 전 단계에서 석고를 첨가한다. 석고는 보통 볏짚의 1%를 첨가하나 퇴비가 과습하고 물리성이 악화된 상태에서는 3~5%로 증량하는 것이 좋다.

07 퇴비배지의 후발효

양송이 퇴비배지는 야외퇴적만으로 만들 수 없다. 야외퇴적 시에는 아무리 정밀한 관리를 한다 하여도 온도, 수분 및 산소의 공급이 균일하지 않아 발효가 불균일하다. 그래서 완벽한 발효를 위하여 가온 및 환기시설 등 발효 조건이 완전한 재배사에 옮겨 최종적인 발효 과정을 거치도록 하는데 이 과정을 후발효라고 부른다.

양송이 퇴비배지는 후발효 과정을 통하여 발효가 완성되어 영양분의 합성이 극대화되고 퇴비 중에 남아 있는 암모니아태 질소가 제거된다. 또 야외퇴적 중 불량조건에서 유발된 각종 유해 물질과 유해 미생물이 제거되고 각종 병해충이 사멸되며 퇴비의 물리성이 개선된다. 퇴비배지를 통해서 침입하는 선충, 응애류 등 각종 해충과 바이러스, 마이코곤 등 병원균의 오염은 후발효 과정을 통해서 가장 확실하고 손쉽게 제거할 수 있다.

퇴비의 입상

후발효를 실시하기 위하여 퇴비를 균상에 채워 넣는 과정을 입상이라고 한다. 이때 적정 수분 함량은 70~75%이며, 산도는 7.5~8.0 정도이다.

입상 작업을 할 때 퇴비를 뭉쳐서 거칠게 채워 넣으면 퇴비의 발열이 불량하고 수분 증발이 심하여 발효가 불균일하게 된다. 입상 작업의 정밀도는 곧 수량과 직결된다. 퇴비의 입상은 자체 열이 손실되지 않도록 신속히 작업하고 봄재배 때는 퇴비의 발열이 잘되도록 마지막 뒤집기 때 퇴비 더미를 크게 쌓는다. 퇴비의 입상량 즉, 퇴비 두께는 단위 면적당 수량 및 농가의 경영상 중요한 문제이다. 입상량은 원료 볏짚 125kg/3.3㎡을 기준으로 하여 150kg 이상을 권하고 있다.

<그림 3-3> 야외발효 후 재배사 내 입상 과정

후발효

퇴비의 입상이 끝나면 재배사의 문과 환기구를 밀폐하고 재배사를 인위적으로 가온한다. 실내 가온과 함께 퇴비의 자체 발열에 의하여 온도가 상승하면 퇴비 온도를 60℃에서 6시간 동안 유지한다. 이 과정을 정열(頂熱)이라고 부르는데 이것은 퇴비로부터 오염되는 각종 병·해충과 재배사에 남아 있는 병·해충을 제거하기 위한 것으로서 이때 퇴비 온도만을 60℃로 올리는 것이 아니라 실내 온도도 60℃로 올려야 한다.

퇴비 온도는 항상 실내 온도보다 높으므로 실내 온도를 60℃로 올리자면 자연히 퇴비 온도는 그 이상이 된다. 그러나 퇴비 온도가 60℃ 이상에서 오래 유지되면 퇴비 내의 고온 호기성 미생물이 사멸하고 초고온성 미생물이 자라면서 혐기성 발효가 일어나고 올리브곰팡이병이 발생하므로 퇴비 온도가 60℃ 이상으로 상승해서는 안 된다.

정열이 끝나면 그 후에 퇴비의 자체 발열이 감소함에 따라서, 퇴비의 온도를 낮추면서 50~55℃에서 2~3일, 48~50℃에서 1~2일간 발효시키고 45℃ 내외일 때 퇴비 상태를 보아 발효를 종료시킨다. 후발효를 하는 동안 퇴비 온도가 60℃에서 55℃, 50℃ 및 45℃로 차츰 낮아짐에 따라 퇴비 내의 미생물은 고온성 세균- 고온성 방사상균- 중고온성 사상균으로 전환되면서 영양분이 축적되고 암모니아가 감소된다.

후발효 시에 온도 조절과 함께 또 하나 중요시해야 할 문제는 재배사의 환기이다. 후발효 기간 중의 환기는 퇴비 온도가 강제로 떨어지지 않도록 짧은 시간에 많은 문을 동시에 열어서 잠깐씩 자주 실시하는 것을 원칙으로 한다. 즉, 발효 시 환기 시간은 10~15분 이내로 짧게 해주는 것이 좋으며 재배사에 들어갔을 때 암모니아 냄새가 없고 퇴비에 방사상균의 짙은 백색 분말이 덮여 있으면(백화 현상) 후발효를 끝낼 적정 시기이며 이때 보통 암모니아 농도는 300ppm 이하이다.

08 종균 재식과 균사 배양

종균의 접종

양송이 종균은 곡립종균, 퇴비종균, 액체종균 등이 있다. 곡립종균이 개발되기 전까지는 퇴비종균이 사용되었으나 현재는 밀을 배지로 하여 제조한 곡립종균이 주로 사용되고 있다. 곡립종균을 접종하는 방법은 혼합접종, 층별접종, 표면접종 등이 있다.

종균은 사용 전 철저히 검사하여 잡균이 발생했거나 균덩이가 형성되고 변질된 불량종균은 즉시 제거하도록 한다. 문제 부분이 극히 적다고 가볍게 생각하거나 종균의 상태가 다소 불량한데도 아까운 생각에 그대로 심을 경우에는 잡균이 발생해 수량에 직접적 감소 요인이 되므로 육안검사를 철저히 하여 선별하여야 한다. 종균을 접종할 때는 균상의 양쪽 가장자리에 판자를 대고 퇴비배지를 진압해 직각으로 모가 나도록 만드는 것이 복토하기도 좋고 균상관리도 편리하며 퇴비배지의 수분 증발을 막는 데도 도움이 된다.

종균을 접종하는 양은 종균의 종류, 접종 시기 및 배지량에 따라서 달라지나 일반적으로 퇴비량 125kg/3.3㎡에 약 1.5kg의 종균을 기준으로 하여 접종한다. 그러나 종균 접종량이 증가하면 균사 생장이 빨라 수확시기가 단축되고 수량도 증가하므로 실제 재배 면에서는 3.3㎡당 2.7~3.6kg을 접종하는 것이 잡균의 오염 기회를 줄일 수 있어 유리하다.

종균재식 후 복토 전 관리

종균을 접종하면 처음에는 종균 자체의 영양분으로 자라기 시작하고 2~3일 지나면 퇴비배지에 활착해 자체 영양과 퇴비의 영양분을 이용하며 5~7일 후부터는 퇴비 속의 영양을 흡수하여 급속히 신장하게 된다. 이 기간 중에는 온도와 습도가 알맞아야 하며 각종 병해충의 오염 방지에 신경 써야 한다. 종균 접종이 끝나면 재배사 내외를 청결히 하고 즉시 종이류(신문지)나 비닐을 피복하여 습도 유지에 주의한다.

종이(신문지)는 보온 효과가 있을 뿐 아니라 퇴비 중의 공기 유통을 억제해 고농도의 CO_2를 유지시킴으로써 균사생장을 촉진하고, 수분증발을 억제하며 퇴비배지의 수분 유지가 용이하고 병해충의 오염을 예방할 수 있다.

비닐은 보온이 잘되지만 통풍이 되지 않아 균상의 온도가 상승하기 쉬우며 유해가스가 축적되고 내부에 응결수가 생기면서 퇴비가 과습해져 잡균 피해 가능성이 종이류보다 높으므로 가급적 얇은(두께 0.03mm) 것을 사용하는 것이 좋다.

<그림 3-4> 종균 접종 후 균사배양 과정

가. 온도

종균 접종이 끝나면 떨어진 실내 온도를 높여 퇴비 배지 내의 온도를 빨리 적정온도로 유지하면서 균사 생장을 촉진시켜야 한다. 이 시기의 온도 관리는 다수확을 결정하는 중요한 과정이다.

균상의 온도는 재배 시기, 재배사의 형태 및 균상의 위치, 퇴비 상태에 따라 많은 차이가 있으나 어떠한 경우든 퇴비 온도를 적온인 23~25℃로 유지해야 한다. 종균 접종일로부터 3~5일 동안은 퇴비의 온도가 실내 온도보다 낮은 경우가 많으므로 실내 온도를 25~27℃로 높여 퇴비 온도가 빨리 적온이 되도록 한다.

반대로 6~7일경부터는 균사의 대사에 의한 열의 발생이 많아져 퇴비의 온도가 점차 상승하기 때문에 실내 온도를 20℃ 정도로 점차 낮추어 관리한다. 이 시기부터는 실내 온도가 25℃ 이상이 되면 재발열이 일어나기 쉬우며 발열이 되면 균사의 생장이 억제되거나 사멸되고 먹물버섯이나 푸른곰팡이병, 선충, 응애, 버섯파리 등 각종 병해충의 피해가 커진다. 온도가 너무 낮으면 균사의 생장이 늦고 불량하며 수확시기가 지연되고 버섯의 발생이 균일하지 못할 뿐만 아니라 주기 형성도 뚜렷하지 못하므로 수량이 감소한다.

그리고 접종 후 6~7일경부터 복토 시까지 발열이 잘 일어나는 위험 시기에는 실내 온도를 적온보다 5~10℃ 정도 낮게 유지해야 한다. 퇴비 온도가 계속 상승하여 28℃가 넘어 재발열의 징후가 보이면 균상의 퇴비를 들어서 통풍이 되게 하고, 신문지 위에는 물론 벽과 바닥에도 계속 물을 뿌려서 실내 온도를 내리며, 송풍기를 설치하여 환기량을 늘림으로써 재발열의 피해를 막도록 한다. 퇴비 중의 균사가 거의 자라면 복토 2~3일 전부터 실내 온도를 떨어뜨리고 균상 다지기 작업을 해야 한다.

나. 습도

퇴비배지의 수분 함량은 양송이 수량을 결정짓는 중요한 요인이다. 퇴비의 수분 함량은 후발효가 끝나고 종균을 심을 당시의 함량이 폐상 시까지 계속 유지되도록 하는 것이 이상적이나 재배 과정 중에 많은 양이 증발되고 버섯이 생장하면서 흡수 이용하므로 점차 감소된다. 그러므로 실내 온도가 높고 퇴비 표면이 노출되어 수분이 증발하기 쉬운 균사 생장 기간 동안에 퇴비 수분을 잘 유지하여야만 균사의 생장이 빠르고 버섯 형성 및 생장에 필요한 물을 많이 저장할 수 있어 다수확이 가능하다.

균사 생장에 알맞은 퇴비배지의 수분 함량은 68~70%로 이보다 건조하거나 너무 과습하면 균사 생장이 저해되고 결과적으로 수량이 감소한다.

다. 환기

균사가 활착되어 생장하는 동안에는 환기를 많이 하지 않아도 재배사에서 자연적으로 일어나는 환기량만으로 충분하나 퇴비배지가 너무 과습하거나 진압을 심하게 한 경우에는 환기를 자주 하여 퇴비를 건조시키고 유해가스가 방출되도록 한다. 또 퇴비의 온도가 점차 상승해 재발열의 염려가 있을 때도 환기를 많이 하여 실내 및 퇴비 온도를 내려야 한다.

09 복토

복토는 자실체를 형성시키고 버섯을 지지(支持)하여 주며 버섯의 양분 흡수 통로가 되고 수분을 공급해 주기도 한다. 특히 복토의 수분은 재배사 내의 습도 유지에 도움을 준다.

복토 재료의 종류

복토 재료는 크게 광질토양(鑛質土壤)과 부식질(腐蝕質)로 나눌 수 있다. 광질토양을 토성에 따라 나누면 식토, 식양토, 양토, 사양토, 사토 등 12가지로 분류할 수 있는데 양송이 재배에 알맞은 흙은 식양토이다. 부식질로서는 토탄(peat), 흑니(muck), 부식토 등이 있다.

재료의 선택

복토의 품질은 양송이 균의 균사 생장과 버섯의 수량과 품질에 큰 영향을 미친다. 양송이 재배에 알맞은 복토는 공극률이 75~80% 이상으로 높고 단립이 조성되어 있어서 공기의 유통이 좋으며 보수력이 양호하고 가비중이 0.5~0.7gr./ml 정도로 가벼워야 한다. 또한 유기물이 4~9% 함유되어 있으며 병해충에 오염되어 있지 않고 pH가 7.5 정도인 흙이 양송이 생육에 알맞다. 양송이 재배용 복토 재료로는 식양토나 미사질 식양토 또는 토탄에 석회를 섞어서 사용하는 것이 좋다.

복토 조제와 소독

양송이 재배에 중요한 요인은 토양의 구조이며 이 구조를 지배하는 것은 토양의 단립이다. 단립의 형성에 중요한 요인은 유기물 함량이며, 산과 철, 점토 및 부식 함량도 중요하다. 그중에서도 특히 부식의 함량은 5~10%가 적당하다.

단립의 크기가 작을수록 공극량은 적고 어떤 충격이 가해지면 공극량이 현저하게 감소한다. 그러므로 알맞은 입자의 흙을 조제하기 위해서는 흙을 먼저 9mm 체로 친 다음 이것을 다시 2mm 체로 쳐서 2~9mm의 흙을 사용하는 것이 이상적이다.

양송이의 균사 생장에 알맞은 복토의 산도는 pH 7.5 내외이다. pH가 낮은 산성 토양에서는 수소이온이 많아 양송이 균사의 생장이 불량하고 토양 중 미생물의 활동도 미약하며 푸른곰팡이병의 발생이 심하다. 흙이 강알칼리성일 때는 버섯 발생이 불량할 뿐만 아니라 균사 생장이 느리고 심하면 버섯이 발생되지 않는다. 우리나라의 흙은 대부분 pH 5~6 범위의 산성 반응을 나타내기 때문에 복토를 조제할 때 소석회나 탄산석회를 첨가하여 산도를 교정한다.

토양 중에는 많은 종류의 병원균과 해충들이 서식하고 있다. 특히, 균덩이병균, 마이코곤병균, 갈반병균 등 양송이에 피해가 큰 여러 가지 병원균이 토양에 의해 전염되며 선충 및 응애, 톡톡이 등의 해충도 토양에 의해서 전파된다. 이를 막기 위해 복토 소독이 필요한데 소독 방법에는 증기소독법과 약제소독법 등이 있으나 증기소독법이 일반적이다.

증기소독법은 생수증기를 이용하여 복토를 소독하는 방법으로 소독 시 열이 균일하게 복토 내에 침투하도록 하기 위하여 토양을 체로 치고 가는 구멍이 뚫린 배관으로 된 증기소독장에 토양을 50cm 정도 두께로 고르게 쌓는 방법과 상자나 비닐포대에 넣어 소독하는 방법이 있다.

소독장에 복토 재료를 채운 다음에는 증기를 넣어 토양의 온도를 80℃까지 올린 후 1시간 동안 유지한다. 이때 증기의 압력이 낮으면 토양이 과습으로 덩어리가 져 복토의 손실량이 많아지고 복토 작업이 불편할 뿐만 아니라 복토 작업이 균일하지 않아 균사 생장이 불량하게 되므로 증기의 압력을 알맞게 조절해야 한다.

소독된 토양은 사용 전까지 소독된 콘크리트 바닥이나 비닐 위에 놓고 그 위에 다시 비닐을 덮어 병해충에 의한 재오염을 방지하여야 한다. 살균이 끝난 흙을 방치하면 바람이나 곤충에 의하여 2차 감염이 되기 쉬우며 살균된 상태에서 감염이 되면 병해충이 급속도로 전파된다. 그러므로 살균이 끝나면 작업 인부의 손발, 작업도구 등을 소독한 후 주위가 청결한 곳에 비닐을 깔고 소독된 복토를 옮긴 다음 그 위에 다시 비닐을 덮어 잘 보관하여야 한다.

복토 시기와 방법

복토 시기는 종균 접종 후 균사가 퇴비배지에서 생장하는 속도에 따라 결정된다. 일반적으로 접종된 종균이 균상퇴비에 70~80% 정도 생장하였을 때 복토하는 것이 좋다.

퇴비의 이화학적 성질이 알맞고 관리 상태가 양호할 때에는 종균 재식 후 15일 이전에 복토하는 것이 알맞다. 일반적으로 균사 생장이 불량할 경우에는 복토를 빨리 하여야 하며 복토 시기가 너무 늦으면 균사가 노화되어 수량이 감소하게 된다. 그리고 복토를 한 후에도 균상 퇴비 내로 균사가 계속해서 자라므로 종균 접종 후에는 23~25℃를 유지한다.

균사 생장기에는 비닐이나 종이 등을 덮어 수분 증발을 억제하여도 복토 직전의 퇴비 표면은 건조되는 일이 많다. 이런 경우에는 마른 부분을 손으로 뜯어내고 퇴비를 잘 다져준 다음 분무기로 물을 약간 뿌려 수분을 맞춘 후 복토한다. 복토의 두께는 재료의 종류에 따라서 다르나 특수한 재료를 제외하고는 대체로 손가락 한 마디 길이인 2~3cm가 알맞다.

10 균상 관리와 수확

버섯 발생 시 균상 관리

복토 직후부터 복토층의 온도는 23~25℃로 유지하고 온도가 적온 이상으로 상승하지 않도록 실내 환기를 조절한다. 처음 버섯이 나오는 기간에는 다량의 버섯이 균일하게 발생하도록 하기 위하여 재배사 온도를 15℃ 정도로 낮추어 준다(품종의 적온보다 1~2℃ 정도 낮게 유지). 복토 층에 수분이 충만할 정도로 많은 물을 뿌리며 환기구를 개방하여 재배사의 공기가 시간당 3~4회 이상 교환될 만큼 환기를 실시한다. 환기량은 보통 균상면적 1㎡당 한 시간에 10~20㎡의 신선한 공기를 공급한다.

수확기의 관리

초발이 후 10~15일 후면 수확기가 되는데 이때 재배사의 온도를 16~18℃(품종의 적온)로 약간 높게 유지하여 주는 것이 일반적이나 품종에 따라서 달리한다. 관수는 자실체가 아주 어릴 때는 적게 하고 버섯이 커감에 따라 점차 늘린다. 환기는 버섯의 발생량이 많은 1~3주기 때는 3~4회 정도 하는 것이 일반적이다.

<그림 3-5> 양송이 재배사 내 자실체

11 영양성분과 기능성

양송이는 고기를 즐기는 서구인들이 가장 많이 먹는 버섯으로 각종요리에 필수 재료로 사용되고 있다.

영양 성분

일반적으로 버섯은 수분 함량이 80~90%를 차지하며 단백질 3.1~20%, 탄수화물 3~80%를 함유하고 있고, 지질의 함량은 0.1~6%로 비교적 적다. 회분은 0.4~4.8% 정도이고, 섬유질이 많이 함유된 식품이다. 특히, 양송이는 송이 및 능이버섯과 함께 전분이나 단백질을 소화시키는 효소를 가지고 있어서 소화를 돕기 때문에 과식해도 위장에 장애를 주지 않는다.

<표 3-3> 양송이의 일반 성분(먹을 수 있는 부분 100g당 함량) (2006 식품성분표, 농촌자원연구소)

버섯 \ 성분		에너지 (Kcal)	수분 (%)	단백질 (g)	지질 (g)	회분 (g)	탄수화물 (g)	섬유소 (g)
양송이	생것	23	90.8	3.5	0.1	0.8	4.8	1.0
	통조림	23	91.8	3.1	0.1	0.3	4.7	1.1
	가루	247	9.2	24.6	2.7	9.9	53.6	7.5
큰양송이		25	90.0	4.0	ø	1.1	4.9	0.7

기능성

양송이버섯은 항종양, 면역증강, 항혈전 및 강신장 기능이 알려져 있으며 특히 표고버섯 등과 함께 항산화 기능이 우수하다. 버섯에 함유되어 있는 항산화 물질들은 세포의 기능 저하나 동맥 경화 예방, 간 장해 예방 및 노화 억제 효과 등과 같은 생체 조절 기능과 질병 예방 효과를 가지고 있어 고부가가치 건강기능식품의 좋은 재료가 될 수 있다.

<표 3-4> 버섯의 주요 약리기능성과 성분 (Lee et al., 2001-2007; Mizuno, 1994)

약 효	버섯명	주요성분
항종양 작용	양송이, 버들송이, 목이, 저령, 팽이, 말굽, 구름, 소나무잔나비, 잔나비걸상, 잎새, 노루궁뎅이, 느티만가닥, 풀버섯, 차가, 표고, 덕나무, 조개껍질, 자작나무, 느타리, 산느타리, 치마, 흰목이, 영지, 신령, 목질진흙버섯	β-Glucan, heteroglycan, RNA복합체
면역증강 (조절)작용	양송이, 저령, 팽이, 잔나비걸상, 영지, 잎새, 노루궁뎅이, 차가, 표고, 치마, 흰목이버섯, 상황, 동충하초	Polysaccharide, β-glucan, heteroglycan
항혈전 작용	표고, 영지, 잎새, 양송이, 신령, 비늘, 차가버섯	Lentinan, 5'-AMP, 5'-GMP
강신장	양송이, 저령, 영지, 표고, 구름버섯	

식용버섯

팽이버섯

1. 생물학적 특징과 생육환경
2. 품종
3. 액체종균의 제조와 이용
4. 시설과 재배
5. 버섯균의 퇴화와 특성 유지
6. 버섯 생육장해의 진단과 대책
7. 영양성분과 기능성

생물학적 특징과 생육환경

팽이버섯은 분류학적으로 송이목, 송이과(*Tricholomataceae*)에 속하는 버섯으로 알려졌으나 최근 분자생물학의 발전에 따라 주름버섯목(Agaricales)의 새로운 *Physalacriaceae*과로 분류되고 있다. 원명은 팽나무버섯이며 영명은 winter mushroom 또는 velvet stem, 일본에서는 에노키다케(えのきたけ)라 한다. 활엽수인 팽나무, 느티나무, 뽕나무, 감나무 등 죽은 나무의 그루터기에 다발로 발생한다. 갓과 대의 색깔은 짙은 황갈색~흑갈색으로 표면에는 끈끈한 점성이 있으며 갓의 직경은 보통 2~8cm, 대는 2~8cm×2~8mm 정도이다. 포자문은 백색이고 포자의 크기는 4.5~7.0×3.0~4.5㎛이며 모양은 타원형이다. 최근에는 빛을 비추어도 갓과 대의 색깔이 변하지 않는 순백계 품종이 육성되었다.

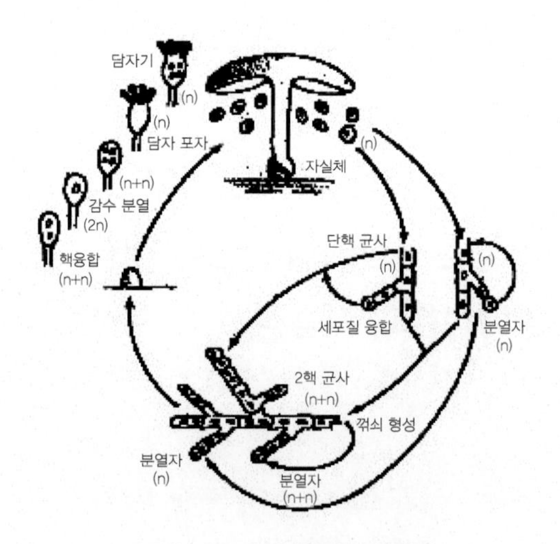

<그림 4-1> 팽나무버섯의 생활사

팽이를 비롯한 담자균류 대다수의 생활사는 자실체→담자포자→단핵균사→이핵균사(세포질 융합, 클램프 형성)→핵융합(n+n→2n)→감수분열→담자기 형성→담자포자 형성(n)→자실체 순으로 이루어진다. 팽이버섯은 단핵균사가 바로 자실체를 형성할 수 있다. 팽이버섯은 생장 중에 이핵균사가 분열자(oidia)를 형성하여 탈이핵화 현상(dedikaryotization)을 나타내어 전형적인 버섯류의 생활사와 다소 차이가 있다.

생육 환경

팽이버섯의 균사 생육 온도 범위는 5~32℃이고 최적온도는 25℃ 내외이나 배양실의 병 수용량에 따라 온도를 고려하여 설정한다. 특히 균사 배양 시 균의 호흡량에 따라 배양실 온도가 상승하므로 배양 적온보다 낮은 16~18℃로 관리한다. 자실체 발생 온도는 5~18℃이나 현 재배 품종의 발이 최적온도는 12~15℃로서 발이온도가 적온보다 높거나 낮으면 발이 기간이 길어지고 대가 짧아지며 갓이 커져 정상적인 버섯을 생산할 수 없다. 억제실은 최적온도가 3~4℃로 발이실에서 불규칙하게 형성된 발이 상태를 병 입구 전체에 균일하게 발생되도록 한다. 생육실의 최적온도는 7±1℃이며 버섯의 대 길이 11~12cm, 갓 직경 1cm 내외로 길러야 좋은 품질의 버섯이 된다.

팽이버섯의 균사 배양 시 배양실 내 습도는 65~70%, 재배사의 경우 발이실은 90~95%, 억제실은 80~85%, 생육실은 75~80%가 가장 적합하다.
팽이버섯 재배 각 단계별 CO_2 농도는 배양실이 3000ppm 내외, 발이실 및 억제실은 1000 ppm 내외, 생육실은 2500~3000 ppm이 적합하지만 버섯의 생육 상태 및 재배사의 조건을 고려하여 조정한다. 근래에는 유통 중의 생장을 고려, 갓이 안 피도록 발이 이후부터 환기를 억제하여 탄산가스의 농도를 높여 재배하고 있다.
균사 생장 시 강한 빛에서는 생육이 저하되며 약한 빛에서는 자실체 발생이 촉진된다. 백색 품종은 발이 시 빛을 쪼여 주면 박피 현상이 방지된다는 보고가 있으며, 억제 시 백색 형광등으로 하루 2시간 분량을 24시간으로 나누어 쬐어 주면 효과가 크지만, 야생종에서는 빛을 쪼여주면 착색이 진해진다.

<그림 4-2> 팽이버섯 병재배 과정

가. 재배 환경

(1) 온도

팽이버섯 재배와 관련된 온도는 크게 균사배양온도, 버섯발생온도, 억제온도, 생육온도 등 4단계로 나눌 수 있으며 각 온도 처리에 따라서 최저, 최적, 최고 온도의 범위로 나눈다.

○ 배양온도

팽이버섯의 균사 생육 온도 범위는 4~35℃이며 배양실의 최적 온도는 25℃ 내외나 배양실의 병 수요량에 따른 온도를 고려하여 설정한다. 특히 균사 배양 시 균의 호흡량에 따라 배양실 온도가 2~6℃ 상승하므로 배양적온보다 낮게 16~18℃로 관리한다.

○ 발이온도

발이실 최적온도는 12~15℃로 적온보다 높거나 낮으면 발이 기간이 길어지고 대가 짧아지며 갓이 커져 정상적인 품질의 버섯을 생산할 수 없다.

○ 억제온도

억제실은 3~4℃로 발이실에서 불규칙하게 형성된 버섯 발이 상태를 병 입구 전체에 균일하게 발생되도록 한다.

○ 생육온도

생육실 최적온도는 6~8℃로 버섯의 대 길이 11~12cm, 갓 직경 1cm 내외의 정상적인 품질을 생육시킨다.

(2) 습도

팽이버섯의 균사배양 시 배양실 내 습도는 65~70%, 재배사의 경우 발이실은 90~95%, 억제실은 80~85%, 생육실은 70~75%가 가장 적합하다. 이와 같이 버섯의 생육 과정 중에는 습도를 서서히 낮춰 잡균번식과 물버섯이 되는 것을 방지하는 것이 중요하다.

(3) 산도

팽이버섯 배지의 최적산도는 pH 6.0이며 이보다 낮거나 높으면 균사배양 기간이 길어지거나 또는 정지된다.

(4) 환기

팽이버섯 재배 시 각 단계별 CO_2 농도는 배양실이 3000ppm 내외이고, 발이실 및 억제실은 1000ppm 내외이고, 생육실에서는 환기가 지나치면 갓의 크기를 크게 하고 대의 신장을 억제하며 온도와 습도에 영향을 주므로 2500~3000ppm이 적합하다.

(5) 빛

팽이의 영양균사는 빛에 의해 생장이 억제되나 자실체 발생은 빛에 의해 촉진된다. 또한 빛의 조사는 갓의 생육을 촉진하며 대의 신장을 억제한다. 야생종이나 재래종은 빛에 의해 갓이 착색되나 순백색계 품종의 갓은 착색되지 않으므로 백색계 팽이버섯은 억제 시 백색형광등으로 하루 2시간 분량을 24시간으로 나누어 순간순간 빛을 쪼여줌으로써 수량을 증대시키기도 한다.

02 품종

우리나라에서는 주로 일본에서 육성된 백색계 품종을 그대로 도입하여 재배해 왔다. 현재도 일부 농가에서는 일본 품종을 재배하고 있다. 그러나 버섯에서도 품종보호제도가 시행되면서 일본 품종을 재배하는 국내 재배 농가는 막대한 사용료를 지불하고 있다. 국내에서 팽이버섯 품종의 육성은 한때 일본 도입종을 선발하는 단계로 '팽이1호'와 '팽이2호'가 육성되었고 2001년에 비로소 백색 계통 간 교잡에 의한 국내육성종 '백설'이 등록되었다. 또한 2006년에는 백색 계통과 갈색 계통의 교잡 후 다시 백색 단핵균주와 교잡하는 여교잡법을 이용하여 신품종 '백로'가 육성되었다. 이후 일본 품종과는 다른 순수한 국산 백색 계통을 육성하였으며, 이 계통을 이용하여 '백아', '설성', '백작', '우리1호', '백승', '백이'와 같은 고유 백색 품종들이 육성되었다.

시장에서는 백색을 선호하지만 자연 상태의 팽이버섯은 갈색 자실체를 형성한다. 이러한 야생 팽이로부터 균을 분리하여 이들의 재배적 특성을 조사하고 병재배에 알맞은 갈색 품종을 육성하기 위한 노력이 계속되어 2006년 농촌진흥청에서 '갈뫼'가 교잡육종법으로 육성되었으며, 이어서 충청북도농업기술원에서 '금향'과 '흑향', '여름향1호', '여름향2호' 등 다수의 갈색품종을 육성하였다. 갈색 팽이버섯은 색깔이 옅은 것부터 아주 진한 것까지 다양하게 존재하므로 폭넓은 소비시장에 대응하는 품종을 개발할 수 있을 것이다. 또한 갈색팽이버섯의 씹는 감이 백색버섯에 비해 더 아삭아삭한 느낌을 주어 소비자의 호응을 얻고 있다.

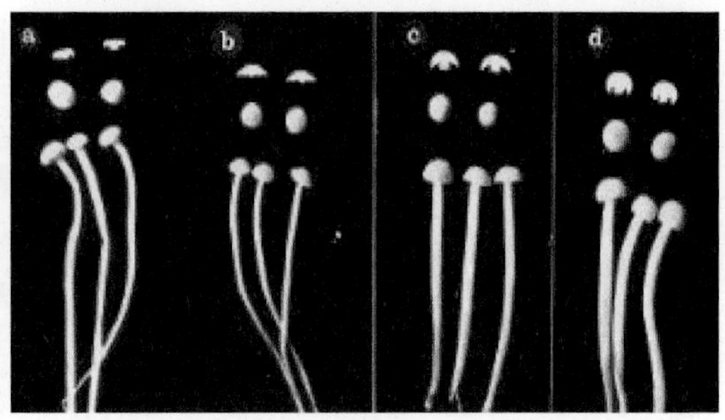

<그림 4-3> 야생 팽이버섯의 다양한 색깔과 형태

육성 품종의 특징

가. 백승

백승은 국내 고유 백색품종 간의 교잡으로 발이가 균일하고 수량성이 안정적인 계통을 2016년에 최종선발하여 2017년에 품종을 출원하였다. 균사생장이 감자한천배지(PDA)에서 25℃에 가장 양호하고 생육온도는 7~8℃로 기존의 재배품종과 동일하다. 백승은 종균 활력이 우수하여 균사 배양 밀도가 높고, 외국품종보다 버섯 발생이 빨라 전체적인 생육기간이 2~3일 정도 단축되는 장점이 있다. 또한 버섯이 자랄 때 재배사 온도가 2℃ 정도 높게 유지되어도 웃자라는 현상이 적어 외국품종보다 균일한 생육상태를 유지할 수 있다. 그러나 버섯 생육시에 습도를 높게 유지를 하면 품질이 저하될 확률이 높으므로 재배시 유의해야 한다. 농가 시범재배와 시장테스트 결과, 갓의 모양과 크기도 적당하고 특히 균일한 모양을 갖춰 시장에서 좋은 평가를 받을 수 있는 양호한 조건을 갖추었다는 평가를 받았다.

<그림 4-4> '백승' 팽이버섯 자실체

나. 백설

2001년 육성되었으며 백색계 재배 팽이에서 분리한 단핵계통 간의 교배 육종으로 육성된 최초의 국내 육성 품종이다. 자실체가 완전한 백색이며 저온 다수성 품종으로 발이가 고르기 때문에 생산력이 안정적이고, 재배 형태나 환경조건에 따른 변이가 적어 비교적 쉽게 재배할 수 있는 품종이다. 배양적 특성으로 균사 배양 시 최적온도는 25℃로 다른 품종과 같으나 저온에서는 팽이2호보다 약간 빠른 반면, 톱밥에서의 균사 생장은 팽이2호보다 다소 늦다. 산도에 따른 균사 생장은 pH 5.0~6.0 범위에서 양호하였다. 따라서 입병 시에는 산도가 너무 떨어지지 않게 배지 조성을 유지해야 하며, 균사 배양 시기에 배양실의 온도는 호흡열을 고려하여 배양실 물량에 따라 16~20℃로 조절하는 것이 좋고 더 이상 온도가 높아지지 않도록 하며 환기에도 유의한다.

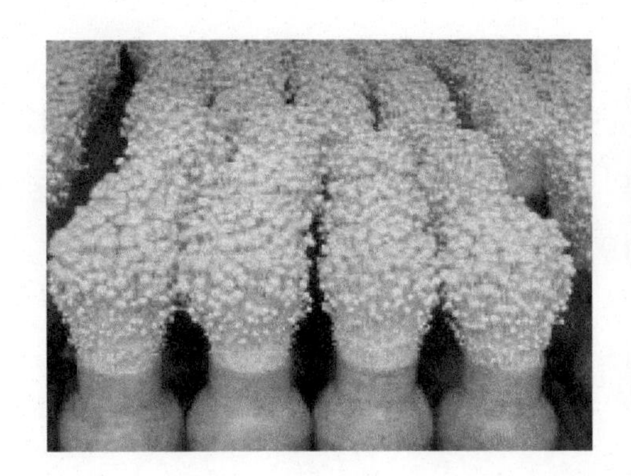
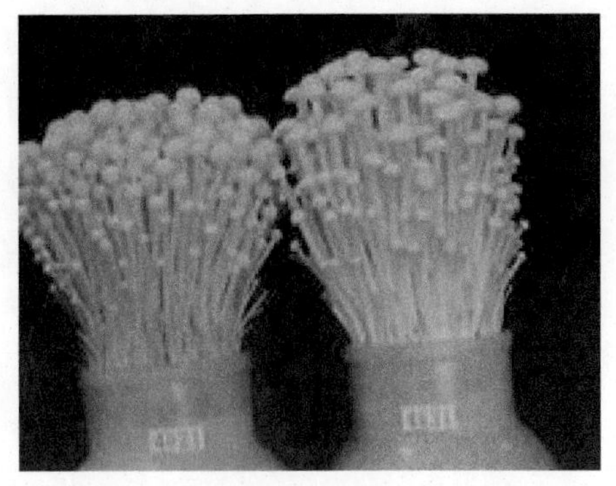

<그림 4-5> '백설' 팽이버섯과 '팽이1호', '팽이2호'(왼쪽부터)

다. 팽이2호

1993년 선발육종법으로 육성되었으며, 병당 수량이 131g으로 기존 품종(팽이1호)보다 5% 이상 증수된다. 팽이1호의 대는 연한 갈색으로 품질이 불량하나 팽이2호는 유백색으로 품질이 양호하다. 팽이2호는 균긁기 후 초발이 소요 일수가 7~10일 정도이며, 자실체의 갓과 대는 유백색이고 발이온도 12±1℃, 억제온도 4±1℃, 생육온도 7±1℃로 저온성이다. 자실체는 유효경수가 병당 230~250개이며, 갓 크기는 7~12mm, 대 길이는 10~14cm이다.

라. 팽이1호

1987년 선발육종법으로 육성되었으며, 대는 연한 갈색으로 자실체 수량은 125g 정도이다. 초발이소요일수가 10일로 짧고 유효경수가 많으며 재배 시 빛을 오래 주면 갓이나 줄기 밑부분이 암갈색으로 변하기 때문에 암흑 상태에서 재배해야 유백색의 품질을 생산할 수 있다.

마. 갈뫼

국내 갈색 야생균주를 이용하여 교잡육종법으로 육성되어 2006년 등록되었다. 균사배양적온은 16~18℃이고, 버섯발생적온은 14℃, 생육적온은 7~10℃로 자실체는 반반구형이고 갓은 갈색, 대의 기부는 진갈색이다. 생산력 검정 결과 기존 백색종에 비해 균배양기간이 2일 빨라 수확일수가 다소 빨랐다.

이후 갈색품종의 육성은 충청북도농업기술원에서 주로 이루어져서 2011년 자실체의 갓 색깔이 연한 갈색으로 생육이 빠르고 기호성이 양호한 금향과 2012년 자실체 갓 색깔이 흑갈색인 흑향이 개발되었으며, 이어서 2015년에 여름향 1호, 여름향 2호, 금향2호까지 개발하여 농가에 보급하고 있다.

'갈뫼(2006)'

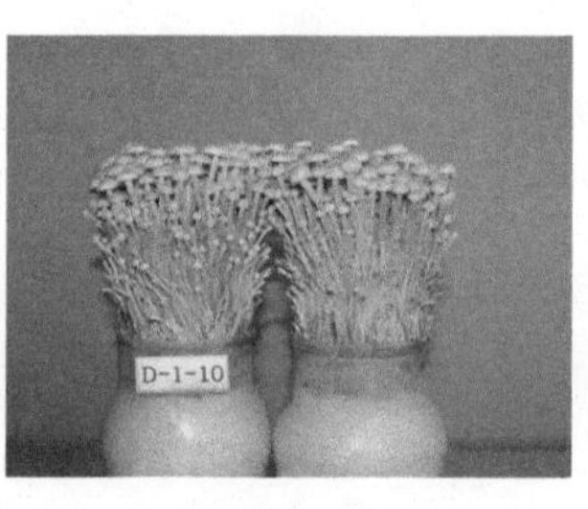

'금향(2010)'

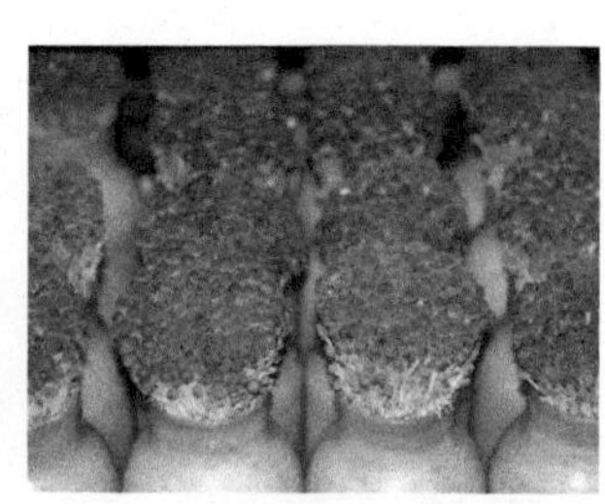
'흑향(2011)'

<그림 4-6> 갈색팽이버섯 품종

국산 백색 품종 육성

이제까지 재배되고 있는 모든 품종은 비록 재배특성에 차이가 있다고 해도 모두 그 기원이 동일하다. 일본에서 순백계 품종이 육성된 이후로 여기서 파생된 품종들이기에 유전적인 구성이 매우 단순화되어 있어 유전적인 취약성이 있을 수 있다. 즉, 동일 계통의 품종에 침해할 수 있는 병원균이 만연해 재배에 어려움을 줄 수 있는 것이다.

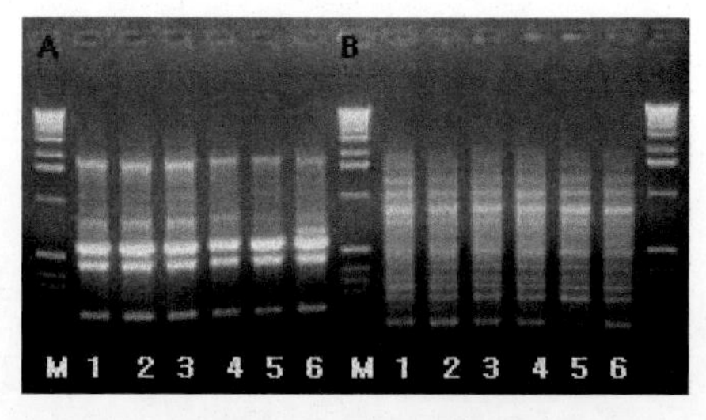

<그림 4-7> DNA핵산지문법(RAPD)

primer OPO-05 (A) and OPO-07 (B)에 의한 재배 백색 품종의 구분. 백색 품종 간 유전적 구성의 동일성을 보여준다.

따라서 유전적으로 다른 조상을 가진 육종모본을 선발하는 것이 필요하다. 농촌진흥청에서는 국내 야생종의 단핵균주를 분리 교배하여 새로운 백색균주를 육성하였다. 이 계통은 일본의 순백계와는 차이가 있으며 빛에 의하여 색이 진해지는 단점이 있다. 현재 이 균주는 순계를 만드는 과정에 있다.

<그림 4-8> 국내 야생종의 단핵균주 간 교배에 의하여 육성된 백색계통

우리 고유의 순백계 계통을 육성하는 것은 오랜 숙원이었다. 수출용 팽이버섯의 품종이 대부분 국내 고유 육성종이 아닌 형편이어서 UPOV 가입과 FTA 체결에 따른 품종의 국제분쟁 가능성이 높아지고 있다. 농촌진흥청에서는 수집된 갈색 자원으로부터 단핵균주를 육성하고 이들 간의 교잡을 통해 수많은 F1 계통을 만들어 냈으며, 여기서 다시 포자를 받아 손쉬운 육종기술인 다포자임의교배법을 적용하여 2006년 우리 고유의 백색 계통을 육성할 수 있었다. 우선 이 계통과 '백설' 계통을 교잡하여 2009년 '백아'라는 신품종을 육성하였고 이 품종은 비록 기존 백색 품종을 한쪽 친으로 사용하였으나 우리 고유의 품종이라고 할 수 있다. 이후 2010년 세력이 왕성하고 생육이 아주 빠른 '설성'이 육성되었으며, 2011년에는 기존의 일본 품종을 대체할 수 있는 '백작'과 '우리 1호'가 육성되었으며, 2016년에는 발이가 균일하고 수량성이 안정적인 '백승'이 육성되었다.

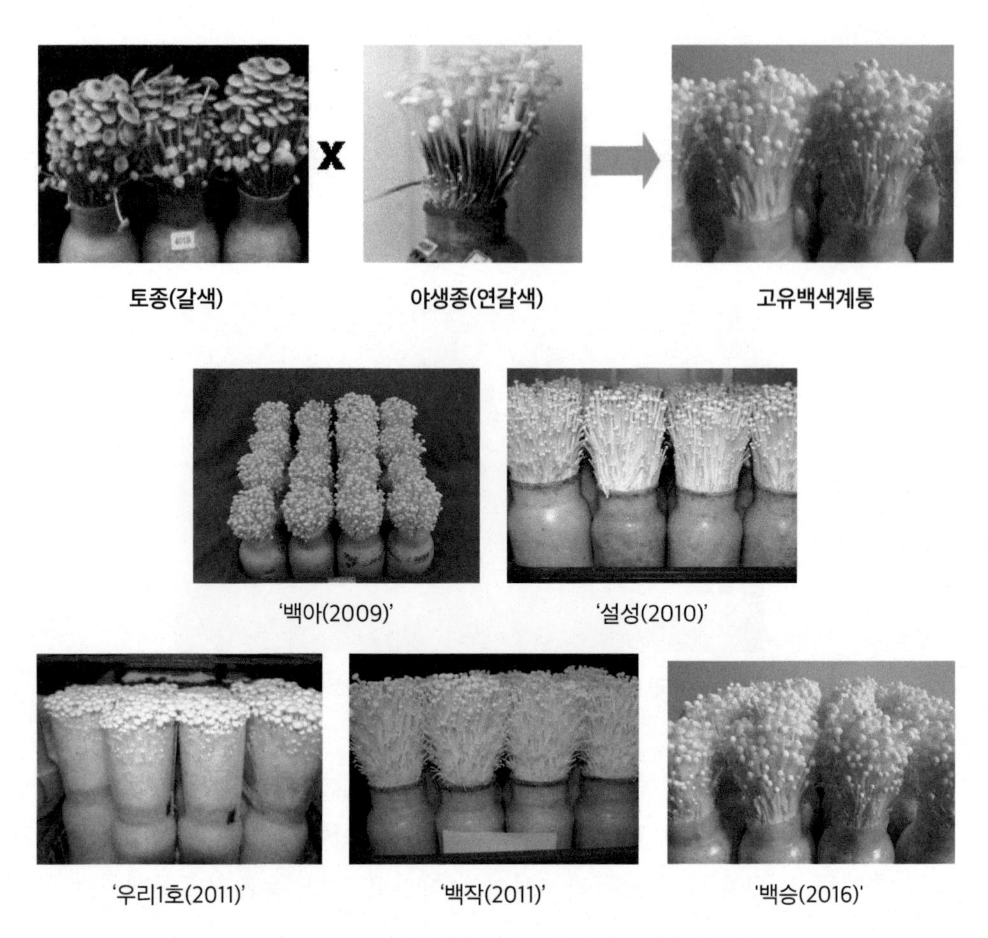

<그림 4-9> 고유 백색 계통 육성 과정 및 국산 백색 신품종

03 액체종균의 제조와 이용

액체종균이란?

액체종균은 수용액 상태의 살균된 배지에 버섯균을 배양하여 종균으로 사용하는 것을 말한다. 우리나라 버섯 재배에서 액체종균의 산업적인 이용은 1990년대 초에 밀가루 액체배지를 이용한 영지버섯 재배가 시도되었으나 정착하지 못하였다. 그 후 1995년부터 농촌진흥청 농업과학기술원에서 팽이버섯 병재배 농가의 자가종균 생산에 적용하기 위하여 본격적인 연구가 시작되었다. 그 결과로 현재는 대규모 병재배 농가에서 전량 액체종균을 이용함으로써 생력화 및 생산비 절감에 기여하고 있다.

액체종균의 특성

액체배양법은 실험실 내에서 균사생장량 조사 등에 오래전부터 활용하여 왔다. 액체종균 배양법은 잘 여과된 압축공기를 넣어 액체배지와 버섯균의 혼합물을 교반하여 주기 때문에 균사체에 양분의 접촉이 균일하게 되고 액체 상태에서 부족하기 쉬운 산소 농도를 높여주는 효과도 있다. 팽이버섯의 톱밥종균 배양 기간은 25일 정도 소요되나 액체종균은 접종 후 5~7일 만에 사용할 수 있다. 액체종균은 배양 기간이 짧고 균의 활력이 좋아 자가종균 생산을 위해서도 유용하다고 생각되나 조작에 세심한 주의가 요구되고 잡균 오염 증상을 판별할 수 있는 사전 지식과 연습이 필요하다. 액체종균은 고압멸균 시설을 갖춘 곳에서 제조가 가능하다. 액체종균을 접종할 배지는 고압살균 또는 상압살균을 하여야 안전하다. 액체종균의 이용은 톱밥 병재배, 봉지재배, 상자재배, 곡립배지 등에서 생력화 재배 효과가 인정되고 있다.

<그림 4-10> 내열성 유리 배양병(왼쪽; 10ℓ)과 스테인리스 배양통(오른쪽; 180ℓ)

액체종균을 만들기 위한 준비

내열성 유리병을 이용한 통기식 액체종균 배양병은 완제품으로 제작하여 공급하는 곳이 없으므로 각자가 만들어야 한다<표 4-1>.

<표 4-1> 액체종균 배양병 소요 자재 내역(5ℓ 10병 기준)

소요 자재	규격	1병당 소요량	포장 단위	10병 기준
Lab bottle	DU 21801735, 5ℓ	1개	1개	10병
실리콘 마개	NO 11	1개	1개	10개
실리콘 튜브	3×6mm	15cm 1개	10m	1롤
	5×8mm	1m 1개, 15cm 2개	10m	3롤
스테인리스 파이프	3.5×5.0mm	37cm 1개	4m	1개
	5.0×6.5mm	37cm 1개, 5cm 2개	4m	2개
필터홀더	Sartorius 16517	2개	12개	2통

소요 자재	규격	1병당 소요량	포장 단위	10병 기준
필터paper	0.2㎛, 25mm	1 장 (소모품)	100장	1통
	pre, 25mm	1 장 (소모품)	100장	1통
	0.45㎛, 25mm	1 장 (소모품)	100장	1통
핀치코크	집게형	5 개	100장	1봉
공기펌프	어항용 3 W		1 개	2 개
	영남 YP-15A		1 개	1 개
체크밸브	Kartell 418	2 개	10 개	1 봉
T자 밸브	Kartell 461	2 개	10 개	2 봉
+자 밸브	Kartell 1412		10 개	1 봉
마그네틱 바	Cowie 001.541, 38 mm	1 개	10 개	2 봉
교반기	대산 MS-702		1 대	3 대
거품방지제	다우코닝 LS-303	0.5 ㎖/5ℓ	2 kg	1 병
주사기	내열플라스틱 10 ㎖	1 개	50 개	1 통
	내열플라스틱 50 ㎖	1 개	50 개	1 통

접종원 배양과 액체종균 제조

가. 접종원 배양

액체종균 배양을 위한 액체접종원은 삼각플라스크나 링거 병의 살균된 액체배지에 샬레나 시험관의 원균을 떼어 넣고 배양한다. 접종원 배양은 진탕기(shaker)를 이용한 진탕배양과 항온기(incubator)에 넣어두는 정치배양으로 구분된다. 진탕기는 회전식과 왕복식이 있는데 회전식은 균덩이가 크게 자라는 단점이 있으며 왕복식은 액체배지가 병의 벽을 타고 넘어 뚜껑이 젖기 쉽다. 따라서 병의 구조나 크기에 따라 배지의 양을 알맞게 넣고 회전속도(rpm)를 조절해야 한다.

정치배양은 접종원 배양 기간이 진탕배양보다 오래 걸리고 배양 중에 공중균사 형성에 의하여 균덩이가 떠올라 균사매트가 형성되므로 액체종균병에 넣어주기 전에 균질기(호모저나이저)로 균사의 절단이 필요하다. 균질기는 1만~1만2000rpm에서 10~20초 정도 갈아주는데 균사체의 매트 형성 정도, 배양 기간 등에 따라서 갈아지는 정도가 다르므로 많은 경험이 필요하다. 액체배양병에 접종원을 넣을 때는 살균된 깔때기를 이용하여 접종원 주입구를 통하여 흘려 넣는다. 접종원은 1~4%를 넣어주는데 많이 주입할수록 액체종균의 배양 기간이 단축된다.

<그림 4-11> 접종원의 액체배지량(왼쪽)과 접종원 주입량(오른쪽)
왼쪽: 배지량 100, 200, 300㎖. 오른쪽: 접종원 1, 2, 4% 주입, 배양 3일째

나. 액체배지 조제

(1) 액체배지의 종류와 산도조정

액체종균 배양에 사용할 배지는 버섯균이 자라는 데 충분한 양분을 함유하고 있으면서 잡균의 오염을 쉽게 식별할 수 있도록 투명도가 높은 것이 좋다. 감자추출배지는 추출 작업은 번거로우나 이런 조건을 갖춘 좋은 배지이다. 팽이버섯의 감자추출배지 조제 방법은 물 10L에 껍질을 제거한 생감자 1㎏을 0.5~1㎝ 정도로 잘게 썰어 넣고 열수추출하여 가는 망사에 거른 후 설탕 200g을 녹이고 거품방지제(안티폼; Antifoam)를 1㎖ 넣어 준다.

감자추출배지의 살균 전 pH는 6.0~6.5이다. 대두박은 식용유공장의 부산물로 비용이 저렴하고 별도의 추출 작업 없이 배양병에 넣어 바로 살균하므로 간편하나 배지가 불투명하여 배양 초기에 균이 자라는 것을 관찰하기 어렵고 감자추출배지보다 균의 생장이 느리다. 대두박배지의 살균 전 pH는 5.5~6.0 정도이다.

<표 4-2> 버섯 액체종균 배양용 배지 종류

배지 종류	배지재료 첨가량(물 10ℓ당)	대상 버섯	비고(출처)
감자추출배지	감자 1kg 추출액 설탕 200g 안티폼(거품방지제) 1㎖	팽이버섯, 버들송이, 느타리, (동충하초)	가장 이상적이나, 감자 추출이 번거로움 (1995~1997, 농과원)
대두박배지	대두박 30g 황설탕 300g KH_2PO_4 5g $MgSO_4 \cdot 7H_2$ 5g 식물성 식용유 30㎖	느타리, (팽이버섯) (동충하초)	대두박(식용유 부산물) 비용이 적게 듦 (1997, 강원대)

(2) 액체배지의 살균

액체배지의 살균 시 배양병 마개의 공기주입구, 공기배출구, 종균채취구는 파이프 끝에 연결된 실리콘 튜브를 구부려 핀치코크로 끼워 막고, 원균접종구는 열어 살균 시 팽창된 공기가 나갈 수 있게 하여 용기의 파손 및 실리콘 마개의 이탈을 방지한다. 액체배지의 살균은 살균기 내의 온도 121℃, 압력 1.2kg/㎠에서 5ℓ는 40분, 10ℓ는 60분이면 충분하고 너무 장시간 살균하면 액체배지의 양분이 분해되어 버섯균의 생장량이 오히려 적게 된다.

살균 후 살균기의 온도가 99℃ 정도이고 압력계가 0을 나타낼 때 살균기 문을 여는 즉시 살균 시에 열어 두었던 원균접종구의 실리콘 튜브 끝을 막아서 외부 공기 흡입에 의한 잡균 오염을 막는다. 병의 파손을 줄이기 위해서 마개 조립 시에 원균접종구의 실리콘 튜브 끝에 T밸브를 연결하고 공기거름 필터 2개를 장치해서 살균 전과 살균 후에 1개씩 반대로 개폐한다<그림 4-12>. 공기주입구에 끼워진 필터는 수증기에 젖으면 공기가 통과되지 않으므로 접종원 주입 후의 공기주입용으로만 사용한다.

(3) 액체종균의 배양

살균된 액체배지가 접종하기에 알맞은 온도인 20~25℃로 냉각되면 미리 배양해 두었던 접종원을 균질기로 갈아서 원균접종구를 통하여 넣어준다(또는 샬레의 균총을 살균수와 함께 갈아도 좋다). 이때는 기구나 작업 과정을 통한 잡균의 오염을 방지할 수 있는 충분한 조치가 선행되어야 한다. 그리고 접종원이 용기 내로 쉽게 흘러들어가도록 공기배출구를 열어두어야 한다. 접종원의 주입이 끝난 배양 용기는 공기주입구를 통하여 0.2 ㎛ 필터로 여과된 압축공기를 넣어준 뒤 공기배출구의 0.45 ㎛ 필터를 통하여 빠져나갈 수 있도록 하고, 나머지 2개의 파이프(원균접종구와 종균채취구)는 막아둔다. 공기 주입 중 배양병 내에는 높은 공기압이 형성되는데 이때 정전이 되거나 다른 배양병을 연결하기 위하여 공기 주입 라인을 열면 배양액이 공기주입구 쪽으로 역류되어 필터가 젖게 되고, 이후 공기가 통과되지 않으므로 체크밸브를 연결하여 사용하면 편리하다<그림 4-12>.

<그림 4-12> 액체종균 배양병의 주사기를 이용한 필터와 체크밸브 연결

왼쪽; T밸브(필터 2개 연결), 오른쪽; 체크밸브(배양 시 공기 역류 방지)

팽이버섯의 액체종균 배양실 온도는 22~25℃로 유지하고 5~7일경에 종균으로 사용한다. 액체종균 배양 병에서 10일 이상 경과하면 균덩이가 크게 자라서 종균채취구를 쉽게 통과하지 못하므로 7일경에 남은 배양병을 억제실로 옮겨 저장하여 두고 예비용으로 활용하되 5일 이내에 사용한다.

액체종균의 이용

액체종균을 톱밥배지에 뿌려주면 액체는 배지에 흡수되고 균사체만 배지 위에 얇게 붙어 있는 상태가 된다. 액체종균 균사체가 톱밥배지 내부로 활착되기 전에 건조하거나, 영양원이 첨가되지 않은 배지에서는 균사체의 정착이 지연되어 오히려 생력화 재배에 지장을 초래한다. 따라서 액체종균 이용에 알맞은 재배 형태는 병재배, 봉지재배, 상자재배로서 고압살균 또는 상압살균을 하고 배지냉각실과 접종시설, 액체 전용배양실을 갖춘 곳이 적합하다.

살균된 액체배지에 액체접종원을 1% 접종한 팽이버섯은 5~7일간 배양하여 톱밥배지에 접종할 수 있다. 너무 오랫동안 배양하면 균사체 양은 계속 많아지나 배지의 양분 소모로 일평균 증체량이 적어지고 균덩이가 커져서 종균 배출 파이프를 쉽게 통과하지 못하므로 접종 작업이 어려워진다.

톱밥배지는 고압살균 시에 배지 표면의 수분이 2~4% 증발하는데 액체배지의 접종은 톱밥배지의 표면에 수분을 보충하는 효과도 있다. 그러나 액체종균의 접종량이 너무 많으면 배지 표면의 수분 함량이 과다하여 병 내부로 공기 유통이 잘 안 되므로 오히려 불리하다. 액체종균의 접종량은 직경이 58㎜인 850㎖ PP병의 경우 톱밥배지 1병당 10㎖씩 접종하는 것이 알맞다<표 4-3>.

<표 4-3> 팽이버섯 액체종균 접종량이 균배양 및 버섯생장에 미치는 영향

액체종균 접종량 (㎖/850㎖)	배양 기간 (일)	잡균 발생 비율 (%)	자실체 수량 (g/병)
2 (4)	25	3	135
5 (10)	23	2	140
7 (14)	22	0	149
10 (20)	20	0	150
15 (30)	20	0	138
대조(톱밥종균)	21	0	147

* 7일간 배양 원액 접종, ( ): 균사체 건물량 ㎎임

액체종균의 이용은 좋은 설비와 숙련된 기술이 필요하지만 활력이 높은 버섯균의 생산이 가능하므로 병재배 농가, 종균배양소, 배지배양센터 등에서 자가 종균의 확보 방법으로써 유익할 것이다.

04 시설과 재배

팽이버섯 재배시설은 연중재배시설 규모로서 초기의 농가형은 495㎡(150평) 기준으로 하루 생산량 1000~1500병으로 시작되었다. 근래 규모화가 급속히 진행되어 10만병 이상의 대규모 생산 시설도 늘어나고 있다. 이와 같이 팽이버섯의 재배에 있어 규모 확대와 시설의 근대화, 기계기구의 도입으로 작업의 자동화가 이루어지고 있으며 그와 동시에 경영 안정을 꾀하기 위한 방책으로서 생산량 증대, 안정생산, 원가절감생산이 행해지고 있다. 생산량의 증대를 위해 콘코브 밀(이하 콘코브) 배지가 개발되어 1병당 300g 이상의 생산이 가능하게 되었다. 이로써 톱밥 유래의 불안정 생산 요인이 제거되어 생산기술이 큰 폭으로 향상됐다. 이와 함께 재배병의 용량과 병 입구 크기가 확대되고 1100㎖ 이상의 병을 사용할 때는 배지에 구멍을 여러 개 뚫는 5구 다공 입병에 의하여 배양 일수의 단축을 이루어냈다. 수확량 지표는 총 입병 병수를 기준으로 평균 850㎖-58mm병당 140g, 950㎖-65mm병당 180g, 1100㎖-65mm병당 220g, 1100㎖-75mm병당 250g, 1400㎖-82mm 병당 300g을 목표로 발전하였다. 그러나 재배시설과 기자재, 재배방법에서는 큰 차이가 없으므로 여기에서는 그 일반적인 내용을 중심으로 설명한다.

재배시설은 영구적인 재배사로서 냉난방 시설이 갖추어져야 하며, 재배사 건물은 시멘트벽돌 또는 조립식 아이소패널 등으로 짓되 내·외벽에 단열이 잘되어야 하고, 재배사 복도나 관리실에서 재배사 내 모든 환경조건을 한눈에 볼 수 있도록 컨트롤박스에 센서가 부착되어 있어야 한다. 그 밖에 톱밥야적장, 재료 혼합 및 입병 작업실, 살균실, 준비실, 냉각실, 접종실, 배양실, 발이실, 억제실, 생육실, 수확 및 포장실, 저온저장실, 탈병실, 실험실 등의 시설이 구비되어야 한다.

버섯재배시설과 기자재

가. 재배시설

재배시설에는 톱밥야적장, 재료 혼합 및 입병 작업실, 살균실, 준비실, 냉각실, 접종실, 배양실, 발이실, 억제실, 생육실, 수확 및 포장실, 저온저장실, 탈병실, 실험실 등의 설비에 맞게 필요 기자재가 구비되어야 한다.

(1) 톱밥야적장
톱밥야적장은 공급상에서 구입한 톱밥을 야외 퇴적장에서 일정 기간 발효시키는 장소로서 충분한 면적을 보유해야 한다. 일반 흙바닥은 야적장 시설로 부적합하다. 토양 속에는 각종 미생물이 다양하게 서식하고, 바닥 면이 고르지 못하기 때문에 물이나 퇴적물이 고여 톱밥이 혐기성 발효를 하거나 빨리 부패될 수 있다. 따라서 야적장의 바닥은 시멘트로 바닥 면을 고르게 시설하면서 약간 경사지게 하여야 물이나 퇴적물이 고이지 않고 배수구를 통하여 흘러내릴 수 있어 톱밥을 경제적으로 활용할 수 있다.

(2) 재료 혼합과 입병 작업실
혼합 및 입병 작업실은 혼합기를 통하여 톱밥과 첨가제를 섞고, 입병기를 사용하여 기계적으로 PP병에 톱밥을 집어넣고, 병에 담긴 톱밥배지재료를 무균적으로 살균하는 장소로서 혼합기와 입병기, 살균기 등 여러 가지 기계시설을 갖춰야 하기 때문에 공간 면적이 다소 넓어야 작업하기에 편리하다.

(3) 살균실
살균실은 입병작업장을 함께 사용하는 곳으로 재배에 사용할 배지를 고압 또는 상압으로 버섯균이 이용하기 좋게 무균적으로 살균하는 곳이다. 배지의 살균이 잘못되면 모든 재배는 실패로 돌아간다.

(4) 준비실
준비실은 입병 및 살균 작업이 끝나고 배지를 냉각 또는 접종하기 전 외부작업실에서 작업하던 의복이나 신발을 소독된 것으로 교체 착용하고 무균실로 들어가기 전 준비하는 방으로 작업장과 완전히 차단돼 있어야 한다. 준비실은 접종실과 마찬가지로 무균 상태로 유지하기 위해서 실내는 클린부스를 시설하여 무균화시켜야 한다.

(5) 냉각실

냉각실은 살균기와 연결된 방으로서 무균화 시설이 갖추어져야 한다. 냉각실은 살균기에서 살균이 끝난 배지를 꺼내어 뜨거운 배지의 품온(品溫, 물질의 내부발열로 외기온도보다 높아진 물질의 온도)을 실온으로 급히 낮춤으로써 병 내부에 응결수가 생기지 않게 하여 각종 세균이나 유해균으로부터 오염을 방지할 수 있게 하는 곳이다. 그러므로 항시 소독과 청결을 유지하면서 실내는 무균시설이 갖추어져야 하고 실내 공기의 흐름에 양압이 걸려 외부의 공기가 내부로 들어오지 못하도록 시설하는 것이 중요하다.

(6) 접종실

접종실은 팽이버섯 재배에 있어서 가장 중요한 방으로서 완전한 무균시설이 갖춰져야 한다. 접종실은 냉각이 끝난 배지에 무균으로 접종해야 하기 때문에 클린부스를 설치하고 실내는 공기의 흐름에 양압이 걸려야 한다. 이때 만약 실내의 공기 흐름이 음압이 걸려 외부의 공기가 접종실 내로 스며들어오면 각종 해균에 노출돼 실내를 소독하고 청결히 관리하더라도 오염을 줄일 수 없어서 경제적으로 커다란 손실을 입게 된다. 따라서 접종실은 접종을 할 수 있는 접종기의 윗부분에도 클린부스 시설이 설치되어야 한다.

(7) 배양실

배양실은 접종이 끝난 배지에 버섯을 재배하기에 완전한 상태로 균을 배양하는 장소이다. 배양실은 재배하는 물량에 따라서 면적 공간이 정해져야 하며 이곳 역시 해균으로부터의 오염을 예방하기 위하여 무균시설을 해주는 것이 좋다. 그리고 배양실 역시 내부의 공기 흐름에 양압이 걸려야 한다. 배양실에서도 음압이 걸리면 접종이 잘된 배지라도 오염이 증가된다.

배양실은 온도 변화가 적어야 하며 배양 중 발생하는 이산화탄소, 즉 균이 자라면서 발생하는 호흡열에 의하여 실내에 가스가 차게 되므로 환기시설을 해

주어야 한다. 천장에는 선풍기를 달아 배양병과 병 사이에 축적되는 가스를 흩어줌으로써 균의 생육을 촉진시킬 수 있다. 배양실은 균이 정상적으로 자랄 수 있도록 환경조건을 조절해주는 온도, 습도, 환기 센서를 설치하고 컨트롤박스에서 자동으로 조절할 수 있도록 시설을 갖춰야 한다.

(8) 발이실

발이실은 배양이 완성된 배양병을 버섯이 발생되도록 처리하는 방으로서 팽이버섯 재배에 적합한 환경조건을 설정해 주기 위한 곳이다. 실내는 보온이 잘 되어야 하며 냉동시설이 갖춰져야 한다. 그리고 재배조건을 맞추기 위한 온도센서와 습도센서가 부착되어 있어야 하고 실내는 가습시설과 환기시설이 갖추어져야 하며 발이실 문 앞에는 컨트롤박스가 부착되어 자동으로 조건을 감지해 조절하는 시설이 갖추어져야 한다.

(9) 억제실

억제실의 시설은 발이실과 동일하다. 억제실에서는 빛 시설과 송풍 시설이 부착된 억제기를 설치하고 발이실에서 버섯 발생이 불규칙하게 된 부분을 전체적으로 고르게 만든다.

(10) 생육실

발이실과 억제실, 생육실의 시설은 동일하게 설치되어야 한다. 생육실은 버섯을 정상적으로 생육시켜 상품화하는 장소이므로 해균에 오염이 되지 않도록 청결하게 관리해야 한다.

(11) 수확과 포장실

수확 및 포장실은 정상적인 버섯을 수확하여 상품화하는 곳으로 정량을 무게로 달 수 있는 저울과 버섯을 포장할 수 있는 진공포장기 또는 포장기가 구비되어야 한다.

(12) 저온저장실

저온저장실은 수확한 버섯을 4℃에서 보관할 수 있는 보온시설과 냉동시설이 설치되어 상품의 출하량을 일정하게 조정할 수 있는 시설이 갖춰져야 한다.

(13) 탈병실

탈병실은 수확이 끝나고 병 내부에 있는 톱밥을 탈병기로 제거하는 장소이다.

이때 병은 다시 재배에 활용하고 재배가 끝난 톱밥은 유기질 퇴비 또는 가축의 사료로 이용할 수 있다.

(14) 실험실
실험실은 재배하기 전 균의 조직분리 또는 각종 배지를 제조하는 장소로서 클린 벤치, 항온기, 소형고압살균기 등 각종 실험에 필요한 시설이 설치되어야 한다.

나. 기기와 기구

재배 규모나 자동화 정도 등에 따라 다르겠으나 병버섯 재배에는 재배용 병과 공조에 필요한 기기류, 각종 기자재가 필요하다. 톱밥체, 혼합기, 입병기, 마개 막기, 살균기, 접종기, 균긁기기, 억제기, 탈병기 및 진공 또는 랩자동포장기 등을 갖추어야 자동화 재배가 가능하다.

(1) 재배용 병
병재배용 병은 살균 시 열에 견딜 수 있는 PP(Poly Propylene)병을 주로 사용한다. 이전에는 대개 용량 850㎖ 직경 58mm 병을 사용하였으나 근래에는 1400㎖ 병도 사용되고 있다. 1100㎖ 용량 이상의 병을 사용할 때는 수작업이 힘들므로 적재기를 사용하는 경우가 많고 입병 시 구멍을 5개 뚫는 입병기를 사용하는 경우가 많아지고 있다.

(2) 공조기기
온도를 조절하기 위한 기기로는 실외에 설치하는 실외냉동기와 실내에 설치되는 냉각기가 필요하다. 실외냉동기는 응축기의 냉각 방식에 따라 공랭식과 수랭식이 있는데 수랭식은 물을 이용한 순환식이 주로 이용되므로 냉각 능력이 높다. 수랭식 냉동기는 기계 가격이 싸지만 공사비가 많이 들고, 공랭식 냉동기는 공사비는 적게 들지만 기계가 비싸고 냉각 능력이 수랭식보다 낮으며 소음이 큰 게 단점이다. 실내에 설치되는 냉각기는 팬으로 강제 열교환시키는 팬 쿨러형과 자연대류에 의해 열교환시키는 핀 쿨러형이 있다.
접종실에는 먼지가 날리는 것을 방지하기 위하여 주로 핀 쿨러형을 사용하고, 재배시설에서는 대개 팬 쿨러를 사용하는데 건조를 방지하기 위하여 팬의 속도를 조절하는 인버터를 부착한다. 배양이나 생육 중 발생되는 CO_2 농도를 조절하기 위하여 환풍기나 열교환기를 이용하는데 환풍기를 사용할 때는 방 크기, 수용하는 병의 수, 환기팬 용량 등을 고려하고 버섯의 상태에 맞추어 환기하는 것이 좋다. 환기에 의하여 실내 환경이 급격하게 변하는 것을 막기 위해서는 열교환기를 설치할 수 있다.

(3) 공기여과장치

냉각실과 접종실의 청결도는 버섯 재배의 성패를 좌우할 정도로 매우 중요하므로 외부의 공기를 여과하여 넣어 주어야 한다. 먼저 프리필터(Pre-Filter)를 거친 다음에 헤파필터(Hepa-Filter)가 장치된 UNIT가 사용되는데 일정 주기마다 청소 및 교체를 해 주어야 소기의 성과를 유지할 수 있다.

(4) 톱밥체, 혼합기, 입병기, 마개막기

팽이버섯 재배에는 주로 미송 톱밥을 사용하는데 배지를 혼합하기 전에 톱밥체를 이용하여 덩어리가 들어가는 것을 막아 주어야 한다. 톱밥체를 통과한 톱밥과 첨가제들을 수분을 맞추기 전에 균일하게 혼합하는 혼합기는 일일 입병수, 병용량, 입병량에 따라 크기가 결정되며 3000~5000병용이 주로 제작되어 사용되고 있다.

혼합기는 부하가 걸리지 않아야 하고, 재료 넣기가 편리하며, 배지반출구가 자동으로 개폐되도록 하는 것이 좋다. 병에 톱밥을 채우는 기계로는 입병기와 마개막기가 따로 분리된 반자동식과 일괄작업을 할 수 있는 자동입병기가 주로 이용되고 있다. 입병방식은 진동식, 스크루식, 피스톤식이 있는데 박스 내 병간 입병량의 편차가 크지 않게 입병되는 것이 좋다.

(5) 살균기

살균기에는 상압살균기와 고압살균기가 있으며, 주로 스팀보일러로 증기를 발생시켜 살균한다. 상압살균기는 가격은 낮으나 살균 시간이 길고 연료비가 높으며 고온성 세균의 완전 멸균이 어렵다. 고압살균은 살균 시간이 짧고 연료비가 적게 들지만 가격이 비싸다. 살균기의 크기는 일일 입병량에 따라 주로 3000~5000병용이 제작되고 있다. 살균기는 배기를 비롯한 배관 설비가 아주 중요하고 살균뿐만 아니라 안전에도 영향을 줄 수 있으므로 검정된 기기를 사용하여야 한다.

(6) 접종기

종균을 접종하는 접종기는 반자동접종기와 자동접종기가 있으며, 최근 액체 종균을 전자동으로 접종하는 액체접종기도 개발되어 사용하고 있다. 반자동 접종기는 시간당 약 2000병, 전자동접종기는 시간당 3000~6000병을 접종할 수 있다. 국내에서 개발된 액체접종기는 시간당 약 1만병 이상 접종이 가능하여 작업 효율을 높일 수 있는데 노즐뭉치 등의 분리가 용이해야 접종 후 기기 살균이 가능하다.

(7) 균긁기기

균긁기기는 균을 배양한 후 접종된 노화종균을 제거해 주는 기계로 공기식, 스프링식, 칼날식 등이 있으며 균긁기 후 물을 공급하는 분주장치가 달려 있다. 현재는 주로 칼날식을 이용하여 평깎기를 하고 분주하는 방식을 택하고 있다. 균긁기의 능률은 기계에 따라 다르겠으나 시간당 2000~6000병 정도이다.

(8) 억제기

팽이버섯은 발이 후에 버섯이 균일하고 건실하게 자랄 수 있도록 온도가 낮은 억제실에서 억제기를 사용하는데 이동식과 고정식이 있으나 이동식이 대부분이다. 이동식 억제기는 타이머가 부착되어 있고 생육대차의 단에 맞게 형광등과 3~4개의 작은 팬이 있는 팔을 장치한 것으로 통로를 왕복할 수 있게 되어 있다.

(9) 탈병기

재배가 끝난 병 속의 배지를 꺼내는 탈병기는 칼날식과 공기의 압력을 이용하는 에어식이 있다. 에어식이 탈병 속도가 빠르고 효율적이지만 소음이 크고 병이 쉽게 파손된다.

(10) 포장기

팽이버섯은 유통습관상 100g 단위로 포장하고 있으며, 포장기는 포장 재료에 따라 팽이를 옆으로 공급하고 탈기, 밀봉하는 필름식과 팽이를 세워서 봉지에 공급하고 탈기, 밀봉하는 봉지식이 있으나 주로 필름식이 사용되고 있다. 또한 진공 정도에 따라 진공식 포장기와 반진공식 포장기가 있다. 근래에는 진공식에서 반진공식으로 전환되는 추세이고 포장 단위가 더 커진 봉지식 벌크 포장으로도 유통되고 있다.

병재배 과정별 재배 방법

가. 재료의 선택 및 혼합

팽이재배용 배지 재료는 주재료로 톱밥, 콘코브, 비트펄프, 팽화왕겨 등이 사용되고, 첨가 재료로는 미강, 밀기울, 면실박, 건비지, 대두피 등이 사용되고 있으며 농가에 따라 패분, 한천부산물 등을 첨가하여 사용하기도 한다. 주재료로 가장 많이 사용되는 미송 톱밥에는 버섯균의 생장을 억제하는 수지와 페놀성 화합물이 들어 있는데 이를 분해시키고, 톱밥을 연화시켜 보습력을 증대시키기 위하여 6개월 이상 야외 퇴적을 하면서 2, 3회 뒤집기를 실시한다. 그러나 활엽수 톱밥은 퇴적하지 않고 바로 사용한다. 톱밥 입자의 크기는 배지 내 삼상(三相)에 영향을 주어 균사 생장과 자실체 생장에 큰 영향을 미친다. 톱밥의 입자 크기는 3~4mm 15%, 2~3mm 35%, 1~2mm 35%, 1mm 이하 15%로 되는 것이 가장 이상적이다. 최근 톱밥 대용으로 콘코브를 사용하는 농가가 많은데 콘코브는 pH가 낮고 보습력이 약하므로 석회, 비트펄프, 건비지 등을 첨가하여 사용토록 한다.

첨가재로서 미강은 지방이 많아 산패하기가 쉬우므로 신선하고 싸라기가 없는 것을 구입해야 한다. 미강의 양은 부피 비율로 20%가 표준이지만 청결도가 불량하거나 여름철 고온 시는 양을 줄이는 것이 잡균오염률을 낮추는 데 좋다. 건비지는 보습력이 약한 콘코브 사용 시 혼합하여 효과를 보고 있다. 한천부산물은 증수 효과가 높아 일본에서는 사용자가 많다. 배지의 pH 조절을 위해 석회를 사용하는 경우도 있으나 패분을 사용하는 것이 좋다. 일부 농가에서는 당분이 많고 보습력이 좋아 주로 병느타리 재배에 사용되는 비트펄프를 혼합함으로써 수확량을 증가시키고 있다.

배지를 혼합할 때 미리 물을 넣으면 재료가 고르게 섞이지 않으므로 주재료인 톱밥과 첨가재인 미강 등을 넣고 30분 정도 혼합한 후 수분을 63~65% 정도로 보충하고 다시 30분 정도 충분히 혼합한 후 수분함수율을 측정하고 수분을 맞춘다. 여름철에는 배합 후 3~4시간만 지나도 쉰 냄새가 나는데 이 경우에는 살균 후에도 세균이 분비한 독소에 의해 버섯균의 생장이 저해되므로 배합 즉시 입병해야 한다.

나. 입병

배지를 입병할 때는 입병기를 사용하는데 진동식과 스크루식이 있으며 일반적으로 병 부피 100㎖당 60g을 기준으로 하면 무난하다. 입병 높이는 종균 접종 후 병뚜껑에 종균이 닿지 않고, 균긁기 후 균표면이 병어깨 위가 되도록 해야 한다. 입병이 높으면 배양 기간이 2~3일 지연된다. 너무 깊으면 깊이깎기의 균긁기를 할 수 없다. 입병구멍의 직경은 20~30mm가 적당하다. 1100㎖ 병에서는 5개 구멍을 내어 배양기간을 크게 단축할 수 있다.

다. 살균 및 냉각

살균은 주로 증기에 의한 상압살균법과 고압살균법을 사용한다. 상압살균은 기계 가격이 싸지만 연료비가 많이 든다. 고압 살균 시 가마 내 온도와 압력은 가마 내 잔존 공기에 따라 달라지므로 배관이 중요하며 완전한 배기와 살균 후 흡입 공기에 의한 고온성 세균의 감염에 유의한다.

살균을 완료하고 80℃ 정도까지 예냉시킨 후 접종할 때까지 병 내 배지온도가 17℃가 되도록 냉각기를 이용하여 빠르게 냉각시킨다. 이 동안에 병 내 공기가 식으면서 냉각실의 공기가 병 속으로 많이 흡입되므로 냉각실의 청결은 버섯 재배에 필수적이다. 오염은 심각한 피해를 줄 수 있다. 따라서 냉각실은 살균 후 배지를 꺼내기 전에 바닥을 락스 등으로 깨끗이 청소하고 소독해야 하며, 항상 저온, 건조, 양압 유지와 자외선등 설치 등으로 청정도를 유지한다.

라. 접종

접종을 위해 우선 우량 종균의 확보가 중요하다. 팽이버섯 농가는 주로 자가 배양된 접종원을 사용하거나 전문회사의 것을 구입하는데 접종원 불량에 의한 피해가 극심한 실정이므로 사용될 접종원의 균사활력검사와 잡균 혼입 판별법을 재배자가 숙지해야 한다. 최근에는 병버섯재배에서 액체종균을 이용하여 큰 성과를 거두고 있다. 액체종균은 많은 장점을 가지고 있으나 액체종균배양에 맞는 설비가 따로 필요하며 미생물에 대한 전문적인 지식이 없으면 더 큰 피해를 볼 수 있으므로 주의해야 한다.

접종실은 헤파필터를 통하여 공기를 정화하고, 소독, 자외선등 설치와 저온, 양압 유지로 청정도를 유지한다. 톱밥 접종원을 준비할 때는 클린벤치 등 청결한 장소에서 한 병, 한 병을 신중하게 검사하면서 숙달된 사람이 작업을 해야 한다. 병 1개당 접종량은 12g 정도로 병의 중심 구멍과 배지상면이 모두 피복되도록 접종하는 것이 좋다. 접종 중에는 실내의 공기 유동이 없는 것이 좋으며 접종이 끝나면 접종기 속까지 청소를 철저히 하고 75% 에탄올 등을 살포해둔다.

마. 배양

배양실은 접종원 종균이 배지에 만연하도록 온도, 습도와 환기를 알맞게 해야 하므로 균사 생장 과정의 열과 CO_2 발생량을 고려하여 냉동기 용량과 환기량을 적정 수준으로 할 수 있는 설비를 해야 한다. 배양 중에는 배양실 구석이나 상하의 온도차가 적도록 하고 냉각기의 풍속으로 상부 병의 배지가 건조되지 않도록 주의한다. 배양 중 응애나 개미 등에 의한 오염이 생길 수 있으므로 소독을 실시한다. 배양 중 고온장해를 받는 경우가 많으므로 접종 후 약 18일경 발열이 가장 많을 때 병 사이의 온도를 체크하여 18℃가 넘지 않도록 해야 한다. 배양 중 잡균에 오염된 것이 발견되면 즉시 제거하여 확산을 방지해야 한다.

바. 균긁기

균긁기는 노후 접종원을 제거하고 균사에 상처를 주어 그 재생력을 이용하여 버섯 발생을 촉진하기 위한 과정으로서 균사가 충분히 배양되고 활력이 가장 높으며 배지의 속효성 탄소원이 고갈되기 전에 실시한다. 원기 형성 촉진과 표면 건조 방지를 위해 균긁기 후 물을 살포하는데 여름철에는 세균에 의한 흑부병에 유의한다. 최근 균긁기 후 수압식 물주기 기계가 도입되고 있다. 이때 수압이 너무 강하면 발이 시 박리가 일어나기 쉽다. 균긁기 시간을 길게 하면 균긁기 날에 의한 마찰열로 발이 상면의 균사가 고사해 발이가 불량할 수도 있다.

사. 발이

발이 시는 습도를 90~95% 이상 유지하여 건조하지 않도록 한다. 발이가 시작되고 3~4일 후 재생균사가 백회색으로 보이는데 이후부터 과습하면 근부병 피해가 증가하고 배지 내부의 환기 부족으로 추락 현상이 유발되어 수확량이 감소되며 품질도 저하된다.

발이실 온도는 13~15℃를 유지하고, CO_2는 1000ppm 정도가 유지되도록 환기에 유의한다. 특히 습도가 너무 낮거나, 환기가 지나치거나 부족하면 기중균사가 발생되는 경우가 많으므로 발이 환경에 유의한다.

아. 억제

어린 자실체가 3~4mm 정도 되면 발이가 완료된 것이다. 이제 억제실의 환경 급변에 적응하도록 순화 과정을 거쳐서 억제실로 옮긴다. 억제는 버섯의 갓을 만들고 키를 고르게 하여 수확량을 많게 한다. 너무 일찍 갓을 키워 줄기에 공기 공급이 안 되면 생육이 불량해져 수확량과 품질 저하 요인이 된다.

온도 억제 시 빛과 바람에 의한 억제를 병행하는 것이 버섯 품질과 수량에 효과적이다. 빛은 버섯 대의 생장을 억제하고 갓의 생장을 촉진시킨다. 바람은 증발을 촉진시켜 물버섯을 방지하고 생장을 억제시킨다. 억제는 대가 1~2cm, 갓 직경이 2mm일 때 끝마친다. 최근에는 바람이나 광(光)억제를 생략하고 온도를 2~3℃로 낮춰 2일 정도 억제기간을 늘리는 곳도 있다.

자. 봉지 씌우기

버섯이 병 입구로부터 2~4cm 생장하였을 때 벌어짐을 방지하고 봉지 내의 탄산가스 농도를 높여 대의 신장을 촉진하기 위하여 봉지를 씌운다. 봉지 씌우는 시기의 적부는 그 후 버섯 생장의 균일성, 생장 속도, 품질 및 수량에도 영향을 준다. 갓이 클 경우는 일찍 씌우고 갓이 작은 경우는 늦게 씌운다. 봉지의 재료 및 종류는 생육실의 환경조건에 따라 선정한다. 과습이나 환기 부족이 우려되는 경우는 통기성이 좋은 것을 선택한다. 봉지를 통하여 잡균 오염이 되는 경우도 있으므로 정기적으로 세척하고 직사광선에 의한 소독도 한다.

차. 생육

버섯이 12~14cm 되어 수확할 때까지 물버섯이 되지 않도록 온도 6~7℃, 습도 75~80%의 환경에서 생육시키는 과정이다. 생육 중 버섯 갓의 크기를 억제하기 위해 CO_2 농도 3000~4000ppm 정도로 환기를 조절한다. 그러나 환기가 부족하면 국내에서 생육 중 가장 피해가 크고 근절이 어려운 흰곰팡이병(*Cladobotrium*속) 피해가 더욱 커질 수 있으므로 갓의 크기를 보고 환기를 잘 조절하여 튼튼한 버섯이 되도록 해야 한다. 발이부터 수확까지의 환경 관리 원리는 버섯을 관찰하여 버섯이 원하는 환경을 유지하려고 노력하되 온도, 습도와 환기의 상호 영향을 이해하면서 조절하는 것이다.

카. 수확 포장

수확량 지표는 총 입병 병수를 기준으로 하여 평균 850㎖-58mm 병당 150g, 950㎖-65mm 병당 180g, 1100㎖-65mm 병당 220g, 1100㎖-75mm 병당 250g을 목표로 한다.

수확 전 환기와 풍속을 조절하여 갓의 함수량을 줄이고, 갓 크기를 작게 해야 품질 좋은 버섯을 수확할 수 있다. 국내의 팽이 포장은 100g 단위로 진공 포장하여 판매 중 진공이 풀리면 문제가 많았으나 반진공 포장한 것은 모양이나 변질 면에서 유리하므로 반진공이나 벌크포장으로 전환하고 있다.

타. 탈병

수확이 끝난 병이나 배양이나 생육 중 불량 병은 재이용을 위해서 별도의 탈병실에서 탈병한다. 이때 잡균 피해로 인한 탈병은 살균 후 탈병해야 잡균 밀도를 줄일 수 있다. 칼날식이나 고압 공기식 탈병기를 많이 사용한다. 겨울철에는 PP병이 파손되기 쉬우므로 유의한다. 폐톱밥도 가치가 크므로 소득원이 된다.

05 버섯균의 퇴화와 특성 유지

품종의 퇴화

팽이버섯을 재배하는 농가로부터 사용하던 균이 퇴화된 것 같다는 말을 자주 듣는다. 아마도 원인을 딱히 뭐라 집어낼 수는 없으나 생산성이 예년과 같지 않다는 표현인 것 같다. 경우에 따라 달리 설명될 수 있으나 일반적으로 버섯의 품종 퇴화는 유전적, 생리적, 병리적 퇴화로 이루어지며 여러 가지 요인이 복합돼 나타날 수도 있다.

가. 화합성 버섯균의 혼입

원균의 보존이나 접종, 배양 과정에서 동종의 버섯에서 나오는 포자나 균사가 혼입되어 발아하거나 생육하게 되면 균사 융합이 이루어지게 된다. 원균은 대체로 이핵이나 다핵균사이며 포자는 단핵일 경우가 많은데 서로 융합되면 유전적으로 원균과는 다른 유전 조성을 이루게 된다. 포자발아율이 높은 느타리버섯이나 표고버섯과 같은 종에 있어서 일어날 수 있다. 그러나 불화합성일 경우에는 이러한 혼입은 큰 문제가 되지 않는다. 균사체의 혼입은 균주 접종 기구에 의해 일어날 수 있는데 포자 혼입과 마찬가지로 화합성인 이핵 간이나 이핵과 단핵 간 균사일 때에는 모두 융합이 서로 이루어져 유전조성이 변한다. 이러한 혼입은 원균일 때 미치는 효과가 크며 재배 직전의 배양 종균의 혼입에서는 크게 변화를 주지 못한다.

나. 돌연변이

여러 가지 물리화학적 요인에 의해 균주는 돌연변이를 일으킬 수 있다. 저온에 보관되는 원균이 어떤 사정으로 고온에서 유지되면 돌연변이 유발원으로 작용할 수 있다. 생육적온을 넘어선 범위에서는 항상 돌연변이를 일으킬 수 있는데 처리되는 온도와 시간은 상관관계가 있으며 온도가 높을수록 처리되는 시간이 짧아도 돌연변이를 일으킬 수 있다. 또한 자연돌연변이도 10^{-6} 정도 발생하는데 이러한 요인으로도 퇴화되며, 무균상에 설치된 자외선에 오랫동안 노출되어도 균주가 변할 수 있다.

다. 병원균의 혼입

자연 상태에서는 공기 중에 우리 눈에 보이지 않는 많은 잡균들이 혼재해 있다. 균주를 접종하고 배양할 때 이러한 병해균들의 포자나 균사체가 혼입되면 육안으로 관찰이 극히 어려운 경우가 많아 커다란 문제가 된다. 이들은 박테리아, 진균, 바이러스로 구분될 수 있는데 버섯에 치명적인 병해를 일으키며 원균이 감염되면 결국 재배상까지 전염될 수 있으므로 생산력의 손실을 가져온다.

라. 생리적 영향

원균을 보존하고 계대배양하면서 극히 영양원이 빈약한 배지에서 배양됐거나 극히 생장에 불리한 환경에서 배양된 접종원으로 재배했을 때 생산력은 감소한다. 특히 팽이버섯에서는 분열자(oidia)를 퇴화의 주요인으로 보는 경우도 있으나 이 경우도 품종에 따라 미치는 영향이 다른 것으로 생각된다. 대개의 분열자는 이핵 상태의 균사가 단핵의 무성포자를 형성하는 경우가 많은데 균주에 따라서 한 가지의 핵형만을 갖는 분열자가 형성되기도 하며 이 경우 퇴화를 가져올 수 있을 것으로 예상된다.

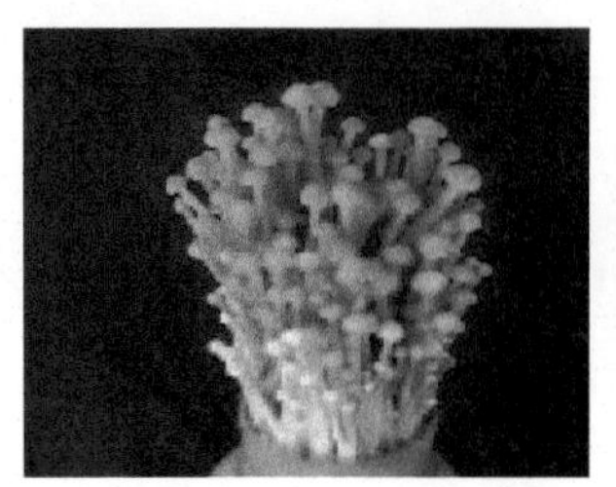 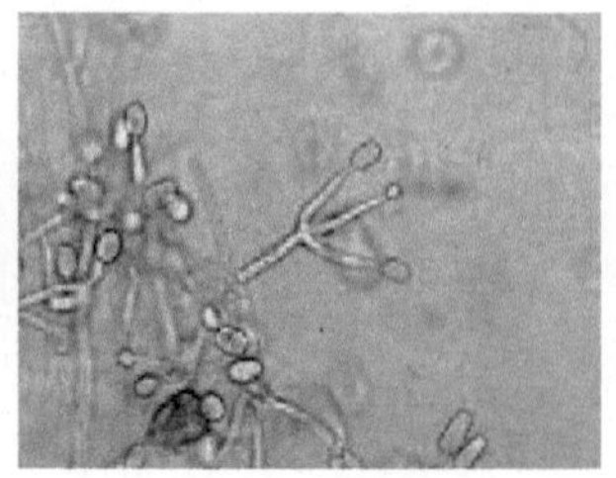 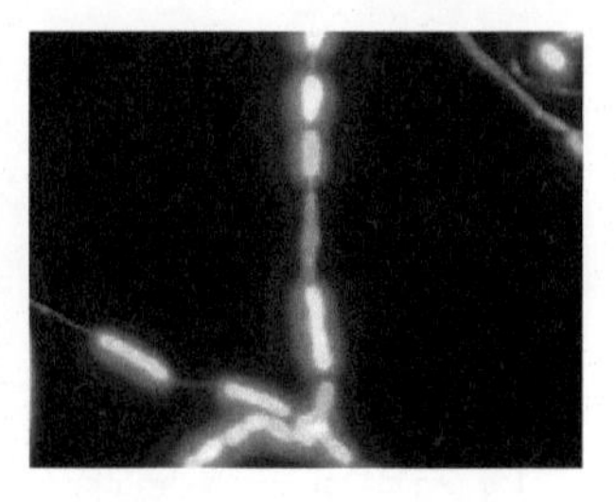

<그림 4-13> 퇴화의 원인 : 혼종, 병원균 혼입, 분열자 형성

퇴화 방지

여러 가지 복합적 요인으로 퇴화가 일어나므로 원인을 잘 분석하여 퇴화의 경로를 차단해야 한다.

가. 균주의 보관 및 계대배양

균주는 4℃ 범위의 냉장고에 보관되어야 하며 빛에 노출되지 않는 것이 좋고 온도 상승을 막을 수 있는 장치가 구비되어 장기간 정전이나 불의의 사고에 대비해야 한다. 만약 그렇지 못할 경우에는 보관 중인 균주가 오랫동안 고온에 노출될 염려가 있으면 즉시 계대배양하여 새로운 균주를 보관하여야 한다. 계대배양할 때는 완전배지를 사용하여야 하며 시험관의 1/2~2/3 정도 생장하였을 때 냉장고에 보관하는 것이 좋은데 이는 낮은 온도에서도 균사는 다소 생장이 가능하므로 보관 도중에 균주가 노후화되는 것을 방지하여 보관 기간을 연장할 수 있다. 균주의 보관 기간은 균주의 종에 따라서 차이가 나는데 대체로 1년에 2~4회 정도 계대배양을 해야 한다.

나. 균주의 접종과 배양

먼저 무균상(無菌床)에 외부로부터 병해균이 완전히 걸러진 공기가 유입되는지를 조사한 후 완전한 청정도를 유지할 수 있는 것을 사용하여 균주의 접종이 이루어져야 하며 접종 중에는 반드시 자외선등을 꺼야 한다. 접종은 접종 기구를 먼저 알코올에 담가 화염멸균 한 후에 완전히 식히고 접종해야 하며 무균상 내에서 면전(綿栓)하고 깨끗한 배양실에서 배양해야 한다.

다. 병원균 오염의 검정

원균이나 배양종균이 병원균에 오염됐는지를 검정하는 것은 상당히 어렵다. 많은 양이 혼입되었을 때는 육안으로 관찰할 수 있으나 적은 양일 때는 특수한 방법으로 검정이 이루어져야 하는데 병원균의 종류에 따라서 방법이 다르다. 박테리아의 혼입은 이 균이 생육하기에 알맞은 온도인 37℃ 부근에서 균주를 계대배양하면 버섯균은 고온으로 생육이 어렵고 박테리아는 자라기에 알맞아 육안으로 관찰할 수 있으며, 바이러스는 균주의 dsRNA를 분석하거나 PCR법, ELISA법 등으로 그 감염 여부를 판정할 수 있다. 그러나 진균류인 효모나 사상균류는 배양온도가 대체로 버섯균주와 비슷하여 정확하게 규명하기가 어려우며 감염이 의심되는 곳의 균사 색택, 균사체의 덩이짐, 버섯 고유 물질이 아닌 색다른 물질의 분비 등으로 구분할 수밖에 없다. 이러한 검정으로 발견되면 폐기하고 새로운 원균을 분양받아 배양한다.

변이균주의 간이 식별법

버섯 재배는 종균 배양에서 자실체 형성에 이르기까지 재배 기질에서 균사체가 영양번식하는 것이 전제가 된다. 이러한 대량 증식 과정에서 균사체 변이가 일어나서 심각한 문제의 원인이 되는 수도 있다. 이러한 변이는 균사의 생장이나 형태 등 균사체 상태에서는 구별할 수 없고 자실체 수량이나 형태적인 조사가 필요하다.

따라서 균사 상태에서 이상 여부를 판정하는 방법의 개발이 필요하다. 근래 일본에서 개발된 변이균주의 간이 식별법(일본 삼림종합연구소)을 소개한다. 이 방법은 순백계 팽이버섯의 변이균주를 식별하기에 적당하다. 자실체 형성이 건전하지 못한 균주, 발생이 불량한 균주 그리고 자실체 색깔 변이 균주를 원균주와 비교함으로써 가능하다. 또한 사용 중인 품종 원균의 안정도 검정에도 사용 가능하다.

가. 검정 방법

검정할 균주를 PDA 등 샬레에 접종해서 균사 생장이 균일하도록 동시에 배양한다. 균총이 어느 정도의 크기가 된 시점에 가장자리에서 5㎜ 정도 안쪽 부분을 일정 크기(약 5~7mm)로 잘라내어 그 조각을 YBLB 진단액 3~4㎖가 들어 있는 시험관에 접종한다. 그 후 24℃에서 진탕배양한다. 균의 진탕배양을 계속하면 보통 5~7일 이후에 균주 간의 차이가 분명해진다.

이 시점에서 배양을 멈추고 배지의 색을 육안으로 비교 검정한다. 시험 결과를 수치로 보존하고 싶을 경우에는 흡광도 615㎚에서 배지를 측정한다.

나. 결과 해석

자실체 형성 능력이 우수한 균주일수록 배지가 황색~황백색을 나타내고, 그 능력이 떨어지는 균주는 엷은 청색이 되며, 발생이 불량한 균주는 대조구(control)의 배지보다 진한 청색을 나타내게 된다. 검정 배지에서 배양된 균사는 그 후 다른 배지에 이식해도 아무런 문제 없이 생육한다. 따라서 이 검정을 한 후 자실체 형성 능력이 우수하다고 판별된 균사만을 확대 배양해서 나중에 재배에 이용하는 등의 응용이 가능하다. 그리고 현재 널리 실용화되고 있는 액체 배양 재배법에도 응용할 수 있을 것이다.

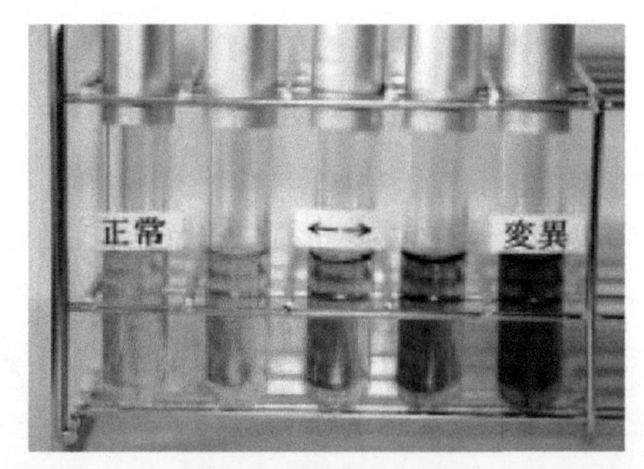

<그림 4-14> 각 팽이버섯 균주를 검정배지 배양한 후 색의 변화
(일본 나가노시험장 제공)

버섯균의 특성 유지

팽이버섯 품종을 육성한 후 그 특성을 유지하는 원균을 증식 보급하는 것은 너무도 중요한 일이다. 또 농가에서는 재배되는 품종의 균주를 보존하며 사용하게 되는데 보존 방법으로는 한천 배지의 계대배양 외에 여러 가지 방법이 연구되어 실용화되고 있다. 앞의 퇴화 항목에서 기술한 바와 같이 품종의 특성이 바뀌는 원인은 균주의 보존이나 영양번식 과정에서 재배적인 특성의 변화나 활성의 쇠퇴가 있기 때문으로 추정된다. 따라서 육성한 새로운 버섯 품종을 형질을 잃어버리는 일 없이 보존하는 것은 중요한 과제가 된다.

이제까지 보고된 내용에 따르면 계대배양법, 자실체의 조직배양법, 다포자 배양법에 의한 증식 등 3종의 보존 방법에 대해 보존 햇수와 균사체 생장을 조사한 결과 계대배양으로 보존하는 것이 가장 적당한 것으로 나타났다. 조직배양은 기질에 균사체가 증식하는 사이에 변이가 일어날 수 있으며 조직배양 조작 과정에서 다포자 분리를 할 수 있는 위험도 있어 품종 육성 시 확실한 유전적 조성이 유지된다고 할 수 없다. 자실체의 세균 오염 등에 의해 조직배양주가 이상 생장을 나타낼 수도 있고, 양송이에서는 바이러스 감염 원인의 위험도 있다. 따라서 자실체의 조직배양법은 품종 특성 유지에 확실한 방법이 아니라고 할 수 있다. 가장 바람직한 보존법은 액체 질소에 의한 초저온 보존법이 그 안전성이 확인되어 품종 보존법으로 채택될 것으로 본다.

그러나 실제 농가에서는 균의 유지에 실용적인 계대배양법이 주로 사용되고 있으며, 오랜 계대배양 중 보존상의 제반 문제로 인하여 균이 활력을 잃는 경우가 종종 발생하게 된다. 식물의 병원균에서도 병원균을 이병 식물에서 분리하여 한천 배지에서 계대배양으로 보존하면 이병성이 저하하거나 아주 없어진다고 한다. 이와 같이 버섯에 있어서도 부후재나 퇴비 등의 기질에 발생한 자실체나 기질에서 균사체를 분리하여 한천 배지 등에서 계대배양하면 활성이 저하되어 자실체 형성 능력이 떨어지거나 형질이 변화하는 경우가 있다. 이런 경우 앞에서 언급한 조직배양의 문제점에도 불구하고 재배에서 발생한 자실체에서 조직배양을 함으로써 계대배양에 의한 활성의 저하를 방지할 수 있다고 생각된다.

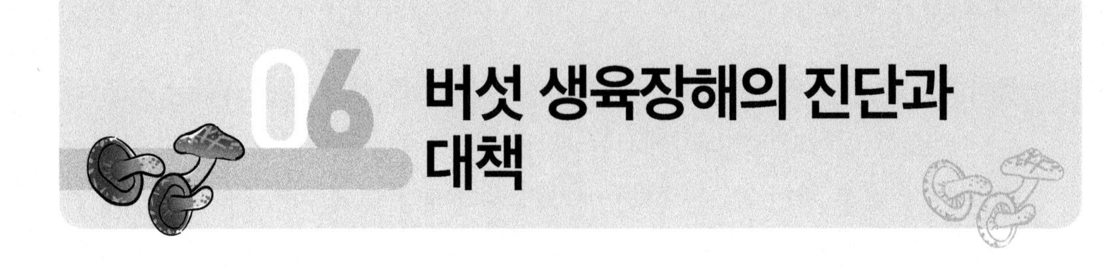

06 버섯 생육장해의 진단과 대책

균사배양 시 장해

가. 이상 증상의 발생 상황에 따른 원인 추정

(1) 1솥분 전체에 이상이 발생한 경우 : 살균 부족이 원인, 온도 상승 및 처리 시간이 불충분하다.

(2) 1솥 중 부분적으로 이상이 발생한 경우 : 살균 부족이 원인, 솥 내의 온도 분포에 문제가 있어 부분적으로 살균 부족이 되므로 배기 관리 등을 점검한다.

(3) 비연결적으로 이상이 발생한 경우 : 살균 후나 접종 시의 오염이 원인, 방랭 시 흡입되는 공기를 통해서 또는 불결한 환경에서 접종하여 해균이 침입하였거나 배양 중 관리 소홀에 의한 잡균 침입도 예상할 수 있다.

(4) 종균 단위로 이상이 발생한 경우 : 종균의 오염이 원인

이와 같은 이상 증상은 다시 생리적인 것과 잡균 및 해충에 의한 것으로 구분된다.

나. 생리적 장해 증상

(1) 배양 지연 및 배양 불량 증상과 대책

국내 재배 품종은 거의 순백계 품종이므로 배양 일수는 20~28일 정도이다. 재배병의 크기, 배지 종류와 품종, 입병량과 입병 높이, 배양 환경 등에 따라 차이가 있겠지만 예정 일수보다 배양이 늦어지거나 흐리게 배양되면 발이가 불

량하거나 발이 후 조기에 갓이 커지는 등 생육이 불량하게 되므로 수확량과 상품성이 저하된다. 순백계 품종은 특히 이산화탄소에 약하다.

배지 용기 내의 산소량이 부족할 때 그 원인은 배지 재료의 공극 부족, 과다한 입병량, 배양실 내나 병마개의 환기 부족, 과다한 배지 수분, 부적당한 배지의 pH 배합과 살균 지연으로 유산균이 번식하여 pH 저하(최소 pH 0.5 저하) 등이다. 그리고 저온 또는 고온에 의한 것일 수도 있으며, 해균(세균, 사상균)의 감염, 입병 구멍이 막히거나 얕아 종균이 바닥까지 접종이 안 될 때, 배양실 전체의 온도 및 공기의 불균일이 원인이므로 무엇이 문제인지 파악하여 대처해야 한다.

다. 잡균에 의한 장해

(1) 스톱(STOP) 원인과 대책

접종 후 10일 정도까지는 정상적으로 배양되다가 갑자기 균사 생장이 일직선으로 지연 정지되고 외관상 균사선단 부분에 치밀한 덩어리 모양의 균총이 보인다. 심할 경우 살균가마 단위로 생기며, 배양되지 않은 부위의 배지는 부패한 냄새가 난다.

이 증상의 분리세균은 고온성 박테리아(*Bacillus licheniformis* 또는 *B. polymix*, 枯草菌)이다. 오염 원인은 살균 불량에 의한 것이 많고 살균 후 방랭 시 흡입된 공기에 의한 경우도 있다. 접종 시 부유균이나 오염종균 사용에 의한 것일 수도 있다.

살균을 철저히 하고, 살균 후 흡입 공기를 필터링하며, 방랭 시 세균 번식 적온인 30~40℃가 오래 지속되지 않게 관리하고 방랭실과 접종실을 청결하게 유지하며, 자가종균 사용 시 종균오염에 유의한다.

(2) 균사색이 희미한 증상과 대책

세균류나 사상균이 팽이균사와 공존하여 스톱 증상까지는 되지 않지만 팽이균사가 건전하게 생육되지 못하여 균총이 흐리게 되거나 사상균이 먼저 빠르게 만연되어 흐리게 되는 증상이다. 균배양 일수가 같은 수가 많고 병이 더러워져 흐리게 보일 수도 있으므로 유의해야 한다. 사상균에 오염된 경우는 팽이

균사의 만연보다 10일 전후 먼저 만연되는 경우가 많다. 배양이 희미한 증상은 그 원인이 사상균일 때는 발이가 되지 않지만 세균일 경우는 정상적으로 버섯이 발이 생육되는 경우도 많다.

고초세균에 의한 오염일 경우 배지 수분이 많을 때는 크게 번식해 스톱 증상을 일으키지만 다른 때는 팽이균과 공존하면서 팽이균의 번식을 방해하여 균총이 흐려진다. 이를 방지하기 위해서는 살균을 완전히 하고 우량한 종균을 사용한다.

털곰팡이(*Mucor* spp.)가 팽이균사보다 먼저 만연하기 때문에 균총이 흐리게 자란다. 팽이균사와 공존하는 경우에는 외관상 약간 엷게 보여 오염이 불분명한 경우도 있다. 방랭 시 흡입 공기를 통해 오염되거나 접종 시 오염되므로 방랭실과 접종실을 청결히 해야 되며, 자가종균 사용을 피한다.

거미줄곰팡이(*Rhizopus* spp.)가 팽이균보다 먼저 배지를 점령하여 만연되므로 희미한 색을 띠게 된다. 오염 경로와 대책은 털곰팡이와 동일하다. 푸른곰팡이(*Trichoderma* spp.)는 번식이 왕성하고 팽이균사를 가해한다. 농녹색의 분생포자가 생기지만 종류에 따라서는 빛이 없으면 포자가 형성되지 않거나 포자 수가 적은 것도 있어 균사가 팽이균사와 같아 보일 수도 있다.

(3) 길항(拮抗) 증상과 대책

길항 증상은 해균과 팽이균이 배지 내에서 분점하여 외관상으로 쌍방의 세력이 백중한 상황으로 서로를 죽이지는 않고 대치하고 있는 상태이며 경계 부분은 균총이 착색되거나 균사 밀도를 높여 상대의 침입을 저지하고 있다. 해균은 사상균일 경우가 많고 세균일 경우도 있다.

해균의 오염 시기는 배지 냉각 시, 접종 시, 배양 초기라고 볼 수 있다. 팽이균사가 번식된 부분에서는 발이는 되지만 생육이 불량하다.

고초세균이 팽이균이 선점한 후 일부분에서만 번식한 상태로 스톱 증상과 비슷하다. 대책도 스톱 증상과 같다. 푸른곰팡이(*Penicillium* spp.)가 팽이균사와 병 내에서 분점 대치하고 있는 것으로 접종 전후에 부유하는 포자에 의해 오염된다. 이를 방지하기 위해서는 냉각실의 흡입 공기와 접종실, 배양실을 청정화해야한다.

누룩곰팡이(*Aspergillus* spp.)가 팽이균과 병 내에서 분점 대치하고 있는 상태다. 이 곰팡이의 포자에는 여러 가지 색이 있어 푸른색일 경우 푸른곰팡이와 구별하기가 힘들다. 대책은 방랭실, 접종실과 배양실의 청정화이다. 흑곰팡이(*Cladosporium* spp.)는 포자가 검은색으로 앞의 푸른곰팡이나 누룩곰팡이와 동일하다.

(4) 부채꼴 오염 증상과 대책

배지를 냉각하는 시점에 병 내에 침입한 해균이 균상 표면에 정착하여 팽이균사와 동일한 힘으로 번식하다가 팽이균사를 이겨내어 부채꼴 모양으로 번식한 것이다. 접종 후에 병 내에 침입한 해균이 종균이 없는 균상 부분에 정착한 경우와 오염 종균을 사용한 경우에도 같은 증상이 된다.

주요 해균은 푸른곰팡이속이 많고 다른 여러 가지 사상균도 있다. 심할 경우 전체 병 가운데 30% 정도가 오염되는 경우도 있다. 오염 병이 원인이 되어 차차 전염되는 것으로 대차 바퀴에 의해 접종실에서 오염되거나 접종실에 오염된 외부 공기가 유입될 경우에 많이 생긴다. 그러므로 냉각실, 접종실, 배양실 등을 청정화해야 되고 작업 순서를 개선하여 전체적으로 오염 경로를 차단할 필요가 있다.

(5) 방사상균의 오염 증상과 대책

독특한 농약 냄새로 발견되지만 외관상으로는 불분명한 경우가 많다. 방사상균은 균상 표면에만 번식하므로 팽이균의 생육과 균긁기 후의 발이 및 버섯 생육에는 지장이 없을 수도 있다. 그러나 심할 경우에는 종균이 푸석푸석하게 흩어지고 발이가 불량해진다.

공중 전염에 주의하고 오염되지 않은 종균을 사용하여 오염을 예방한다.

(6) 연분홍곰팡이(*Sporothrix* spp.)의 오염과 대책

배지에서 팽이균사와 공존하여 일부는 길항 증상이 나타나지만 백색이므로 발견하기가 힘들다. 이 균은 균총의 균사가 짧고 연분홍의 분생포자를 다량 발생시켜 종균 위, 병 입구, 병뚜껑에 부착되어 있는 것을 볼 수 있다. 감염되면 발이 후 자실체가 약해져 세균에 의한 흑부병이 유발되기도 한다.

방랭실, 접종실, 배양실을 청정화한다. 종균에 의해서도 오염되므로 자가종균의 사용을 피한다.

(7) 해충에 의한 피해와 방제

팽이버섯 재배에서 해충에 의한 피해는 아주 드문 일이나 근래에 느타리 등 다른 버섯의 혼합 배양 등으로 인한 충해가 종종 보고되고 있다. 주요 해충으로는 느타리버섯에 가해하는 버섯파리와 응애 등이 있으며 이들은 주로 재배사 외부의 인근 느타리 농가 등으로부터 유입될 가능성이 높고 사람이나 작업 도구 또는 매개충에 의해 매개된다. 일단 이들 해충이 배양실에 유입되면 균사를 직접 식해할 뿐 아니라 각종 병원균을 매개하여 그 피해가 심각할 수 있으며 균긁기 후 해충에 의해 가해를 받은 부위에서는 발이가 되지 않는 경우도 있다. 또한 느타리류와 혼합 배양 시 팽이균사로 해충이 유인되는 경우가 많아 느타리보다 오히려 더 큰 피해를 볼 수 있다.

방지하기 위해서는 한 재배사에서 다른 버섯과의 혼합 배양을 피하고, 외부로부터 성충이 날아들지 않도록 관리해야 한다. 일단 배양실 내에 버섯파리가 유입되었을 경우 팽이버섯은 유실등을 활용하여 성충을 제거한다. 응애를 죽이는 살비제는 약해가 심하고 약제내성이 강하여 방제하기가 더욱 어려우므로 응애를 매개할 수 있는 버섯파리가 유입되지 않도록 하고 재배사 주위의 모든 유기물을 제거하며 탈병실은 특히 유의하여 항상 청결히 하여야 한다.

발이 작업 후에 나타나는 장해

가. 생리적 장해 증상

(1) 발이 시 병내 물방울 발생

균긁기 후 발이 처리 시 원기 형성 전후에 생기는 투명하고 무색의 물방울은 균상 표면에 균사의 양분이 돋아나는 것으로 품종이나 생육조건에 따라 생길 수 있다. 그러나 흑갈색 또는 투명한 담황색의 물방울은 세균에 오염되었거나 2차적으로 세균 증식을 조장하여 흑부병의 발생 원인이 된다. 특히 흑갈색의 물방울은 흑부병이 유발되므로 주의를 요한다.

이런 물방울은 영양제 과다, 배지의 수분 과다, 입병량 과다, 균긁기 후 주수 과다, 발이 시 습도 과다, 발이실 냉각기의 결로가 증발이 안 될 경우, 균사 생장량이 왕성할 때 주로 발생된다.
수량 증대를 위한 배지 조성과 발이 촉진을 위한 처리 시에 많이 발생하므로 예방 대책으로는 최적의 배지를 만들고 발이 시 습도 과다를 피하며 수분이 과다할 때는 미풍을 준다.

(2) 발이 불량과 불균일
균긁기 후 발이 처리 시 기중균사가 덮여서 발이할 수 없거나, 기중균사가 전혀 보이지 않는데 발이가 되지 않는 경우, 또는 균상 일부분에만 불균일하게 발이되는 증상이다.
원인은 배지의 수분 부족, 살균 시 수증기 부족으로 살균이 불충분한 경우, 살균 시 뜸들이기 후 조기에 갑작스러운 탈기로 상부의 수분 감소, 종균 접종량이 부족했거나 편중 접종, 배양 중에 고온이나 풍속으로 인해 균상 면이 건조했을 때, 발이실의 가습 부족이나 풍속이 과할 때, 배양 중 해균의 오염, 미숙한 배양 또는 과숙한 배양, 균긁기 중 오염 등 여러 가지로 생각할 수 있다.
발이 불량과 불균일을 예방하기 위해서는 정확한 원인을 파악하여 적절한 개선책을 취하고 특히 각 재배실의 공기 흐름을 고려해서 가습기, 냉방기 등의 위치를 정하여 실내환경을 균일하게 해야 한다.

(3) 기중균사(공중균사)의 발생
균긁기 후 5~7일경 되었을 때 균상 표면에 하얗게 솜 같은 것이 발생하는데 이것은 해균이 아니라 팽이버섯의 기중균사이다.
기중균사는 균상이 건조가 과할 때 균사를 보호하기 위하여 생기는 것이라 생각된다. 또한 발이실의 온도가 배양실의 온도와 같을 때에 다시 균사가 생육하여 생기는 수도 있으며 환기가 불충분한 곳에서도 생기는 경우가 많다.
기중균사가 발생하여도 버섯은 형성되지만 발이 시기가 지연되고 심하게 덮이면 버섯이 발생하지 못하므로 제거한다. 기중균사 발생 방지를 위해서도 온도, 습도, 환기를 적절히 관리하는 것이 중요하다.

(4) 균상박리
발이 처리 후 버섯 원기가 형성되기 시작할 때부터 균상 표면의 일부분이 들떠서 배지로부터 양분이나 수분을 공급받지 못하여 고사하는 것으로 경수가 감소하며 대가 굵어지고 수확의 감소로 연결된다.
유전적인 원인도 있을 수 있으나 대개 균긁기의 지연, 균상 면의 건습 차이나 발이실의 극단의 온도 차에 의한 경우가 많다. 균긁기 방법이나 주수 압력이 지나칠 때도 발생할 수 있다. 또한 균사체 축적 양분이 과다하고 활력이 좋을 때도 2차 발이에 의해 심하게 박리 현상이 일어날 수 있다. 한 가지 요인보다 복수 요인에 의한 경우가 많으므로 요인을 찾아 개선한다.

(5) 생육 중 이상 수용액 발생
발이 후 병구에 수용액이 발생하여 고이는 증상이다. 수용액 자체는 원래 무색 투명하지만 2차적으로 세균이 감염되어 탁한 물이 되는 수도 있다.
발이가 불량하거나 생육 전기에 냉풍과 빛이 과하여 생육이 불량해지거나 균사체로부터 자실체로 양분 전류(轉流)가 저해되어 균사체의 양분이 분출되는 것이라 생각된다. 기타 박리에 의해 자실체 원기가 손상되었을 때도 생기므로 원인을 찾아 개선한다.

(6) 자실체의 생육 불량
발이부터 생육 전기까지는 순조로운 생육을 하다가 생육 전기부터 후기에 생육이 나빠지고 줄기가 불균일하며 추락 증상으로 수확량이 저하되는 증상이다.
생육 전기에 과도한 냉풍과 광(光)조사에 의하여 자실체의 생육이 억제되었거나, 자실체가 연속적인 냉풍을 맞아 갓 및 대로부터 수분이 급격히 증발되어 생육이 불량해지는 것이므로 연속적인 강풍이나 과도한 광조사는 좋지 않다. 또한 야외퇴적을 하지 않은 톱밥을 사용하였거나 발이 시에 다습 조건에서 관리하였을 경우에 줄기 밑부분이 수침상이 되어 잡균이 침범함으로써 연약하게 되어 생육이 불량해지는 수도 있다. 요인을 정확히 파악하여 개선한다. 균긁기 시 깊이깎기로 개선되는 수도 있다.

(7) 물버섯의 발생
생육 후기부터 수확 시에 대나 갓에 함수량이 많아 수침상으로 되는 증상이다.
물버섯은 한 가지 원인보다 복수 요인에 의한 경우가 많다. 특히 톱밥의 퇴적기간이 부족하여 보습력이 약한 경우 생육 후기에 생육불량과 함께 물버섯이 될 때가 있다. 미강 함량이 높으면 배지 내 수분량이 많아져 물버섯이 된다. 생육 후기에는 수분 증산이 잘되지만 생육실의 환기 부족 등으로 실내 습도가 높을 경우 버섯에 수분이 넘쳐 물버섯이 되므로 생육실 내의 제습 노력이 필요하다. 또한 보습력이 큰 봉지를 사용할 때 물버섯이 되기도 한다.

(8) 갓 모양의 이상(변형, 매몰)

생육 초기에 갓이 과비대 증상을 보이는 것이다. 또한 발이부터 생육 전기에 갓의 일부분이 생육장해를 받아 수확 시에 갓에 매몰 부분이 생기는 증상도 있다.

버섯이 생육 기간 중에 조기 성숙되는 것으로 대의 신장이 정지되고 갓만이 비대되는 것이다. 그것은 배지 내의 양분과 수분 이용률이 저하되기 때문이다. 또한 그 시기에 갓이 과비대해지면서 병구가 꽉 막혀 배지 내 공기 교환이 어려워지고 배지 내 CO_2 농도가 높아져 균사 내에 축적된 양분이 자실체로 충분히 전류되지 못하면서 결국 수확이 감소하기도 한다. 이를 예방하기 위해서는 갓의 비대를 억제하기 위해 미리부터 억제실의 환기량을 줄이고 빛과 바람을 과하지 않게 해야 한다. 또한 발이부터 생육 전기에 걸쳐 건조에 유의하고 갓의 부분적인 장해로 수확 시 갓의 매몰이 생기지 않게 해야 한다. 어떤 때는 발이 시 박리 등으로 균상 면이 울퉁불퉁하게 되어 갓이 상처를 입으면서 수확 시 매몰이 생기는 수도 있다.

(9) 갓과 대의 착색

발이 시부터 생육 전기나 후기에 갓 상부의 중앙 부분이 담갈색으로 되거나 줄기의 색이 백색으로 되지 않는 증상이다.

발이 때부터 생육 전기에 걸쳐 건조 때문에 갓 상부가 착색되는 것이다. 또한 생육 중에도 빛의 조사가 지나치고 건조가 심하면 착색된다. 줄기의 착색도 갓과 동일하지만 병의 버섯 중 일부분이나 반 이상이 갈색으로 착색되는 것은 유전적인 요인으로 돌연변이에 의한 복귀 현상일 수도 있다.

(10) 버섯 줄기의 이상

생육 전기부터 후기에 걸쳐 외관상으로는 정상적으로 보이지만 줄기가 갈라지고 비꼬여 망가지거나 또한 줄기의 표피가 융기되어 있는 증상이다.

발이 불량이나 생육불량 혹은 생육 시 산소 부족이 원인이라고 볼 수 있으나 품종의 유전적 특성일 수도 있다. 또한 생육 전기에 갓이 과잉 비대하여 갓이 봉지에 걸리면서 줄기 신장이 억제되어 줄기가 굽어지거나 비틀릴 수도 있다.

(11) 줄기의 접착

줄기나 줄기 밑부분이 균사체에 붙어 있어 상품성이 떨어지는 증상이다.
품종의 유전적인 특성일 수도 있지만 균긁기가 지연되었거나 억제 기간이 너무 길 경우에 많이 생긴다. 발이가 불량하거나 과잉 억제를 받았을 때도 많이 생긴다. 또한 생육 전기부터 후기에 걸쳐 다습과 환기 부족 시에 더욱 심하게 되는 것으로 생각된다.

나. 병해에 의한 장해

(1) 흑부병(*Psudomonas* spp.)

세균이 자실체 원기, 어린 자실체, 생장자실체에 감염되어 흑부(黑腐) 증상을 일으키는 것으로 근부병(根腐病)이라고도 한다. 팽이버섯 균사에는 감염되지 않으므로 이 세균이 배지 내에 혼재되어 있을 때는 감염이 불분명하다.
해균은 느타리버섯에 피해가 큰 슈도모나스(Psedomonas)속의 세균에 의한 것으로 추정된다. 이 세균은 재배시설에 서식하며 물방울이나 먼지에 부착하여 공기에 전염되거나 균긁기 날에 부착되어 전염된다. 배지냉각, 접종, 배양, 균긁기, 발이 등 모든 공정에서 감염된다고 볼 수 있다. 특히 습도가 높고 결로수가 생길 때는 이 증상이 격심하다. 그 외 살균 시 수증기 공급 부족 등에 의해 살균이 불량하여 팽이균이 활력이 없을 때 피해가 더 크다.
재배시설 내에 반드시 균이 존재한다고 생각하고 먼지 등이 없도록 청결하게 청소하고 물방울이 맺히지 않도록 한다. 특히 균긁기실에서 오염되거나 발이 초기에 오염되기 쉬우므로 균긁기실의 공기 청결과 소독에 유의한다.

(2) 입고병 증상

자실체의 입고(立枯) 증상은 2가지가 있다. 하나는 *Cladobotryum varium*이라는 사상균(통칭 흰곰팡이)에 의한 것으로 솜털 모양의 흰곰팡이가 자실체를 덮어 위축 고사시키는 것이고, 또 하나는 균총의 균사가 짧고 연분홍의 분생포자를 다량 산출하는 *Sporothrix*속의 곰팡이(일명 pink)에 의한 것으로 감염된 자실체는 약해져 *Pseudomonas*속의 세균에 의한 흑부병을 동반한다.
흰곰팡이병균은 가벼운 포자를 다량으로 퍼뜨리기 때문에 한번 발생하면 근절하기가 어렵다. 감염 시기는 방랭, 접종, 배양, 균긁기, 발이의 전 공정이며 감염 시기가 빠를수록 피해가 크다. 특히 습도가 높고 통풍이 열악한 배양실에서 감염이 많으리라 생각된다. 버섯균사에는 침입하지 않고 자실체에만 피해를 주므로 발이 전에는 발견하기 어렵다. 이 병이 발생하면 근절될 때까지 끈기 있게 노력해야 한다. 피해를 입은 병은 보이는 대로 수거하여 멸균하고, 70% 알코올로 전 시설을 분무소독 한다. 아울러 빈방은 청소 후 환기를 충분히 시키며 대차는 세척 후 충분히 말리고, 봉지는 살균하여 사용하며 실내의 습도를 제거하고 통풍을 자주 한다.

(3) 갈색반점병
버섯 갓에 세균이 침범하여 황갈색의 반점이 나타난다. 결로수(응결수)에 의해 확대되고 생육 불량주에 심하다.
*Pseudomonas tolaasii*나 *Yersinia*속의 세균이 접촉 상처를 통해 침입하는 것으로 생각된다. 비산하는 먼지나 물방울에 의해 전염된다. 갈변 부분에 2차적으로 푸른곰팡이 등이 번식하는 수도 있다. 이를 예방하기 위해서는 주위 환경을 청결히 하고 (고인 물 제거), 응결수를 방지하며, 생육 불량주를 조기에 처리해야 한다.

종합대책

팽이버섯 재배 중에 발생하는 여러 가지 생육장해를 방지하여 지속적으로 안전 다수확을 하기 위해서 장해 요인들을 분석 검토해 보면 다음과 같은 사항들을 평소 유의해야 한다.

가. 우량종균 사용

(1) 유전적 변이가 없고 활력이 좋은 원균의 보존 및 계대배양

(2) 청정도 유지 설비

○ 원균 접종실 : 클린벤치, 저온 건조

○ 원균과 접종원 배양실 : 공기필터, 살균가습, 양압

○ 종균방랭실 : 공기필터, 저온건조, 양압, 자외선등

○ 종균접종실 : 클린부스, 헤파필터, 저온건조, 양압, 자외선등

○ 종균배양실 : 공기필터, 살균가습, 양압

(3) 종균은 반드시 고압 살균

(4) 배양 중 이상이 있는지를 2회 이상 감별해 제거

(5) 불량 종균의 철저한 선별

나. 적정한 배지 제조

배지 종류, 배지의 통기성, 배지의 보습력, 배지 함수율, 배지 pH 등을 알맞게 맞춘다.

그 외 적정한 입병량과 입병 높이, 완전한 살균(접종실 등은 70% 에탄올로 소독), 방랭실과 접종실의 청결도 유지, 배양실의 환기와 공기 유통, 균긁기실의 청결, 버섯 생장 상태의 세밀한 관찰에 따른 환경제어, 공조 설비 기기의 정기적 점검, 재배사 내는 물론 주위 환경의 청결 등이 평소 유의해야 할 사항들이다.

07 영양성분과 기능성

버섯은 3대 영양소와 비타민 및 미네랄 성분을 풍부하게 함유하고 있는 영양식품이면서 풍부한 맛을 가진 기호식품이고, 여기에 생체방어기능 조절, 노화억제, 질병 회복 등에 관계되는 기능도 가지고 있다. 버섯에는 1차 대사 산물로서 단백질, 다당류, 유기산, 비타민, 지방(불포화지방산), 핵산 등이 함유돼 있으며, 2차 대사 산물로서는 항생물질, 터페노이드류, 독소 등이 들어 있다. 여러 가지 성분을 함유하고 있는 버섯류는 다양한 기능성을 가진 고부가가치 건강식품 재료로 이용되고 있으며, 새로운 의약품을 개발하는 소재로서도 중요하다. 대표적인 식용버섯인 팽이는 병재배에 의한 대량생산이 가능하여 우리나라에서 생산량과 수출량이 가장 많은 버섯이며 식품 재료 또는 의약품 소재로서의 부가가치를 개발하면 무한한 발전 가능성이 있다.

영양성분

팽이는 신선미와 특유의 향미 때문에 식용으로 널리 사용된다. 신선한 버섯은 수분이 89.8%를 차지하고 단백질 2.7%, 탄수화물 6.4%를 함유하고 있으며, 지질 0.3%, 회분이 0.8% 들어 있는 저칼로리 식품이다. 버섯의 영양성분은 품종, 재배법, 배지 등에 따라 다소 다르게 나타날 수 있다. 백색 품종 백로와 갈색 품종 갈뫼를 비교해 보면 갈색 품종의 수분 함량이 높아 백색 품종의 영양성분이 더 높게 나타났다.

버섯 자실체의 색깔에 관계없이 필수아미노산의 함량이 높고, 식물성 재료에서 부족한 라이신(lysine)을 함유하고 있어 식물성 단백질과 육단백질의 부족을 보완하기에 좋다. 또한 팽이는 글루타민산(glutamic acid)과 타우린(Taurin)의 함량이 높아 국물 맛이 시원하고 특유의 감칠맛이 있다. 부위별로는 대보다 갓에서 아미노산 함량이 더 높게 나타났다. 팽이는 다양한 유리 아미노산을 가지고 있으며 갈색팽이에서 특히 GABA 함량이 높게 나타났다.

<표 4-4> 팽이의 일반 성분(먹을 수 있는 부분 100g당 기준)

성분 / 버섯	에너지 (Kcal)	수분 (%)	단백질 (g)	지질 (g)	탄수화물(g)		회분(g)
					당질	섬유소	
팽이*	29	89.8	2.7	0.3	6.4	0.9	0.8
팽이(백로)	37	88.1	2.6	0.09	8.4	0.8	0.8
팽이(갈뫼)	29	90.6	2.0	0.00	6.9	0.7	0.5

* 농촌진흥청 식품성분표(2006)

<표 4-5> 팽이의 아미노산 조성(먹을 수 있는 부분 100g당 기준)

버섯	단백질 (g)	ILe	Leu	Lys	Met	Cys	Phe	Tyr	Thr	Trp	Val	His	Arg	Ala	Asp	Glu	Gly	Pro	Ser
팽이	2.6	120	180	161	26	17	167	113	137	19	142	83	137	263	179	419	136	85	112

* 농촌진흥청 식품성분표(2006)

<표 4-6> 팽이 자실체 색깔과 부위에 따른 유리 아미노산 함량(먹을 수 있는 부분 100g당 기준)

유리 아미노산	팽이 (3품종 평균)				유리 아미노산	팽이 (3품종 평균)			
	백색		갈색			백색		갈색	
	갓	대	갓	대		갓	대	갓	대
P-Ser	190.4	132.5	117.7	168.4	Leu	3.3	18.2	1	15.8
Tau	112.7	121	112.9	136	Tyr	8.4	61.2	0	17.5
PEA	34.4	14.8	15.7	16.3	Phe	0	4.4	0	0
Urea	474	237.1	362	253.8	b-Ala	30.7	44.7	29.9	34.9
Asp	1478.7	1618	184.6	362	b-AiBA	10.2	12	2.7	25
Thr	297.1	329.9	130.7	147	g-ABA	211.2	129.6	250.4	197.8
Ser	410	412.8	164	128.7	$EOHNH_2$	29.2	9.7	69.7	15.3
Glu	4564.3	5118.2	826	0	NH3	56.9	40.7	47.7	32.7

유리 아미노산	팽이 (3품종 평균)				유리 아미노산	팽이 (3품종 평균)			
	백색		갈색			백색		갈색	
	갓	대	갓	대		갓	대	갓	대
Sar	0	0	0	0	Hylys	13.8	14.5	15.1	14.9
a-AAA	60.8	103.6	37.8	0	Orn	361.8	1458.9	150.8	2816.7
Gly	128.4	306.3	76.1	0	Lys	404.3	539.8	142.5	289.6
Ala	948.3	1108.1	302.5	50.7	1Mehis	0	0	0	0
Cit	8.9	4.5	1067.7	2653.6	His	84	151.1	18.8	118.6
a-ABA	10.1	18.2	1.4	7.2	3Mehis	1.6	6.3	0	9.7
val	20	59.4	9.1	0	Ans	0	0	0	0
Cys	108.8	195.1	55.1	142.6	Car	45.2	25.2	147.7	13.1
Met	0	1.2	2.1	0	Arg	26	49.4	8.5	35.5
Cysthi	96.5	146.3	84	103.5	Hypro	291.5	328.7	334.9	353.1
Ile	0	0	0	21.4	pro	0	0	677.1	1684.5

무기질 함량의 경우는 세포 내 전해질 대사에 중요한 기능을 하는 K, Na 및 P은 많이 존재하나 Ca 등은 비교적 적다. 팽이 자실체 색깔에 따른 차이는 K의 경우를 제외하고는 크지 않았다.

<표 4-7> 팽이의 무기질 함량(먹을 수 있는 부분 100g당 기준)

버섯	Ca (mg)	P (mg)	Fe (mg)	Na (mg)	K (mg)	Mg (mg)	Mn (mg)	Zn (mg)	Cu (mg)
팽이	2	89	1.2	9	368	-	ND	-	ND
팽이(백로)	4	95	1.6	14	281	19	ND	0.6	ND
팽이(갈뫼)	4	85	1.5	13	184	14	ND	0.8	ND

비타민의 경우 비타민 B_1, B_2, 나이아신(niacin), 판토텐산(pantothenic acid) 등을 골고루 함유하고 있다. 신선한 버섯 100g에는 이들 성분이 성인 하루 필요량의 1/4 정도 들어 있다. 비타민 A는 대부분 버섯에 거의 함유되어 있지 않으나 팽이의 경우 베타카로틴의 형태로 존재하며 갈색 버섯에 많으리라는 예상과는 달리 백색 팽이에서 많았다. 비타민 C의 경우도 팽이가 다른 버섯보다

많이 함유하고 있다.

<표 4-8> 팽이의 비타민 함량(먹을 수 있는 부분 100g당 기준)

버섯	비타민A (베타카로틴)	비타민 B_1	비타민 B_2	나이아신	비타민 C	비타민 B_6	판토텐산	비타민 B_{12}	엽산	비타민 D	비타민 E	비타민 K
	μg	mg	mg	mg	mg	mg	mg	μg	μg	μg	mg	μg
팽이	5	0.24	0.34	5.2	12.0	0.12	1.4	-	75.0	1	0	-
팽이 (백로)	7.3	0.31	0.13	1.6	6	-	-	-	-	-	-	-
팽이 (갈뫼)	2.8	0.21	0.10	1.2	6	-	-	-	-	-	-	-

기능성

버섯에는 생체 방어, 생체리듬 조절, 질병 예방과 회복 등 생체 조절 기능을 나타내는 성분들이 함유되어 있으며 식이섬유(dietary fiber)원으로도 좋은 재료이다. 버섯 내에 풍부하게 함유되어 있는 다당류, 렉틴, 리그닌, 저분자 물질들은 생체 방어 능력을 강화시킨다. 이들은 생체세포 또는 기관에 직접 작용하는 것이 아니고 숙주의 방어 능력을 향상시킴으로써 효력을 발휘한다. 팽이버섯은 항종양 작용, 면역 증강(조절) 작용, 항균·항세균 작용, 강심 작용, 항염증, 항바이러스, 신경섬유활성화(치매 예방) 기능을 갖는 물질들을 함유하고 있다. 대표적 고분자물질은 β-1, 6-branched β-1, 3 glucan이며, 비교적 간단한 저분자물질로는 Flammutoxin이 있다.

기능성 차이를 항산화능 측면에서 보면 전반적으로 팽이는 검은비늘버섯에 비해 항산화능과 총페놀 함량이 낮다. 팽이 품종 간에는 갈색 품종이 백색 품종에 비하여 항산화능이 높을 것으로 예상하였으나 이 역시 일정한 경향을 나타내지 않았다.

<표 4-9> 팽이 품종의 항산화 활성 비교(DPPH)

품종	항산화 활성(%)	Total phenolic compound(ug/g)
갈뫼	5.97	456.37
갈색종	2.63	417.16
팽이1호	4.37	424.51
백설	5.43	439.22
백색종	5.09	414.71
진황(*P. adiposa*)	12.86	645.10

현재까지 알려진 팽이의 생리활성 성분은 다당류로는 Polysaccharide, Flammulin(β-glucan), 저분자로는 Flammutoxin, Enikipodins C 및 D(균사체), ergothioneine, 1', 3'-dilinolenoyl-2'-linoleoylglycerol (LnLLn) 등이 있다. 생리활성 작용은 항종양 작용(Polysaccharide), 면역증강작용(Polysaccharide), 항바이러스, 콜레스테롤 저하 작용(고혈압 방지), 항산화 및 Tyrosinase 저해 활성(미백효과) 등이 있다.

표고버섯

1. 재배 역사와 일반적 특성
2. 노지재배와 시설재배
3. 재배법
4. 병해충의 방제
5. 영양성분과 기능성

01 재배 역사와 일반적 특성

표고(蔈膏; 瓢菰: Pyogo)는 예부터 향심(香蕈), 마고(蘑菰, 蘑菇), 참나무버섯 등 여러 가지 이름으로 불리어 왔다. 중국에서는 샹구(香菇: Xianggu), 일본에서는 시이타케(椎茸: Shiitake)로 불리고 있으며, 영어로는 oak mushroom, black forest mushroom 또는 표고의 일본식 발음인 시다케(Shiitake)를 쓰기도 한다.

표고는 봄, 여름, 가을에 걸쳐 참나무류(상수리나무, 신갈나무, 졸참나무 등)나 서어나무, 밤나무 등 활엽수의 죽은 줄기나 죽은 가지에서 발생하며 맛이 뛰어나 송이, 능이와 더불어 우리나라에서 맛이 좋은 3대 주요 버섯으로 취급되어 왔다.

표고버섯은 오랜 옛날부터 중국, 한국, 일본 등 동양에서 즐겨 먹었으며, 임금님께 진상되기도 하고 일찍부터 인공 재배 시도가 이루어졌다. 유중임(柳重臨)이 쓴 농업백과사전인 증보산림경제(增補山林經濟, 1766년)에는 "나무를 벌채하여 음지에 두고 6, 7월에 짚이나 조릿대 등으로 덮은 뒤, 물을 뿌려 항상 습하게 놓아두면 표고가 발생하며, 혹은 때때로 도끼머리로 때려서 버섯을 움직여주면 버섯이 쉽게 발생한다"고 하여 현대의 침수타목의 기본이 엿보이는 인공재배기술을 설명하고 있다.

우리나라의 표고 산지에 대한 기록은 윤회(尹淮), 신장(申檣) 등이 편찬한 세종실록지리지(世宗實錄地理志, 1453년)에 상세히 설명되어 있다. 당시의 주요 표고 산지는 경상도 12개소(양산, 울산, 동래, 기장, 진주, 함안, 곤남, 고성, 거제,

사천, 하동, 칠원)와 전라도 12개소(영암, 강진, 구례, 장흥, 순천, 무진, 보성, 낙안, 고흥, 능성, 화순, 동복) 및 제주도로 26개 주산지가 기록되어 있다. 우리나라의 표고버섯에 대한 연구는 임업시험장의 이원목(李元睦)이 1922년 표고 인공증식시험에 착수한 것이 시초이다.

일본에서는 표고 톱밥재배가 1936년 기타시마(北島君三)의 톱밥종균 개발에서 연유한 것으로 보고 있다. 1940년 선만실용임업편람(鮮滿實用林業便覽)에 기록된 톱밥배지에서의 버섯 발생 방법도 톱밥종균을 이용하여 직접 버섯을 발생시키는 방법에 대하여 설명한 것이지만 실용적으로 톱밥 재배가 이루어진 것은 아니다.

표고는 주름버섯과에 속하는 버섯으로 갓의 직경은 10cm 내외이며 갓 하면의 주름살에 많은 포자가 형성된다. 성숙한 포자가 바람에 날려 적합한 환경을 만나면 발아하여 1핵(n)을 가진 1차 균사로 생장하고 다른 1차 균사(n)와 만나 결합하면 2핵(n+n)의 2차 균사가 되며, 균사가 뭉쳐서 버섯 원기를 형성하고, 더 생장하면 자실체가 된다.

균사 생장

표고 균사의 생장온도 범위는 5~35℃이지만 온도가 낮으면 원목 및 톱밥배지 내에서 생장 기간이 많이 소요되므로 적정온도인 25~28℃ 내외를 유지하는 것이 좋다. 그러나 대량으로 배양하는 경우 자체의 생육열에 의해 배지 더미 내의 온도가 적정온도 이상으로 올라갈 수 있으므로 온도를 생육온도보다 약간 낮춰서 생장시키는 것이 보통이다. 원목재배에서 종균 접종 시기의 온도는 10~15℃ 정도가 좋다. 초기 균사 생장 기간 동안에 다른 잡균 및 해충이 침입하는 것을 예방하고자 온도가 낮은 시기를 선택하여 접종한다.

버섯 생장

표고 자실체의 생장온도 범위는 5~30℃이다. 온도가 낮으면 자실체의 생장에 많은 시간이 소요되며 육질이 두꺼운 대형 버섯이 된다. 고온에서는 버섯 생장 시간이 짧아지고, 형태적으로는 저온에서와 반대가 된다. 버섯 생육에 적당한 습도는 80~90%이다. 50% 이하의 상태가 1주일간 유지되면 발생한 버섯은 건조하여 말라죽고, 습도가 너무 많으면 수분 함량이 높아져 시장가치가 낮은 물버섯이 된다.

버섯 생장에 빛은 꼭 필요한 것으로 알려져 있다. 많은 양이 필요한 것은 아니며, 부족 시 버섯이 기형이 되는 등의 피해는 발생하지 않는다.

품종과 종균의 사용

시판되고 있는 표고는 버섯의 적정 발이온도에 따라 저온성, 중온성, 중고온성, 고온성으로 구분할 수 있다. 예전에는 건표고용으로 생산하기 위하여 품질이 우수한 저온성 계통을 주로 재배했으나, 지금은 시장의 요구도가 생버섯 연중 생산 체계로 변화했으므로 발이 온도가 다양한 품종을 사용하여 생산하는 것이 적정하다.

표고 종균의 형태에는 성형종균, 톱밥종균, 종목종균 등이 있으며, 현재는 주로 성형종균이 사용되고 있다. 종균은 종자와는 달리 목편이나 톱밥에서 생장하고, 양분을 얻는 균사의 집합체이므로 환경 변화에 약하기 때문에 주의해야 한다. 표고 종균은 접종 시기가 한정되어 있으므로 사용하기 70~80일 전에 종균배양소에 신청하는 것이 좋다.

종균 접종 시기에 구입해 즉시 접종하는 것이 균사 활력이 높으며, 부득이 보관해야 할 경우, 10℃ 이하의 냉암소에 넣어두고 사용하여야 한다.

좋은 종균은 품종 고유의 재배특성을 갖고 있으면서, 순수한 표고균사 집합체로 표고버섯 특유의 신선한 냄새와 색깔을 지니고 있어야 하며, 잡균이 없어야 한다. 종균은 배양이 완료되고, 최고의 활성을 보이는 것을 사용하는 것이 가장 좋다.

02 노지재배와 시설재배

표고 원목재배는 소나무 등의 침엽 상록수 숲을 활용한 야외 재배(노지재배)와 차광막을 활용한 비가림 시설 재배 형태로 나눈다.

노지재배

노지재배는 원목을 접종한 다음 야외의 그늘 밑에 골목을 놓아두고 버섯을 채취하는 기존의 재배 방식으로 오랫동안 이 같은 방법으로 표고 원목재배가 이루어져 왔다. 근래에는 노지재배에서도 일부 스프링클러 등의 살수시설을 하기도 하나, 야외 재배는 대체로 자연 기후와 자연 강수에 의하여 발생된 버섯을 수확하였다.

노지재배의 경우 봄철에는 기후가 건조하고 온화해지기 때문에 품질 좋은 버섯이 많이 생산되지만 여름철에는 비를 맞은 물표고가 다량 발생하여 품질이 나빠지고, 제값을 받지 못하는 일도 생긴다. 가을철 발생하는 버섯은 대체로 봄철보다 질이 다소 떨어지지만 수확량은 많은 편이다.

시설재배

일본에는 비가림 시설재배, 침수 시설재배, 현수식 등 다양한 재배시설 및 방법이 있으나, 우리나라의 경우 시설재배는 비닐하우스 등을 이용한 비가림 시설재배를 일컫는다. 비닐하우스를 설치하고 지붕에 비닐과 차광망을 씌운 후

스프링클러 시설을 하여, 비를 맞히지 않고, 살수와 타목을 하여 버섯을 생산하는 방식이다. 원목을 벌채하는 방식에서 구입하는 방식으로 전환, 인건비 상승, 표고버섯 재배에 적절한 숲의 부족 등으로 인해 시설재배는 1990년 초·중반기부터 급속히 보급되고 있다.

비가림 시설에 의한 재배 방법이 도입되면서 많은 시행착오를 거쳐 새로운 방식의 시설이 다양하게 탄생하고 있다. 이 방법의 적용으로 버섯의 생산이 연중화되면서 생산지 주변의 백화점이나 슈퍼 또는 시장에 일정량씩 보급해 비교적 높은 가격을 받을 수 있는 장점이 있어 톱밥재배와 함께 면적이 증가되고 있다.

이 시설들은 주로 생표고 재배가 주목적이고 생산된 생표고 중 극히 일부만이 건표고로 이용되고 있다.

03 재배법

원목재배법

가. 원목 선정

표고 원목재배에서 좋은 원목이란 표고균이 잘 번식하고 품질 좋은 버섯이 많이 생산되며, 잡균과 해충의 예방에 효율적이고, 구득이 손쉬운 것이다. 표고 재배 시 주로 쓰이는 나무는 참나무류이며, 그 외에 밤나무, 자작나무, 오리나무 등이 사용되기도 한다. 그러나 여러 가지 측면을 검토해서 주로 참나무류가 사용되고 있으며, 참나무류(*Quercus* spp.) 중에서도 상수리나무, 졸참나무, 신갈나무(물참나무 포함), 갈참나무 등이 주로 사용된다.

(1) 상수리나무(*Quercus acutissima* Carr.)
상수리나무는 재배자들이 강참나무라고도 부르고 있다. 표고재배용 원목으로는 수령 10~20년생이 가장 알맞으며, 벌채 적령기는 15년생 내외이다. 상수리나무는 갓이 크고, 살이 두꺼운 표고가 발생하고, 버섯나무의 수명도 오래가기 때문에 표고재배용으로 가장 적당한 나무 가운데 하나이다.

(2) 졸참나무(*Quercus serrata* Murray)
종균 접종 후 균사의 활착과 신장이 매우 빨라서 버섯나무화가 잘된다. 버섯나무의 수명은 상수리만은 못하지만 비교적 긴 편이고 버섯발생이 빠르며 발생량이 많을 뿐 아니라 품질도 좋은 편이다. 상수리나무에서 발생한 버섯보다는 버섯이 다소 작다. 벌채 적정목의 수령은 15~25년생이고, 다른 나무와 동일하게 대경목(大徑木)은 심재부가 많아져서 버섯 발생이 좋지 않다.

(3) 신갈나무(*Quercus mongolica* Fisher ex. Turc.)
신갈나무는 다른 참나무류에 비하여 잎 가장자리의 톱니 모양이 비교적 깊게 파이고 큰 편이다. 수피도 비교적 얇으며, 일부 지방에서는 물참나무라고도 부르기도 한다. 물참나무는 신갈나무의 변종으로 따로 있으므로 구분할 필요가 있으나 표고 재배에는 큰 차이가 없는 것으로 추정된다.
일반적으로 이 나무는 균의 생장은 빠르지만 발생되는 자실체는 다소 갓이 작고 얇다. 그러나 버섯 발생량이 많아서 표고 원목으로서의 가치는 기타 다른 나무에 비하여 나쁘지 않다.

(4) 굴참나무(*Quercus variabilis* Blume)
굴참나무는 심재의 생성이 적고, 버섯 균의 생장도 용이하여 골목화가 잘되지만 수피가 두꺼워서 버섯 발생량이 작고, 수피를 뚫고 나오는 경우에는 기형버섯 발생이 많아 선호하지 않는 나무 중의 하나이다.
굴참나무를 표고재배용 원목으로 사용하는 경우에는 직경 12cm 이하의 비교적 수피가 두껍지 않은 것이 적당하며, 12cm 이상인 경우에는 절단면에 버섯을 발생시키거나 수피를 뚫고 나오지 않는 상황, 영지 등의 버섯에 사용하는 것이 효과적이다.

나. 원목의 크기

원목의 크기에 제한이 있는 것은 아니지만 장단점이 있다. 가는 원목은 버섯의 발생은 빠르지만 발생 버섯의 개체가 작으며, 골목의 수명이 짧다. 반면 굵은 원목은 대형 버섯이 많이 나고, 수명도 길지만 균배양 기간이 길어져 첫 버섯 발생이 늦는 것이 단점이다. 버섯의 발생량과 형질이 모두 좋은 원목은 직경 10~15cm 내외이며, 적정 크기 내에서는 큰 원목이 버섯 생산에 유리하다.

다. 벌채와 접종목 제조

원목의 벌채는 가을철에 뿌리로부터 올라온 양분이 충분히 저장되는 11월 상순부터 이듬해 2월까지가 좋으며, 벌채 후 1~2개월 동안 수분조절 과정(원목건조)을 거쳐 종균을 접종한다. 4월에 벌채를 하는 경우에는 물관부에 수분이 유통되기 시작하는 시기여서 원목 내의 수분함량이 증가하여 건조 불량으로 인해 잡균이 발생하기 쉬우며, 껍질이 벗겨지기 쉽다. 또한 대기 온도의 상승으로 미생물 밀도가 증가하고 접종 시기가 부적절해 균 활착에 실패할 가능성이 매우 높다.

적정 크기의 원목은 일반적으로 1개월 정도 음지에서 건조하는 것이 균사배양이 빠르고, 원목 수분 과다에 의한 고무버섯 등과 과건조에 의한 치마버섯 등의 발생을 억제할 수 있다.

기본적으로 빠른 시기에 종균을 접종해야 병해충을 예방할 수 있으므로 조기 벌채하여 1~3월에 접종하는 것이 좋다.
원목을 벌채할 때는 될 수 있는 대로 방어막인 수피가 상하지 않도록 해야 한다. 벌채한 나무를 토막으로 자르는 시기는 ①작은 가지가 갈색으로 변할 때 ②연필 굵기의 가지를 구부렸을 때 꺾어지는 경우 ③벌채 원목의 절단면에 실금이 형성되기 시작할 때 등을 참고하여 결정한다.

최근에는 재배자가 직접 원목을 벌채하는 경우가 적고, 120cm로 절단된 원목을 구입하는 경우가 대부분이므로 벌채 시기가 정확하지 않다. 구입하는 원목은 대다수가 생목인데 구입 후 원목의 상태를 판단하여 통풍이 잘되는 차광막 비가림 하우스에 두고 적정하게 건조시켜야 한다.

접종목으로 조제된 원목은 바로 접종하고, 지연될 경우 건조를 예방하기 위하여 차광망 등으로 덮어둔다. 잡균 오염의 우려가 있는 오래된 골목장이나 폐골목 부근은 피하는 것이 좋고, 주변 환경을 청결히 한다.

절단된 원목을 구입하여 사용하는 경우에는 껍질을 벗겨보아 당년에 벌채된 것인지 확인해야 하며, 원목의 산지, 벌채 시기 등을 확인하여 불량목을 인수하는 일이 없도록 한다. 구입한 나무는 직사 일광을 받지 않으면서 통풍이 좋은 곳에 보관하며, 가능한 한 빠른 시일 내에 접종할 수 있도록 해야 한다.

라. 종균 준비

표고 종균은 고온성, 중온성, 저온성 등 버섯이 발생하는 시기에 따라 품종을 구분하고 있으며, 재배자는 경영 목적에 유리한 품종을 선택하여 재배하게 된다. 그러나 한 가지 종균을 재배하는 것보다는 발생 시기가 다른 몇 가지 종균을 함께 재배하면 인력 투입을 분산하고, 연중 고르게 버섯을 생산해 균일한 수입을 얻을 수 있다.
종균은 산림청에 등록되어 있는 산림버섯연구소와 종균배양소에서 공급한다.

<표 5-1> 버섯의 온도별 발생 특성에 따른 구분

구분	발생적온	용도	특성
저온성	8~15℃	건표고, 생표고	봄철 또는 늦가을 자연 발생되며 육질이 두꺼운 버섯 발생. 겨울철에서 봄철까지 시설재배 시 유리하다.
중온성	12~18℃	건표고, 일부 생표고	여름철을 제외하고 재배할 수 있으나 봄가을의 자연발생 기간이 길고 집중작업이 어려우며, 버섯 육질은 증간 정도.
고온성	15~23℃	생표고	연중 재배 가능하나 춘기에서 추기까지 재배가 유리하다. 버섯갓의 육질이 얇다.

* 중온성과 고온성 품종의 중간 성질인 것을 중고온성 품종으로 구분하기도 함.

종균은 구입 즉시 포장을 풀어 종균 검사를 실시하고, 이상이 없으면 속히 접종해야 잡균 오염을 방지하고, 균사 활력도를 높일 수 있다. 부득이 보관을 해야 할 경우에는 저온저장고에 넣어두고, 저온저장고가 없을 경우는 직사광선이나 온도가 높은 곳을 피하여 10℃ 이하의 냉암소에 보관한다. 온도가 높은 곳에서 장기간 보관하게 되면 균사의 활력이 떨어져서 활착이 나빠진다.
최근 종균병은 플라스틱을 사용하므로 압축 시 외부 공기가 병 내로 유입되면서 잡균에 오염될 우려가 크므로 각별한 주의가 필요하다.

(1) 접종

종균의 접종은 가급적 이른 시기에 하는 것이 좋다. 예전에는 야외에서 접종을 했기 때문에 중부지방은 3월 하순, 남부지방은 3월 초순에 시작하여 벚꽃이 필 때 완료하는 것이 좋다고 하였으나, 최근에는 비가림 시설 등을 이용하므로 전보다 훨씬 앞당겨 조기 접종을 실시할 수 있다. 온도가 낮은 기간에 종균을 접종하면 오염미생물의 밀도가 낮아 병해충의 발생을 예방할 수 있고, 골목 내 균사생장 완성 기간이 당겨져 첫 버섯 발생을 빠르게 유도할 수 있다.
그뿐만 아니라 겨울 동안에 자가 및 외부 노동력을 쉽게 활용할 수 있어서 경영 비용 절감에도 큰 효과를 기대할 수 있다. 접종을 하기 전에 작업장을 소독하여 미생물 오염을 막아야 하며, 작업장 주변도 소독하는 것이 바람직하다. 접종 장소를 선정할 때 주변에 골목장이 많은 곳을 회피하는 것이 연작 피해를 예방할 수 있는 한 방법이다.

원목에 직경 12mm, 깊이 20~25mm의 구멍을 전기드릴로 뚫어 종균을 접종한다. 접종 구멍 수는 일반적으로 증가되는 추세다. 기존에는 15~20cm 간격으로 원목 1개당 40~50개 내외의 구멍을 뚫는 것이 일반적이었다. 그러나 요즘은 13~14cm 또는 9cm 간격으로 60~90개 내외를 뚫는 것이 일반적이다.

천공 작업이 끝난 후 톱밥종균이나 종구, 성형종균 등을 접종하게 된다. 예전에는 톱밥종균을 스프링식 접종기 또는 컴프레서의 공기압을 이용하는 공압식 반자동접종기로 접종하는 경우가 많았으나, 최근에는 접종하기 쉬운 성형종균이 많이 사용되고 있다.

종균을 접종할 때는 실내 온도가 20℃ 이상이 되지 않도록 그늘을 만들거나 통풍을 시키는 등의 방법으로 철저히 관리하고, 종균이나 접종구멍이 다른 미생물에 오염되지 않도록 청결한 장소에서 작업을 하며, 종균은 직사광선에 노출되거나 건조되지 않도록 주의한다. 균이 접종된 골목은 즉시 가눕히기 또는 본눕히기 작업을 실시한다.

<표 5-2> 접종구멍 수별 표고 생산량 신갈나무 접종(1998, 임업연구원)

공시균주	접종연도	접종구멍 수 (개/본)	4년간 생산량		개체중량 (g)
			생산량(kg/㎥)	비율(%)	
산림2호 (고온성)	1994	20	91.4	100	13.9
	1994	40	113.1	124	12.1
	1994	60	141.8	155	14.8
산림3호 (저온성)	1994	20	63.3	100	15.7
	1994	40	79.0	125	20.4
	1994	60	74.3	117	14.1

* (접종 5년차, 4년간 생산량)

성형종균은 성형종균 제조기의 성형판 위에 배양된 종균을 분쇄하여 고르게 주입하고, 스티로폼 마개를 막아 2~5일 정도 배양하여 종균을 만연시킨 후 균어진 것을 사용한다. 성형종균을 만드는 장소 및 사용도구는 소독한 후 사용한다. 성형종균 제조 작업은 되도록이면 낮은 온도에서 하는 것이 좋으며, 제조된 종균도 15~18℃의 저온에서 배양하는 것이 좋다. 그러나 일부에서는 배양하는 과정에서 잡균 오염 및 건조에 의한 피해가 발생하는 경우가 있다. 재배자에 따라서는 불편한 점이 있으나 성형종균을 만든 즉시 사용하는 경우도 있다. 성형종균을 만들어 균을 배양하는 과정에서 건조 및 잡균 오염에 의한 피해를 막을 수 있기 때문이다.

(2) 가눕히기

가눕히기(임시눕히기)는 접종된 골목을 눕히기(본눕히기) 전에 1~2개월간 임시로 일정한 장소에 쌓아두고, 표고균사의 활착과 균사 생장을 순조롭게 진행하기 위한 것이다.

접종은 봄에 이루어지는데 이 시기는 매우 건조하기 때문에 접종한 골목을 모아서 별도의 조치를 취하지 않고, 방치할 경우 종균이나 골목이 건조되어 활력을 잃게 되고, 균배양 효율이 낮아져 생산량이 감소한다. 그러므로 눕히기 전에 적당한 수분 상태를 유지하기 위하여 가눕히기(임시눕히기)가 필요한 것이다. 가눕히기는 많은 원목을 보존할 수 있는 장작 쌓기나 베갯모 쌓기 등의 방법을 주로 사용한다.

그러나 우리나라에서는 인건비를 줄이기 위하여 가눕히기를 생략하고 바로 본눕히기를 하는 경우가 많다.

실제적으로 본눕히기를 할 수 있는 정도의 충분한 공간을 갖고 있다면 구태여 가눕히기를 할 필요가 없다.

가눕히기 장소는 보온을 첫째로 생각해야 하며, 살수할 수 있는 장소가 바람직하다. 또 바람받이가 아닌 곳을 골라야 한다. 한랭한 곳에서는 골목장 내에서 가눕히기를 해도 된다.

(3) 눕히기(본눕히기)

눕히기는 가눕히기와 구분하기 위하여 본눕히기라고도 하며, 종균을 접종한 버섯나무를 표고균사가 잘 생장할 수 있는 환경에서 빨리 완숙한 버섯나무로 만드는 작업이다. 눕히기 장소는 배수가 용이하고 7음 3광인 곳이 좋으며, 그늘이 없거나 부족한 경우에는 차광률 90~95%인 차광망을 이용하여 그늘을 만들어 준다. 직사광선에 의해 수피 온도가 표고에 피해를 주는 수준 이상으로 오랫동안 두면 버섯균사가 사멸될 수 있으므로 유의해야 한다. 가눕히기 상태로 계속 유지되면 통풍 상태가 나빠 잡균에 오염될 가능성이 높아지므로 평균 온도 20℃ 이상을 유지해주며 장마가 오기 전에 본눕히기를 실시해야 한다.
요즘에는 숲속 그늘에 눕히기를 하지 않고, 노지에 눕히기를 하는 경우도 많은데 이 경우는 직사광선의 피해를 막기 위해 반드시 골목 위에 차광망을 덮고, 그 위에 다시 차광률 90~95%의 차광망을 쳐준다. 그 상태에서 종균접종을 한 다음 해에 세우기 작업을 하는 경우가 많으며, 그로 인하여 활착률이 매우 낮은 상태이다.
효과적으로 균배양률(100-잡균 발생한 원목 수/종균 접종 원목 수×100)을 높이기 위해서는 가눕히기를 생략하고 곧바로 본눕히기를 실시하며, 다음 해에 세우기 작업을 하는 것이 효과적인 방법으로 판단된다.

마. 세우기

세우기는 침엽수림지, 차광망으로 형성된 골목장 등에 버섯 발생 및 수확이 쉬운 상태로 골목을 배열하는 작업을 말한다.

골목의 배열은 60cm 정도 높이로 나무를 세우고 그 위에 가로목을 설치하거나 굵은 철선, 파이프를 가로목 대신으로 고정한 후, 골목을 60~80° 정도 기울기로 반대편의 골목과 서로 어긋나게 세워두는 것이 일반적 방법이다.

노지재배의 골목장 방향은 남향, 동남향이 가장 좋고, 봄눈이 빨리 녹는 장소 즉 빨리 온도가 상승하는 장소를 선택하는 것이 좋다. 노지재배가 이루어지는 숲속의 나무는 해마다 생장해 차광률이 낮아지고, 통풍은 불량한 상태로 변화하므로 가지치기 등을 한다. 골목장은 차광률이 70~80% 정도이고, 토양은 배수가 좋으며, 살수를 할 수 있도록 물공급이 가능하고, 노동력을 쉽게 구할 수 있는 곳에 만드는 것이 좋다. 하지만 오목한 지형의 계곡과 같은 배수불량지, 건조 지역, 바람이 심한 지역은 회피하는 것이 좋다.

최근에는 차광막+비닐하우스 형태의 시설을 이용하는 경우가 대부분이다. 하지만 설비 부족 및 설치 미숙으로 재배에 실패하는 경우가 많다. 실패하는 주요인을 살펴보면 임간노지재배의 경우는 혹서기의 온도가 노지에 비해 낮고, 습도 및 통풍 조절 능력을 갖고 있지만, 차광막이 설비된 골목장의 경우 바로 밖의 온도가 매우 높고, 밤낮의 온도 편차가 심하다. 그 온습도 조건이 골목장 안에 그대로 전달되어 서서히 피해가 발생하는 것이다.

바. 버섯의 원기 발생

버섯의 발생은 여러 조건에 따라 다소 차이가 있다. 가는 골목은 굵은 골목에 비하여 비교적 버섯이 빨리 발생한다. 품종에 따라 버섯이 일찍 발생하기도 하고, 늦게 발생하기도 한다.

효율적인 균사 생장 관리로 골목 내 균사를 빠른 시간 내에 확보해야 버섯 발생이 빠르다. 골목 내 균사가 확보된 다음에는 버섯 균사가 온도, 수분, 빛 등의 자극을 받아 균이 뭉쳐지고 이것이 점차 팽대해져 버섯원기로 발전한다. 최초에 원기가 형성되는 부위는 체관부 표층의 균사막이다. 얇은 외수피의 바로 아래 부분이어서 온도, 수분, 빛, 가스 등의 조건이 가장 알맞은 곳이기 때문이다.

원목재배에서 최초로 버섯이 발생하는 부위는 위에서 설명한 바와 같이 수피 내부다. 하나 실제 포장에서는 접종 부위에서 첫 번째 수확기의 버섯 대부분이 생성되어 수확되고, 그 뒤에 수피를 뚫고 나오는 버섯이 증가하게 된다. 그러므로 접종 부위의 관리를 잘못하여 잡균이 발생하거나 건조되어 버섯균이 사멸하면 일년차 수확량이 매우 저조할 뿐만 아니라 품질도 떨어진다.

버섯 발생에 가장 중요한 환경 요인은 기상학적 요인이다. 기존 책자의 설명을 보면 원목의 활력에 대한 부분이 설명되어 있으나 아무리 균사가 만연되어 있어도 버섯이 발생하려면 온도와 골목 내의 수분 함량 등이 적절해야 한다. 즉 두꺼운 수피를 갖고 있는 골목은 온도 자극을 늦게 받으며, 표면에 공급된 수분의 흡수가 늦어서 버섯이 늦게 나타나거나 발생하지 못하는 등의 현상이 나타난다.

표고버섯 재배는 시기에 맞추거나 온도 특성에 따라 품종을 선택하여 연중재배를 하고 있지만 재배환경에 대한 표고버섯의 반응을 잘 연구한다면 단일 품종을 가지고도 연중재배와 계획생산이 가능할 것이다.

환경 요인 중에서 강우 및 살수에 의한 표고 골목의 수분 함량은 버섯의 발생과 품질에 매우 중요하다. 골목의 수령, 버섯수확량, 원목의 종류, 원목의 굵기, 균사 만연 정도 등에 따라 수분 흡수 속도가 각기 다르며, 살수되는 물 온도가 14℃ 내외이면 저온성 및 중온성 품종도 여름에 버섯이 발생·생장할 수 있다.

표고 재배에서 절대시되는 작업 과정은 침수타목이며, 버섯 품종에 따라 그 반응도 다르다고 알려져 있다. 침수타목은 인공 또는 자연적인 강우에 의해 수분이 어느 정도 공급되었을 때 골목 상부의 절단면을 망치로 자극하거나, 골목을 쓰러뜨리거나, 이동 과정에서 주어지는 충격으로 버섯 발생을 유도하는 것을 말한다. 침수타목을 하면 버섯의 발생률이 매우 높아지고, 품질이 좋아지는 것으로 알려져 있으며, 특히 저온성 품종이 효과적이다.

버섯은 접종한 바로 그해에 나오기도 하지만 수량이 극히 적고, 이듬해 봄에 일부가 나오며, 가을부터 본격적으로 발생하는 것이 보편적이다. 접종 2년차 가을과 3년째에 최대의 수확을 할 수 있다. 그러나 접종 시기가 앞당겨진 상황에서는 농가에 따라서 접종한 연도 가을에 일부 버섯이 수확되며, 2년차 봄과 가을에 본격적인 수확을 하는 경우도 있다.

노지재배에서는 강수량이 충분하지 못하면 분무식 비닐호스나 스프링클러를 많이 이용하며, 시설재배에서는 평상시에도 미스트노즐이나 포그노즐을 이용하여 골목이 건조하지 않도록 수분을 공급해야 한다. 버섯을 발생시키고자 할 때는 미리 간헐적으로 1일간 살수하여 골목을 쓰러뜨리고, 골목의 상태에 따라 2~5일간 살수하여 골목의 수분 함량을 조절한다. 골목장 내에 1개의 어린 버섯이 발생하게 되면 골목을 세우고 통풍을 시켜 골목 표면의 수분을 제거한다. 버섯의 품질을 높이기 위해서는 버섯 발생 이후에는 수분을 공급해서는 안 된다.

사. 버섯 수확

표고버섯의 품질은 버섯의 크기, 색깔, 모양, 개열 정도, 수분 함량 등에 의해 결정된다. 버섯의 채취는 품질별로 하고, 동고는 5~6할 갓이 펴진 것, 향신은 7~8할 펴진 것을 비를 맞지 않게 수확한다. 노지재배에서 버섯 생장 시 비를 맞아 수분 함량이 지나치게 많은 버섯은 물버섯이라 하며 저품질이 된다.

또 버섯은 수확 후에도 생장하므로 생버섯으로 출하하는 경우에는 -1℃에서 예냉을 하여 4℃ 내외의 저장고에 보관하고, 건조할 버섯은 수확 즉시 건조처리해야 한다. 건조 시 버섯의 주름살에 상처가 생기면 갈색으로 변하므로 상처를 입지 않도록 주의하여 품질별로 건조한다.

톱밥재배법

가. 톱밥재배의 특징

원목재배는 원목에 종균을 접종하여 골목(버섯나무)을 만들고 균사배양하여 버섯을 수확하는 방식으로 1~2년의 시간이 소요된다. 반면 톱밥재배는 톱밥, 면실피, 펠릿 등과 같은 주재료에 영양원으로 미강, 면실박 등을 첨가하여 혼합하고, 이것을 비닐봉지에 넣고 멸균한 뒤 균을 접종해서 배양한 톱밥배지에 버섯을 발생시키는 것으로 기간은 80~190일 정도가 소요된다.

원목재배의 경우 원목 자원의 대량 구득이 점점 어려워지고, 농촌 노동력의 감소, 재배자의 노령화 등으로 점차 재배 여건도 어려워지고 있다. 따라서 표고 재배에서도 병재배 및 균상재배 방식의 활용이 늘어나고 있다.

일본에서는 표고 톱밥재배를 표고 균상재배의 한 형태로 판단해 표고 균상재배란 용어를 사용하지만 우리나라에서는 표고 톱밥재배로 부른다.

표고 톱밥재배는 원목재배에 비하여 활엽수 자원의 활용도가 높고, 재배 기간이 대단히 짧아 자금회전이 빠르며, 재배 과정의 많은 부분을 기계화할 수 있고, 톱밥재료에 대한 버섯 수확량도 2~3배에 달하여 원목재배의 단점을 보완할 수 있다. 하지만 버섯 품질이 원목재배보다 떨어지며, 품질을 강화하면 수량이 감소하는 등 아직까지는 생산적 측면에서 불리한 점이 많다. 현재 우리나라를 포함하여 일본, 중국, 대만 등에서도 이 재배 방법으로 많은 양의 표고를 생산하고 있다.

나. 톱밥재배의 재배 형태

(1) 연중재배

산업형 재배를 목표로 하는 경영 형태에 많이 쓰이는 방법으로 종균 접종을 위한 무균실, 균사 배양을 위한 배양실, 버섯을 발생시키는 환경 조절 재배사 등 상당한 시설을 필요로 하며, 시설재배 또는 공조시설재배라고도 한다. 이와 같은 시설을 이용한 표고 톱밥재배는 계획적인 생산과 출하로 연중 안정된 생산과 소득을 가능하게 한다.

연중재배에서 표고종균을 접종하여 버섯을 생산하기까지의 기간은 표고 품종 및 배지 크기에 따라 다소 차이가 있으나 1kg 정도의 톱밥배지의 경우 배양 기간 80~100일, 수확 3회(90일)로 약 170~190일을 잡고 있다.

(2) 자연재배

농가에서 공조시설을 하지 않고, 균이 배양된 배지를 구입하여 계절적인 기상조건을 이용하여 재배하는 방식이다. 봄가을에 재배하거나 저온성 품종 사용과 약간의 간이 온습도 조절 장치 또는 시설을 활용하여 겨울과 여름에 생산하는 재배 방식으로 비교적 연중으로 버섯을 생산할 수 있다. 현재 중국은 시설비 절감 차원에서 온습도 조절 시설 없이 완전 자연 환경을 이용하여 버섯을 생산하는 방식을 사용하고 있다. 버섯이 발생할 수 있는 환경이 갖추어지는 시기에만 버섯을 수확하는 자연발생 재배 또는 자연재배이다.

배지 제조는 재배하고자 하는 시기에서 배양 기간(80~120일)을 제외한 일자에 종균을 접종할 수 있도록 작업을 한다. 균사 배양이 완료된 톱밥배지는 비닐봉지를 벗겨서 그늘진 야외나 재배사(차광막 비닐하우스)에 일정한 간격으로 배열하고 물을 공급(관수 또는 침수)하면서 자연기온에 맡겨 버섯이 형성되도록 하는 방식이다. 이 경우 종균 접종에서 버섯 수확까지의 기간은 품종과 지역에 따라 다소 차이가 있으나 버섯 발생 및 수확을 3회로 하였을 때 90일 정도 소요된다.

(3) 배양 및 재배 시설

버섯 재배 시설은 균사나 자실체(버섯)의 생육에 적당한 환경조건이 유지되도록 하고, 재배과정 중 배양실이나 발생실 등 각 실에서 버섯균이 해균의 침해를 받지 않고, 양호한 생장을 할 수 있도록 해야 한다. 또한 외기를 차단해서 시설 내를 청정한 상태로 하고, 온습도 조절 설비로 버섯의 생리생태에 적합하도록 환경을 제어할 수 있어야 한다. 주요 시설별로 갖추어야 할 기본조건은 아래와 같다.

○ 준비실

톱밥, 쌀겨(첨가제) 등 각종 배지 재료를 혼합하여 비닐봉지 등의 용기에 넣고 살균하는 작업이 이루어지는 장소로 작업을 할 수 있도록 수전 설비가 갖추어져야 한다. 작업실에는 쉽게 톱밥을 운반할 수 있는 지게차, 톱밥체, 배지혼합기, 컨베이어, 배지입봉기, 대차, 살균솥 등이 필요하다.

○ 냉각실

냉각실은 살균 후 꺼낸 배지를 다음날 버섯균을 접종할 때까지 무균적으로 23℃ 내외로 냉각하는 곳이다. 방의 구조는 바닥, 벽, 천장을 소독, 세척할 수 있어야 하며, 공기 중의 잡균 수를 줄이기 위하여 자외선 살균등을 설치한다. 벽체는 100mm 이상의 우레탄, 스티로폼 보온재료가 들어 있는 것으로 보온해야 하며, 냉동기는 실내 냉각 팬이 없거나 속도가 낮으면서 속도를 조절할 수 있는 것을 설치하는 것이 좋다.

○ 접종실

접종실은 배지에 종균을 접종하는 방으로 실내를 청결히 하고, 무균시설을 설치하여 미생물의 포자 및 미세먼지의 밀도가 낮은 상태를 유지해야 한다. 청결을 유지하기 위해서 접종실은 소독과 세척이 가능하도록 설계하고, 자외선 살균등을 설치한다. 기자재로는 접종기, 무균상 등이 필요하며, 출입구에 전실을 만들고 작업 시 갈아입을 수 있는 소독된 의복, 모자, 마스크 등을 준비하여 놓는다. 소규모 재배에서는 냉각실과 접종실을 겸하기도 한다.

○ 배양실

배양실은 배지에 접종된 버섯균이 생장할 수 있도록 온도와 습도를 유지하는 공간으로 단열이 잘되어야 하며, 온습도 유지를 위하여 냉난방기, 가습기, 환풍기 등이 필요하다. 배지를 적재하는 방법은 이전에는 배양선반을 사용하여 왔으나 기계화되면서 배양상자를 이용하는 것이 일반화되었다.
배양실의 온도는 23℃를 유지하는 것이 일반적이나 적재하는 방법, 배양량 등에 따라 다르다. 주로 적정온도에서 2~3℃ 낮게 유지하는 것이 좋다. 냉동기에서 나오는 바람은 배지에 직접 쏘이지 않도록 유의해야 한다.

○ 발이실
발이실은 기본적으로 온습도, 탄산가스 농도, 풍속, 빛 등 배양실보다 조절해야 할 조건이 매우 까다롭다.
온도는 냉난방기를 이용하여 조절하며, 외부로부터 들어오는 공기는 온도를 조절하여 유입한다. 내부 냉동기는 버섯 호흡 시 발생하는 열을 낮추고, 겨울에는 온방기로 가온하여 발이실 내의 온도를 유지한다.
재배사 내는 통풍이 되어야 하고, 실내의 바람은 완만하게 움직이는 것이 바람직하며, 항상 신선한 공기가 일정한 시간대에 들어와 교체되도록 해야 한다.
바닥은 콘크리트, 벽과 천장은 단열구조로 하고 적절한 자연광이 있는 정도가 이상적이다. 조명은 톱밥배지 표면에 150lux 이상 비치도록 하는 것이 좋다.
버섯 발이실에는 냉난방기, 환풍기, 가습기 등이 필요하다.

(4) 품종의 선택
현재 우리나라에서 재배되고 있는 품종은 원목재배용과 톱밥재배용으로 구분되어 있다. 표고톱밥재배용 주요 품종은 산림조합중앙회에서 개발한 '산조701'과 농촌진흥청에서 개발한 '농진고'가 있다.
품종의 특성을 미리 알아보고 시기에 맞게 재배하는 것이 중요하다.

(5) 종균 준비
표고 톱밥재배 농가는 종균을 생산할 수 있는 시설을 갖추고 있으므로 직접 배양하여 사용하는 것도 나쁘지 않으나, 경제성·안전성으로 보면 종균배양소를 활용하는 것이 효율적이다. 종균을 직접 생산하는 것이 경영적 측면에서 유용하다면 자체 생산하는 것도 괜찮다.
종균 주문은 배양 기간을 역산하여 미리 함으로써 신선한 종균을 사용할 수 있도록 해야 한다. 구입한 종균은 접종 전까지 냉암소에 보존하며, 장시간 보존 시 오염될 가능성이 높으므로 되도록이면 빠른 시일(5~7일) 내에 사용하는 것이 좋다.

(6) 배지재료의 준비

○ 주재료

배지 주재료로는 표고 원목재배에 이용 가능한 수종을 모두 사용할 수 있다. 톱밥배지 재료로 적합한 수종은 상수리나무, 신갈나무, 물참나무, 졸참나무, 갈참나무, 물갈참나무, 밤나무류, 호두나무, 자작나무, 오리나무 등이나 참나무류가 주로 사용돼왔다. 현재는 톱밥 구득이 어려워지면서 면실피, 면실피 펠릿, 콘코브 등으로 대체되어 가고 있는 추세이다.

○ 첨가제

주로 미강을 써 왔으나 지금은 면실박, 밀기울, 옥수수가루 등이 사용되고 있는 추세이다. 미강이 일반 작물에서 친환경자재로 쓰이거나 사료로 활용되면서 가격이 상승하고 공급이 부족해진 것이 원인이다.
미강은 신선한 것을 사용하여야 한다. 묵은 것, 변질된 것을 쓰면 균사 생장이 부진하고 잡균 발생률이 증가하며 버섯수확량과 품질이 저하된다.

(7) 배지 조제

○ 재료 혼합

배지 재료는 주재료로 톱밥, 면실피 펠릿 등을 사용하고 첨가 재료로는 미강, 면실박 등이 사용되고 있다. 주재료와 첨가 재료의 혼합 비율은 부피 기준 8대 2가 기본이며, 국가 및 농가에 따라 재료와 비율이 조금씩 다르다.
배지 제조 시 혼합 비율을 매우 중요하게 생각하지만 실제 재배에서는 배지 재료가 신선하고 특성이 잘 유지되고 있는가가 더 중요하다. 예를 들면 미강이 산패되어 독성 성분이 생기고, 산도가 낮아지면 균사 생장이 부진하고, 잡균 발생률이 높아져 버섯의 생산성이 떨어지게 된다. 그러나 혼합 비율이 2~3% 틀렸다고 해서 균사 생장, 잡균발생률 등에 큰 문제가 있는 것은 아니다.
재료 사용에서 가장 중요한 것은 특성 확인이다. 즉 첨가제로 사용하는 재료는 영양원으로서 전질소, 전탄소, 미량 요소, 비타민 등의 함량이 중요하며, 주재료는 영양적 특성보다는 수분을 유지할 수 있는 능력, 공극과 같은 물리적 특성에 중점을 두어야 한다.
배지 재료를 혼합할 때 펠릿과 같이 수분 흡수 속도가 느리고, 부패하지 않는 재료는 미리 수분을 첨가하지만, 수분 흡수 속도가 빠르거나 부패 속도가 빠른 재료는 혼합 즉시 사용한다.

○ 입봉

표고 톱밥재배에 쓰는 용기는 내열성 비닐을 사용하고, 봉지재배인 경우 봉지 1개당 배지의 양은 1~3kg이며, 배지 형태는 둥근 막대형과 벽돌형의 2가지가 있다.

둥근 막대형은 중국에서 주로 사용하며 직경이 12~15cm 내외이고, 높이는 배지의 입봉량에 따라 달라진다. 종균 접종은 봉지 선단의 결합구를 통해서 한다. 벽돌형 배지는 일본 및 대만에서 사용하는데 특수 종이필터가 붙어 있는 내열성 비닐봉지에 사각의 배지를 넣어 밀봉하는 방식이다.

현재 우리나라에서는 막대형과 벽돌형 배지가 모두 사용되고 있는데 주로 배지량 1~1.5kg 내외의 짧은 막대형 배지를 사용하며 두 가지 형태의 입봉기가 모두 개발되어 있다.

톱밥을 너무 허술하게 넣으면 배지량이 적어져 버섯 수확량도 적어지고 너무 단단하게 다져 넣으면 균사 생장이 늦어지므로 접종 구멍이 무너지지 않을 정도로 알맞게 다져주는 게 좋다.

(8) 배지 살균

배지 살균은 배지 내의 잡균을 제거하여 표고균의 균사만이 생장하도록 만드는 작업 과정으로 상압살균방식과 고압살균방식으로 구분하고 있다.

상압살균방식은 살균솥 내 압력을 상압으로 하고 온도 98~100℃로 6~12시간 유지하여 살균하는 방식이며, 고압살균방식은 살균솥 내부의 압력을 1.2kg/㎤으로 하고 온도 121℃로 60~90분간 유지하여 멸균하는 방식이다.

(9) 접종

멸균된 배지를 담은 용기에 종균을 넣는 작업을 접종이라 한다. 종균을 접종하는 방인 접종실은 될 수 있는 대로 무균 상태를 유지하는 것이 중요하다. 청결한 상태를 유지하기 위하여 무균 공조 설비가 필수적이다.

접종실 입구에는 준비실을 두어 출입 시 외부의 오염된 공기가 직접 들어오지 않도록 하고, 천장에는 자외선 살균등을 설치하여 접종하지 않을 때에는 늘 켜

놓도록 한다. 필터를 이용해 청정한 공기가 유입되도록 하고 접종실을 양압 상태로 유지하여 문을 통하여 외부 공기가 접종실 안으로 유입되는 것을 막는다. 살균솥은 양쪽에 문이 달린 것을 설치하고, 접종실에서는 소독된 위생복을 착용하며 접종도구도 소독한 후 사용함으로써 잡균 발생을 예방해야 한다.

(10) 배양

톱밥 봉지재배는 연중재배가 가능한데 연중 버섯을 생산하기 위해서는 온도 조절이 가능한 배양실이 필요하며 균사 배양에 필요한 온도와 습도를 유지하기 위하여 냉난방기 및 가습기를 설치하여야 한다.

균사 배양은 빛이 없는 어두운 곳에서 하고, 후기에는 갈변을 촉진하기 위하여 빛을 조사한다.

표고균이 자라는 온도 범위는 품종에 관계없이 5~35℃이지만 특히 25~30℃에서 생장이 좋다. 그러나 배양 중에 있는 배지 내의 온도는 균사의 호흡열로 실내 온도보다 2~3℃ 높으므로 배양실 온도는 2~3℃ 낮게 유지한다. 후기에는 20~23℃로 관리하며 접종 후 50~60일 정도에 배양이 완료된다. 배양 후기에 빛을 받은 배지는 갈변하면서 원기를 형성하기 때문에 적정한 빛을 주면서 배양한다. 표고 균사가 자라서 톱밥배지에 만연하면 배지의 표면이 갈색~흑갈색의 피막으로 덮이게 된다. 후기 배양이 완료될 시기에 표고 균사가 충분히 성숙한 부분에서부터 자실체의 원기가 형성되기 시작한다. 자실체의 원기 형성에는 빛이 절대로 필요한데, 배양 후기 중에 필요한 광량은 250~350lux 정도면 충분하다.

숙성이 끝난 톱밥배지는 발생실로 옮기기 전에 수분 공급을 위하여 침수 또는 살수하여 원기 형성을 촉진한다.

(11) 버섯 발생과 수확

버섯 재배사는 비닐, 캐시밀론, 차광막 등으로 구성된 간이재배사가 있는가 하면 영구건물에 공조시설을 완벽하게 갖춘 것도 있다. 기업형 표고 톱밥재배 시설을 갖추면 연중 안정된 생산이 가능하므로 완전한 공조시설을 이용한 재배가 일반화되어 갈 것이다.

버섯 재배사는 1~1.2kg 톱밥배지의 경우 선반을 8층으로 하였을 때 190개 내외, 2.5kg의 배지는 100개 내외로 그 수가 크게 제한된다. 침수 처리가 끝난 톱밥배지는 버섯 발생실 선반에 바로 올려놓거나, 일정한 크기의 용기(보통 컨테이너라고 함)에 담아 선반에 배열한다. 발생실 관리상 중요한 환경요인은 온도, 습도, 빛 등이다.

발생실 온도는 일반적으로 15±3℃ 정도로 낮게 유지되어야 한다. 온도가 너무 낮으면 갓과 대의 생장이 매우 느리고, 반대로 온도가 높으면 버섯 생육이 아주 빨라진다. 발이할 때 습도는 90% 내외이며, 버섯 발생실로 옮긴 톱밥배지에는 곧 살수하여 건조로 인한 기형 버섯의 발생을 방지해야 한다. 그러나 버섯이 발이된 후에는 실내 습도를 유지하고, 가습 또는 살수를 하지 않아야 품질 좋은 버섯을 수확할 수 있다. 빛은 발아에서부터 버섯 생장 기간 동안 계속 200lux 내외를 유지하는 것이 좋다.

1차 수확 후에는 2차 수확을 위해서 배지의 휴양이 필요하다. 1차 수확한 톱밥배지를 일정 기간(10~15일) 동안 20℃에서 건조 상태로 휴양시킨 다음 24시간 내외로 침수 처리하여 버섯을 발생시키고, 3차 발생 처리는 2차 발생 처리 방법에 준한다.

수확은 버섯의 대와 갓 끝이 90도 각도를 이룬 것을 완전히 핀 것으로 볼 때 60~65% 정도 핀 것을 채취한다. 수확 작업은 예리한 칼이나 가위 등을 사용하여 배지에 바싹 붙여서 대의 끝부분을 잘라낸다.

04 병해충의 방제

병해

표고버섯 재배에서 발생하는 병해는 배지인 원목에 각종 부후균이 침입 기생하여 표고버섯균과 양분 쟁탈을 함으로써 피해를 주는 부후성 병해와 병원균이 버섯균에 직접 기생하여 피해를 주는 병원성 병해로 구분한다.

활력이 약하거나 오염된 종균 사용, 골목으로 이용될 원목의 상태 불량, 버섯 재배 장소의 환경 조건 불량 등으로 표고버섯균의 활력이 떨어지면 병원성 미생물의 침입이 가능해져 병해가 발생하게 된다.

그러나 대부분의 포장에서 실질적으로 병해가 발생하는 양상은 단일 종류에 의한 것보다는 복합적이며, 연결된 형태이다. 즉, 골목의 표피가 제거됐거나 직사광선에 의해 표고균이 약화된 곳에 부후성 병해, 병원성 병해가 동시에 발생하거나 부후성 병원균이 사멸한 부위에 병원성 병해가 발생하게 된다.

가. 병해 종류

(1) 원목재배 시 병해

성공적인 표고 원목재배를 위해서는 해균에 의한 병해의 발생을 예방하는 것이 매우 중요하다. 병해는 전 재배 기간을 통하여 관리에 관심을 갖고 예방해야 피해를 줄일 수 있다. 해균에 의한 피해는 골목의 병해, 종균의 병해, 표고 자실체에 발생하는 병해가 있다.

○ 목재 부후형 피해

골목 내에서 해균이 표고균사와 양분 섭취 경쟁을 하면서 골목의 한 부분을 차지함으로써 피해를 주는 유형이다. 활엽수 목재부후균의 대부분이 이에 해당한다. 이런 유형의 피해를 주는 대표적인 해균으로는 구름버섯(*Coriolus versicolor*), 기와층버섯(*Inonotus xeranticus*) 등이 있다.

○ 균사 살상형 피해

해균의 대사물질을 통해 또는 해균이 직접적으로 균사에 기생하여 표고균사를 사멸시키는 유형으로 큰 피해를 초래한다. 이 유형의 대표적인 해균으로는 푸른곰팡이균류(*Trichoderma* spp.)가 있는데 그 피해가 심하며 폐골목을 만드는 경우도 있다.

○ 복합형 피해

골목의 양분을 탈취하고 표고균사를 살상하는 2중 피해를 주는 경우가 이에 속한다. 예를 들면 접종 당년에 검은혹버섯(*Hypoxylon truncatum*) 등 골목부후형 해균이 침입하여 번식하면 수피가 벗겨지는데 이때 트리코더마균 등 살상형 균이 표고균사 생장에 지장을 주어 사멸시키는 것이다. 이러한 유형은 여러 가지 해균이 관여하기 때문에 방제 방법의 확립이 어려우며 환경 조절에 의한 생태적 방제에 의존해야 한다.

(2) 병해 발생

표고버섯에 피해를 주는 병원균은 재배 대상인 버섯과 마찬가지로 미생물이며 또한 병해충을 일으키는 병원균과 해충이 생활하는 곳이 골목의 내부여서 약제에 의한 방제는 효과가 없거나 매우 어렵다. 따라서 일반 작물보다 그 피해가 심하게 나타난다.

표고버섯은 예전에는 원목을 구할 수 있는 장소(소나무숲)에서 이동하며 재배했으나, 차츰 골목의 관리가 편하고 노동력을 쉽게 구할 수 있는 평지에서 재배되기 시작하였다. 인위적으로 만들어진 골목장에서 계속적으로 재배하면서 주위에 병원균 및 해충의 밀도가 커져 연작에 따른 피해가 증가하고 있으며, 전체적인 수량도 저하되고 있다.

<표 5-3> 표고버섯 골목장의 환경 조건 및 병해 발생 정도

차광 방법	차광률 (%)	차광막 높이(cm)	골목 간 넓이 (cm)	발생 병해	비고
차광막	68.4	160~250	160	목재부후균(5%)	수량저, 배수불량
차광막	60.0	280~200	120	푸른곰팡이병(90%)	골목건조, 빛과다
차광+숲	97.6	180~280	179	푸른곰팡이병(5%)	안개 지역
숲	76.4		125~152	양호	충해 발생 예상
숲	78.2		118	Hypocrea(10%)	연작 피해 발생
숲	76.8		150~160	검은혹버섯(40%)	연작 피해 발생
숲	72.5		150~160	목재부후균(40%)	연작 피해 발생

이런 연작에 따른 피해를 줄이기 위해서는 병해충의 서식처를 제거해야 하나 재배자들은 문제점을 인식하지 못하고 있는 상태이다. 또한 골목장이 밀집된 곳에서는 개인이 혼자 열심히 예방작업을 해도 이웃 골목장에서 병해충이 쉽게 이동해 예방 효과가 감소한다. 따라서 1개 지역 내의 모든 골목장이 공동 방제, 폐골목의 신속한 처리, 골목장 토양 소독 등을 해야만 충분한 효과를 얻을 수 있다.

<그림 5-1> 폐골목 방치로 연작 장해가 발생한 골목장

나. 병해 발생 과정

생물 병해의 발생 정도는 병원균의 밀도, 환경 요인, 기주의 감수성 등에 의해 결정된다.

표고버섯에서 발생하는 병해도 이와 같은 형태를 갖고 있다. 병해의 주요인이 되는 병원균은 재배용 원목, 재배장 주위의 토양, 공기, 관수용 물에 다량으로 존재한다. 이 병원균이 골목에 오염되고, 환경조건과 표고균의 활성 정도에 따라 발생 정도가 결정된다.

표고균이 골목에 활착되기 전에 병원균이 침입하면 활착 후에 병원균이 침입한 경우보다 피해가 심하며, 병해의 종류는 침입 시기의 환경조건 등에 따라 다르다.

(1) 전염원

○ 골목장 토양

토양 중에는 버섯병원균 이외에도 다양한 미생물이 존재한다. 토양은 온습도의 변화가 적고 생존에 필요한 영양원을 공급받을 수 있는 훌륭한 잠복처 및 서식처여서 중요한 1차 전염원이 되고 있다.

○ 이병골목 및 폐골목

전년도 또는 전기작에 병이 발생했던 이병골목에는 많은 병원균이 있으며, 이것은 1, 2차 전염원으로서 큰 역할을 한다. 그러므로 이병골목은 발견 즉시 제거하는 것이 이상적이며, 폐골목은 골목장에서 멀리 떨어진 곳으로 운반하여 처리하거나 소각하는 것이 안전하다.

○ 작업 인부, 작업도구 및 물

종균 접종을 할 때 작업 초기에는 작업자 및 작업도구 등의 소독에 신경을 많이 쓰지만 대부분의 경우 작업 과정에서 계속적으로 청결을 유지하지는 못한다. 병원성 미생물이 많은 오염된 물은 전염원이 되므로 침수용 물은 깨끗한 지하수를 사용하는 것이 좋다.

○ 원목 및 종균

원목에는 목재를 썩히는 부후균이 존재하며, 특히 수목병이 발생한 원목은 사용하지 말아야 한다. 또한 잡균에 오염된 종균을 심었을 때는 초기에 발병이 급진전하므로 사전에 철저한 육안 검사를 하여 건전한 종균을 선별 사용한다.

(2) 병의 전염

각종 병원균이 기주에 도달하여 골목에 감염되기 위해서는 바람, 물, 작업도구, 작업 인부, 곤충 등과 같은 운반 매체가 필요하다. 전염 과정을 이해하면 표고버섯 재배 과정에 나타나는 병해충의 방제 및 예방에 큰 도움이 될 수 있다.

○ 바람

버섯의 병을 발생시키는 병원균은 대부분이 곰팡이류이며, 이들은 무수히 많은 포자를 형성하여 공기 중에 비산시켜 새로운 병을 발생하게 하는 매개체가 된다. 병원성 미생물은 현미경으로 관찰할 정도로 매우 작기 때문에 바람이 불 때는 수십km 거리까지 전파된다.

○ 물

물은 버섯을 발생시키기 위한 작업에 필수적이다. 골목 위에 살수된 물에 의해 각종 미생물이 이동할 수 있으며 특히 세균성 병원균, 곰팡이 등이 전염된다.

○ 작업자, 작업 도구, 곤충

작업자의 손발과 작업 도구는 물론 털두꺼비하늘소, 큰무늬벌레 등 곤충에 의해서도 병원균이 전염되므로 작업자 및 작업 도구의 청결과 해충 구제에 관심을 가져야 한다.

(3) 병해의 발생 조건

병원균이 표고 골목이나 버섯에 도달한다고 하여도 병이 발생되는 데는 여러 가지 조건이 필요하다. 즉 포자 발아에 알맞은 습도, 온도 등의 환경조건과 병원균과 버섯균의 활력 등이 표고 골목에 병이 발생하는 데에 영향을 준다.

다. 병해 방제

(1) 방제 방법의 종류

버섯의 병해를 방제하는 방법에는 여러 가지가 있으나 일반적으로는 적절한 재배환경과 정확한 재배관리로 병해를 예방하는 재배적(생태적) 방제법과 농약 등의 화학물질을 사용하는 화학적 방제법이 주로 사용된다.

(2) 방제 약제 사용의 문제점과 방제 방법

버섯 재배에서 약제 방제가 일반 작물보다 어려운 것은 재배 대상인 버섯균과 방제 대상인 병원균이 같은 미생물이기 때문이다. 방제 약제는 버섯에는 피해를 주지 않고 병원균을 선택적으로 사멸시켜야 한다. 또한 골목 내부에 존재하는 병원균을 방제하기 위해서는 약 성분이 내부에 침투될 수 있는 특수성을 가져야 한다. 그러나 현재 상태까지 개발된 여러 가지 약제 중에 선택적 방제가 가능한 것은 있으나 침투 이행되는 약제는 없다. 이러한 약제는 거의 개발이 불가능하다.
가장 유용한 방제 방법은 재배적 방제법과 화학적 방제법을 혼합한 종합적 방제 방법을 사용하는 것이다. 재배 과정에서 종합적 방제란 재배장 주위를 청결히 하고, 종균 접종 시 병원균의 침입을 억제하며, 병원균이 원목이나 골목에 오염되어도 발병하지 못하도록 원목을 건조시키고 가눕히기, 본눕히기에 적절한 장소를 선정하여 알맞은 환경을 유지하도록 노력하면서 적절한 시기에 예방적 측면에서 방제 약제를 사용하는 것을 의미한다.

라. 주요 병해의 발생 생태와 방제

(1) 푸른곰팡이병(*Trichoderma* spp. *Gliocladium* spp. *Penicillium* spp. *Aspergillus* spp.)

<그림 5-2> 골목 표피에 발생한 푸른곰팡이병

푸른곰팡이병은 인공재배를 하는 양송이, 느타리버섯, 풀버섯 등 모든 버섯에서 발생하는 병해이다. 균사생장기에는 백색이지만 포자가 형성되면서 푸른색을 띠기 때문에 푸른곰팡이병으로 불린다. 목재를 부패시키고 표고균사에 직접 기생하여 균사를 사멸시키며 독소를 분비하여 균사 생장 및 버섯의 발생을 억제한다.
푸른곰팡이병은 균의 종류에 따라 병원성이 다르며, 이들 중 *Trichoderma* spp.가 가장 발생 빈도가 높고, 피해도 심하다. 이 병은 버섯 균사체에 직접 기생하거나, 원목의 일부분을 점령하여 버섯의 수확을 감소시키며 포자가 발생하여 푸른색을 띠는 것은 불완전세대이다. 완전세대는 하이포크리아(*Hypocrea*)속으로 실험실의 배지에서는 잘 형성되지 않으며, 자연 상태의 골목에서는 다양한 종류의 균이 발생된다. 초기에는 주로 절단면이나 표피가 제거된 부위에 자실체를 형성하며, 불완전세대와 같은 피해를 준다.
푸른곰팡이병원균은 대부분 25~30℃가 생장적온이며, 습도가 높은 시기에 잘 발병하고, 적정 산도는 pH 4~5 사이이다.
종균을 접종할 때 접종 장소, 접종 도구, 작업자 등의 청결과 소독 미비로 병이 발생하며 병은 초기에는 보호막이 없는 절단면에 주로 생긴다. 장마기에 통기 부족, 토양의 배수불량 등에 의해 고온 다습한 환경이 조성되면 1차 발생 부위에서 포자가 비산되어 전체적으로 대량 발생하기도 한다.

<표 5-4> 공기 중 습도에 따른 푸른곰팡이병원균의 균사 생장

측정 습도(%)	푸른곰팡이병 균사 생장 (mm/3일)	표피의 수분 함량(%)
67.8	0	26.0
71.7	0	18.0
77.4	0	34.7
85.8	0	28.7
86.4	7.0	19.0
91.6	9.3	29.7
85.8	7.0	23.7
99.4	7.0	21.7
100.0	31.3	47.5

일단 병이 발생해 골목의 표피 내로 침투된 후에는 방제방법이 없으므로 사전에 예방을 철저히 해야 한다. 초기 발생을 억제하기 위해서는 골목장을 통풍과 습도 유지가 가능한 장소에 설치하고, 적합한 원목을 사용하며, 접종 시 작업 도구와 작업 인부의 청결에 신경을 써야 한다. 1차 병해가 발생한 골목은 신속히 제거하여야 2차 병해 발생을 예방할 수 있다.

(2) 검은단추버섯(*Hypocrea schweinitzii*)

초기에는 수피 표면에 중심은 푸른색을 띠며, 가장자리는 백색의 균사인 푸른곰팡이가 발생하여 생장하는데 이것은 검은단추버섯의 불완전세대이다. 이어서 중심의 푸른 부분이 점점 없어지며, 직경 3~12mm 정도의 원반형 자실체를 형성하는데, 서로 중복되면서 부정형이 되기도 한다. 자실체의 표면은 다갈색~흑갈색이며 내부는 백색이다.

직사광선을 받은 골목 내의 표고버섯균이 약화되거나 부적당한 관리로 골목장이 과습될 경우 발생되며, 예방을 위해서는 골목을 직사광선에 노출시키지 않으며, 장마 기간 동안 골목장의 관리를 철저히 하여 병원균의 초기 침입을 막아야 한다. 검은단추버섯 이외에 하이포크리아(Hypocrea)속에 속하는 것이 많은데 이들의 공통점은 자낭의 포자가 16개라는 점이다.

(3) 검은혹버섯(*Hypoxylon tuncatum*)

골목의 표피나 접종 부위에 발생하는 황록색의 곰팡이를 불완전세대로 하는 병원균으로 완전세대의 자실체는 단추버섯과 유사한 형태이나 표면에 돌기가 있고 육질의 색은 흑색이며 매우 단단하다. 포자의 방출은 습도 90% 이상, 온도 5~30℃ 범위에서 이루어진다.

습도가 95~100%일 때 주로 발생되며, 특히 고온기에 발생한다. 특히 이 병은 직사광선에 의해 골목의 온도가 상승될 때 감염이 촉진된다. 방제 방법은 고온다습이 원인이므로 통풍이 잘되도록 관리하고, 표고균의 활력이 왕성하도록 한다.

(4) 주홍꼬리버섯(*Diatrype stigma*)

봄부터 가을까지 수피상에 분생자층의 포자가 점질물에 의해 결합되어 분출되는데 약간 건조될 때에는 주황색이나 올리브색 돼지꼬리 모양의 포자퇴(胞子堆)를 분출하며, 강우 시에는 수피 표면에 액상의 형태로 분출된다.

포자는 현미경상에서 바늘이 약간 휘어진 듯한 형태로 투명하다. 발병 조건은 종균 접종 후 급격한 건조나 건습이 반복되어 수피가 목재부와 분리되는 경우에 대량 발생한다.

병원균이 침입하면 수피와 목재부 사이에 균사가 매우 빠르게 생장하며, 병해가 심해지면 수피가 벗겨지고, 벗겨진 목재 부분의 표면은 진한 흑갈색으로 변한다. 방제법은 원목에 종균을 접종한 후에 심하게 건조되거나 건습이 반복되지 않도록 적정한 장소에 가눕히기를 하고, 골목의 습도 유지에 유의한다.

(5) 치마버섯 (*Schizophyllum commune*)

담자균에 속하는 목재부후균으로 자연 상태에서 많이 발생한다. 버섯의 갓은 부채꼴 또는 손바닥 모양으로 갈라지고, 표면에는 백색·갈색을 띤 거친 털이 밀생하며, 끝부분은 갈라진 톱니 모양이다.

이 균이 생장한 부위에는 표고균이 생장하지 못하며, 피해 부위는 전체가 엷은 흑갈색으로 착색되기도 한다. 약간 고온에서 생장하는 건성 해균으로 균사 생장 적온은 28~35℃이다. 직사광선에 의한 골목의 온도 상승과 건조가 주요인이다. 방제 대책으로는 차광을 하여 직사광선을 막아주고, 대량 발생 시 골목을 소각 제거한다.

(6) 고무버섯(*Bulgaria inquinans*)

자낭균류의 반강균에 속하는 균으로 초기에는 구형 또는 달걀을 거꾸로 놓은 모습을 갖고 있다. 표피색은 흑갈색이고, 성숙하면 윗부분이 개열되어 제기(祭器)와 같은 모양이 되고, 상부에는 흑색의 자실층이 생긴다.

자실체의 육질은 고무와 비슷한 탄력을 가지며, 흑회색을 띤다. 이 균은 원목의 양분을 이용하는 정도가 낮으며, 첫해에 발생하였다가 표고균의 재점령에 의하여 회복하기도 하여 그 피해가 심하지 않으나 수량의 감소는 예상된다.

원목 벌채 후 건조가 충분히 이루어지지 않았을 경우에 발생하므로 방제 방법으로는 원목 벌채를 적기에 하여 충분히 건조시킴으로써 수분 함량이 38~42%가 되도록 한다. 발생한 후에도 표고균이 활력을 찾을 수 있도록 통풍을 시켜 충분히 건조되도록 한다.

<그림 5-3> 골목에 발생한 고무버섯 자실체

충해

가. 표고버섯에서 발생하는 해충

야생에서 발생하는 버섯류에는 해충의 종류가 다양하나 표고버섯 재배에서 발생하는 해충은 종류가 다양하지 않고, 밀도도 낮은 편이다. 그러나 해에 따라 또는 환경조건에 따라 매우 심하게 발생하여 골목을 못 쓰게 만들거나 버섯의 품질을 저하시키고, 병원균을 전염시키는 등의 간접적인 피해를 주기도 하므로 주의가 필요하다.

충해는 자실체에 직접 가해하는 식균성 해충과 골목을 가해하여 균의 생장에 피해를 주는 골목 해충으로 구분한다.

식균성 해충은 균류의 균사를 섭취하여 영양을 얻는 곤충으로 야생 버섯류에서는 종류가 다양하나 표고버섯 재배 시에는 종류가 다양하지는 않고 밀도도 낮은 편이다. 골목 해충은 새로운 골목에 발생하는 천공성 해충이 피해가 심하며, 가해 형태는 목질부를 식해하여 균사의 활착을 지연시키고, 잡균의 발생을 조장하며, 부식성 해충의 서식을 유도하여 골목의 수명을 단축시킨다.

부식성 해충은 2~3년 정도 수확을 하여 부숙된 골목에 주로 발생하며 부식질을 영양원으로 하는 것과 단순히 서식처로 이용하는 것이 있다. 이러한 해충은 직접적인 피해보다는 골목의 수명을 단축하는 간접적인 피해를 준다.

(1) 버섯에 발생하는 해충

보라톡톡이, 민달팽이, 큰무늬벌레 등은 골목장 주위의 낙엽, 퇴비, 썩은 나무, 폐골목 등에 서식하고 이들에 존재하는 균류를 섭취하면서 생존하다가 버섯이 발생하면 자실체를 가해하기 시작한다. 직접적인 수량의 감소는 크다고 할 수 없으나 상품의 질을 하락시켜 피해를 발생시킨다. 표고나방, 큰무늬벌레 등은 저장건조버섯에 발생하는 해충으로 수확 후 일광 건조한 버섯에서 발생한다. 다량의 해충이 발생하는 경우 버섯을 식해하여 가루처럼 만들며, 그 피해는 대단히 심하다.

큰무늬벌레는 생버섯, 건조버섯에 모두 피해를 준다. 이 벌레가 식해한 생버섯의 주름살 부분은 진한 갈색으로 변하며, 어린 버섯을 가해하는 경우에는 버섯이 기형이 되거나 자실체에 구멍을 형성하여 품질을 저하시킨다. 건조버섯에서는 저장버섯을 가루화하는 매우 심한 피해를 나타낸다.

<표 5-6> 발생 기주에 따른 해충의 종류

발생기주	해충 이름
골목	털두꺼비하늘소, 흰줄범하늘소, 가시범하늘소, 홍가슴범하늘소, 깔다구풀색하늘소, 표고나방, 나무좀, 풍뎅이류
생버섯	보라톡톡이, 민달팽이류, 큰무늬벌레
건조버섯	곡식좀나방, 큰무늬벌레

(2) 골목에 발생하는 해충

하늘소류, 나무좀류, 풍뎅이류 등이 골목에 발생하는 해충으로 이들 중 하늘소류, 나무좀류 등은 원목을 벌채하여 종균을 접종한 후 균사생장이 이루어지지 않는 시기에 발생한다. 딱정벌레류, 풍뎅이류는 잡균이나 골목 해충이 발생한 골목, 2~3년 정도 수확을 하여 부숙이 진전된 골목에 주로 발생한다.
우리나라에서 가장 심하게 발생하는 해충은 털두꺼비하늘소로 해에 따라 발생되는 정도가 매우 다르다.

나. 해충의 방제

해충의 방제도 병해의 방제와 같이 재배적(생태적) 방제법과 화학적 방제법으로 구분한다.
표고버섯 재배장은 야외에 설치되어 있어 해충에 완전히 노출된 상태로 느타리버섯, 양송이 같은 밀폐된 장소에서 재배하는 버섯과는 다르게 해충의 방제가 매우 어렵다. 방제 방법은 약제를 예방적으로 사용하여 산란을 방해하거나 골목 주위의 해충 밀도를 감소시켜 피해를 줄이는 방법 외에는 효과적인 것이 없다.

일반적으로는 균사 생장이 잘되고 관리 상태가 양호한 재배장은 해충에 의한 피해가 적으며, 불량한 곳은 그 피해가 심하다.

발생한 해충은 버섯이나 골목 내부에 서식하고 있거나 버섯이 발생했을 때에 나타나기 때문에 침투 효과가 있는 약제를 사용하거나 약제를 전혀 사용할 수 없다. 특히 버섯은 짧은 기간 내에 생장하고 생버섯을 식용으로 이용하므로 버섯이 발생했을 때는 약제의 사용이 불가능하다.

그러므로 사용할 수 있는 방법은 예방인데 균사 생장이 양호하게 이루어질 수 있는 원목과 재배장을 선정하고, 해충의 월동 장소이자 서식지인 재배장 주위의 부후목·폐골목·낙엽을 제거하며, 해충 발생 시기에는 침입을 방지하기 위한 방충망을 설치하고, 종균재식일을 앞당기는 것이 유용하다.
발생기주별 해충 예방 방법은 아래와 같다.

(1) 생표고버섯의 해충

톡톡이, 민달팽이, 갑충류의 일종(미기록종) 등이 주로 발생한다. 톡톡이는 버섯 발생이 없을 때 골목 주위 지표면에 있는 낙엽, 나무껍질 등의 유기물질을 제거하고, 민달팽이는 수시로 사람이 직접 잡아 없앤다.

(2) 건조 표고버섯의 해충

표고나방, 갑충류의 일종(미기록종)이 주로 발생한다. 일광건조 표고에서 발생할 가능성이 높으며, 안전한 방법은 화력건조 후 밀봉하여 저온 저장하는 것이다. 저장 중 해충이 발생하면 다시 화력건조한다.

(3) 골목에 발생하는 해충

하늘소류, 나무좀류, 풍뎅이류 등이 발생한다. 해충의 발생 시기에 방충망을 설치하고 재배 장소 선정 시 참나무숲이나 뽕나무밭이 있는 곳을 피한다. 종균 재식 시기를 앞당기고 가눕히기 시기에 골목에 차광막을 덮어 성충이 산란하지 못하도록 한다. 부식성 곤충을 예방하기 위하여 골목장 주위에 부후물질을 제거한다.

(4) 주요 해충의 발생 및 방제

○ 털두꺼비하늘소

농가에서 털북숭이하늘소 또는 하늘소라고 부르는 해충이다. 성충은 생목과 균사가 생장한 골목에는 산란하지 않으며, 종균을 접종하기 위하여 준비한 건조원목에만 산란한다.

성충이 날아오는 시기는 남부 지방은 4월 말, 중부 지방은 5월 초순이며, 이때의 산란으로 부화한 유충은 수피의 내부층과 목질부의 표피층을 1마리당 $12cm^2$ 정도 식해한다. 이로 인해 균사의 활력과 생장이 저해되고 잡균 발생이 조장돼 피해가 커진다.

해충이 침입했는지는 침입 부위의 구멍 주위에 톱밥 모양의 배출물을 내놓는 것으로 확인할 수 있으며, 심한 경우에는 골목장에서 소낙비 내리는 듯한 소리가 난다. 피해 규모는 해에 따라 매우 다르며, 원목의 굵기, 원목을 쌓아 놓은 위치, 벌채 시기에 따라 상당한 차이가 있다.

예방할 수 있는 방법으로는 재배장 주위의 해충 월동 장소 및 서식 장소를 제거하고, 성충이 발생하는 4월 말부터 5월 말에 방충망을 설치하는 것이다. 골목 내에 산란하는 것은 억제 가능하나, 생장된 유충은 구제할 수 없다.

05 영양성분과 기능성

표고의 자실체에는 단백질과 지방질, 당질이 많이 포함되어 있고, 비타민류로는 비타민 B_1과 B_2, 나이아신을 함유하고 있으나 비타민 A와 C는 전혀 함유하고 있지 않다. 특히 비타민 B_1, B_2의 함유량은 채소의 두 배에 달한다.

표고 특유의 맛은 구아닐산, 글루타민산, 렌티난 등과 유리아미노산류, 당류, 당알코올류 등 여러 가지가 복합적으로 작용하는 것으로 알려져 있다. 비타민 D의 전구체인 에르고스테롤이 풍부해 혈중 콜레스테롤 농도를 낮춰주는 작용이 있어 고혈압이나 동맥경화 예방에 좋다.

표고버섯 하루 섭취량은 10g인데, 열량으로 계산하면 3kcal로 낮으며 당질 0.6g, 단백질 0.2g, 조섬유 0.1g, 칼슘 0.6g, 비타민 B_2 0.02g 등 다양한 영양분을 갖고 있다. 건조버섯의 자실체에 포함되어 있는 아미노산은 필수아미노산이 고르게 분포되어 있으며, 특히 많은 것은 글루타민산, 아스파르트산, 플로린, 알라닌, 아르기닌 등이다

한의학에서 표고버섯은 성질이 평하고 맛이 달고 독이 없으며, 정신을 맑게 하고 식욕을 돋우며, 구토와 설사를 멎게 하는 작용을 하고 더불어 간 기능을 강화시키는 성분도 가지고 있다고 하였다.

향기로운 풍미와 풍부한 영양소를 갖춘 표고버섯은 저칼로리 스태미나 식품으로 애용되어 왔으며 최근에는 균사체가 자실체보다 면역력 증진에 뛰어난 효과가 있으며 영양가가 함축되어 있다고 알려져 그 진가를 인정받고 있다. 2007년 1월 미국심장학회(American Heart Association)에서 발표한 자료에

의하면 좋은 콜레스테롤(HDL)은 높이고 나쁜 콜레스테롤(LDL)은 낮추는 10대 음식 중 1순위가 표고버섯이었다(산림 2008년 7월 호).

표고에는 항암, 항종양 다당체 물질인 렌티난(Lentinan)이 함유되어 있는데 현재 면역력 증가 및 암세포의 증식을 억제하는 의약품으로 개발되어 있다. 동물실험을 통한 기초연구 결과 렌티난은 세균, 진균 및 기생충에 의한 각종 질병에 대해서도 예방 효과나 치유 효과가 있는 것으로 밝혀지고 있다. 실제 사람들에 대하여서도 렌티난을 임상적으로 응용하는 사례가 시험되고 있는데 암 환자가 외과수술 이후 렌티난을 복용하면 재발 억제, 이전 방지, 생존 기간 연장 등에 효과가 있는 것으로 알려지고 있다.

참고문헌 및 웹사이트

김민근 등. 2007. 큰느타리버섯 폐배지 이용 배지 제조 및 적정 첨가 비율. 한국버섯학회지 5(2):76-80

김한경 등. 1997. 큰느타리버섯 균의 균사배양 및 자실체 발생 조건에 관한 연구. 농업과학기술원연구보고서

김한경 등. 1997a, b. *Pleurotus eryngii(*큰느타리버섯)균의 인공재배(Ⅰ, Ⅱ). 한국균학회지 25 : 305~319

류재산 등. 2005. 큰느타리버섯 재배의 최적 CO_2 조건. 한국버섯학회지 3(3):95-99

류재산 등. 2006. 큰느타리버섯의 품질기준에 관한 연구. 한국버섯학회지 4(4):129-134

박진영 등. 2006. 큰느타리버섯 배지재료의 다변화를 위한 연구. 한국버섯학회지 4(3):88-100

신평균 등. 2004. Di-Mon 교잡법에 의한 큰느타리버섯 교잡주의 특성. 한국버섯학회지. 2(2):109-113

정종천 등. 2005. 큰느타리버섯(*Pleurotus eryngii*) 품종 큰느타리3호의 재배적 특성. 한국버섯학회지 3(1):31-34

주영철 등. 버섯재배바로알기. 2008. 경기도농업기술원 버섯연구소. 175~201

하태문 등. 2006. 큰느타리버섯 주요 재배지 실태조사 및 병원균 분리 동정. 한국버섯학회지 4(4):135-143

大森清壽、小出博志。2001。キノコ栽培全科。農文協。

日本きのこセンター。2004。よくわかるきのこ栽培-日本きのこセンター編-。家の光協會.

Zadrazil, F. 1974. The ecology and industrial production of *Pleurotus ostreayus, Pleurotus florida, Pleurotus cornucopiae*, and Pleurotus eryngii. Mushroom Science Ⅸ(Part Ⅰ) : 621~651.

농촌진흥청 국립농업과학원. 2009. 기능성 성분표.

박용환. 1997. 最新 버섯학. 한국버섯원균영농조합. pp. 343-352.

山本秀樹. 2006. 2006年度版きのこ年鑑. 株式會社特産情報きのこ年鑑編輯部. pp140-144.

성재모, 유영복, 차동열. 1998. 버섯학. 교학사. pp. 435-456.

유영복, 공원식, 오세종, 정종천, 장갑열, 전창성. 2005. 버섯과학과 버섯산업의 동향.

차동열 외. 1989. 最新 버섯 栽培 技術. 農振會. pp. 335-354.

Altamura, M. R., Robbins, F. M., Andreotti, R. E., Long, L., Jr., and Hasselstrom, T., 1967., Mushroom ninhydrin-positive compounds.

Aschan, K. 1952. Studies on dediploidisation mycelia of the Basidiomycete *Collybia velutipes. Svensk Bot. Tidskr*. 46: 366-392.

Brodie, H. J. 1936. The occurrence and function of oidia in the Hymenomycetes. *American Journal of Botany* 23: 309-327.

Buller, A. H. R. 1941. The diploid cell and the deploidization process in plants and animals, with special reference to the higher fungi. Ⅰ.Ⅱ. *Botan. Rev*., 7, 335-431.

Byun, M .O., W. S. Kong, Y. H. Kim, C. H. You, D. Y. Cha and D. H. Lee. 1996. Studies on the inheritance of fruiting body color in *Flammulina velutipes. Kor. J. Mycol*. 24

Croft, J. H. 1965. Natural variation among monokaryons of *Collybia velutipes. Am. Naturalist* 99: 451-462.

Encarnacion AB, Fagutao F, Hirono I, Ushio H, Ohshima T. 2010. Effects of ergothioneine from mushrooms (Flammulina velutipes) on melanosis and lipid oxidation of kuruma shrimp (Marsupenaeus japonicus). J Agric Food Chem. 58(4): 2577-85.

Ingold, C. T. 1980. Mycelium, oidia and sporophore initials in *Flammulina velutipes. Trans. Br. Mycol. Soc*. 75(1): 107-116.

Ingold, C. T. 1991. Dikaryon development in *Flammulina velutipes. Mycological Research* 95(5): 636-639.

Kemp, R. F. O. 1980. Production of oidia by dikaryons of *Flammulina velutipes. Trans. Br. mycol. Soc.* 74(3): 557-560.

Kim SY, Kong WS, Cho JY. 2010. Identification of Differentially Expressed Genes in Flammulina velutipes with Anti-Tyrosinase Activity. Curr Microbiol. Aug 1. [Epub]

Kim, Y. H., W. S. Kong, K. S. Kim, C. H. You, H. K. Kim, J. M. Sung, Y. J. Ryu, and K. H. Kim. 1998. Formation and characteristics of oidia in *Flammulina velutipes Kor. J. Mycol.* 26(2): 187-193

Kimura, K. 1977. Buller's phenomenon in mushrooms. *Iden* 31: 29-34.

Kinugawa, K. 1978. Assymmetric recovery of component nuclei in the oidia from dicaryotic mycelia of *Collybia velutipes. Mushroom Science* 10: 211-217.

Kinugawa, K. 1993. Physiology and the breeding of *Flammulina velutipes*. Genetics and Breeding of Edible Mushrooms. Gordon and Breach Science Publishers. pp.87-109.

Kinugawa, K. and N. Nakagi. 1984. A breeding method of *Flammulina velutipes*(3) Genes regulating mycelial production. *Mem. Fac. Agr. Kinki Univ.* 17: 131-140.

Kitamoto, Y., M. Nakamata and P. Masuda. 1993. Production of a novel white *Flammulina velutipes* by breeding. Genetics and Breeding of Edible Mushrooms. Gordon and Breach Science Publishers. pp.65-86.

Kong, W. S., C. H. You, Y. B. Yoo, M. O. Byun and K. H. Kim. 2001. Genetic Analysis and Molecular Marker related to Fruitbody Color in *Flammulina velutipes, Proceedings of the fifth Korea-China Joint Symposium for Mycology*: 167-181

Kong, W. S., D. H. Kim, C. H. Yoo, D. Y. Cha, and K. H. Kim. 1997a. Genetic relationships of *Flammulina velutipes* isolates based on ribosomal DNA and RAPD analysis. *RDA J. of Agri. Sci.* 39(1): 28-40

Kong, W. S., D. H. Kim, Y. H. Kim, K. S. Kim, C. H. You, M. O. Byun, and K. H. Kim. 1997b. Genetic variability of *Flammulina velutipes* monosporous isolates. *Kor. J. Mycol.* 25(2): 111-120

Lee, P. J. and K. Kinugawa. 1981. A breeding method for *Flammulina velutipes*. 1. Selection of monokaryotic strains by the use of testers. *Trans. Mycol. Soc. Japan* 22: 89-102.

Lee, P. J. and K. Kinugawa. 1982. A breeding method for *Flammulina velutipes*. 2. Selections from the intercrossing and the following *intracrossing. Trans. Mycol. Soc. Japan* 23: 177-186.

Magae Y, Akahane K, Nakamura K, Tsunoda S. 2005. Simple colorimetric method for detecting degenerate strains of the cultivated basidiomycete *Flammulina velutipes* (Enokitake). *Appl. Environ. Microbiol.* 71(10): 6388-6389.

Masuda, P., T. Nogami, N. Mori and Y. Kitamoto. 1995. An empirical rule for breeding high-optimum-temperature strains of *Flammulina velutipes. Trans. Mycol. Soc. Japan* 36: 158-163.

Tadjibaeva G, Sabirov R, Tomita T. 2000. Flammutoxin, a cytolysin from the edible mushroom Flammulina velutipes, forms two different types of voltage-gated channels in lipid bilayer membranes. Biochim Biophys Acta. 1467(2): 431-43.

Takemaru, T., M. Suzuki and N. Mikaki. 1995. Isolation and genetic analysis of auxotrophic mutants in *Flammulina velutipes. Trans. Mycol. Soc. Japan* 36: 152-157.

부록 알기쉬운 농업용어 

가건(架乾)	걸어 말림
가경지(可耕地)	농사지을 수 있는 땅
가리(加里)	칼리
가사(假死)	기절
가식(假植)	임시 심기
가열육(加熱肉)	익힘 고기
가온(加溫)	온도 높임
가용성(可溶性)	녹는, 가용성
가자(茄子)	가지
가잠(家蠶)	집누에, 누에
가적(假積)	임시 쌓기
가토(家兎)	집토끼, 토끼
가피(痂皮)	딱지
가해(加害)	해를 입힘
각(脚)	다리
각대(脚帶)	다리띠, 각대
각반병(角斑病)	모무늬병, 각반병
각피(殼皮)	겉껍질
간(干)	절임
간극(間隙)	틈새
간단관수(間斷灌水)	물걸러대기
간벌(間伐)	솎아내어 베기
간색(稈色)	줄기색
간석지(干潟地)	개펄, 개땅
간식(間植)	사이심기
간이잠실(簡易蠶室)	간이누엣간
간인기(間引機)	솎음기계
간작(間作)	사이짓기
간장(稈長)	키, 줄기길이
간채류(幹菜類)	줄기채소
간척지(干拓地)	개막은 땅, 간척지
갈강병(褐疆病)	갈색굳음병
갈근(葛根)	칡뿌리
갈문병(褐紋病)	갈색무늬병
갈반병(褐斑病)	갈색점무늬병, 갈반병
갈색엽고병(褐色葉枯病)	갈색잎마름병
감과앵도(甘果櫻桃)	단앵두
감람(甘藍)	양배추
감미(甘味)	단맛
감별추(鑑別雛)	암수가린병아리, 가린병아리
감시(甘)	단감
감옥촉서(甘玉蜀黍)	단옥수수
감자(甘蔗)	사탕수수
감저(甘藷)	고구마
감주(甘酒)	단술, 감주
갑충(甲蟲)	딱정벌레
강두(豆)	동부
강력분(强力粉)	차진 밀가루, 강력분
강류(糠類)	등겨
강전정(强剪定)	된다듬질, 강전정
강제환우(制換羽)	강제 털갈이
강제휴면(制休眠)	움 재우기
개구기(開口器)	입벌리개
개구호흡(開口呼吸)	입 벌려 숨쉬기, 벌려 숨쉬기
개답(開畓)	논풀기, 논일구기
개식(改植)	다시 심기
개심형(開心形)	깔때기 모양, 속이 훤하게 드러남
개열서(開裂)	터진 감자
개엽기(開葉期)	잎필 때
개협(開莢)	꼬투리 튐
개화기(開花期)	꽃필 때
개화호르몬(開和hormome)	꽃피우기호르몬
객담(喀啖)	가래
객토(客土)	새흙넣기
객혈(喀血)	피를 토함
갱신전정(更新剪定)	노쇠한 나무를 젊은 상태로 재생장시키기 위한 전정
갱신지(更新枝)	바꾼 가지
거세창(去勢創)	불친 상처
거접(据接)	제자리접
건(腱)	힘줄
건가(乾架)	말림틀
건견(乾繭)	말린 고치, 고치말리기
건경(乾莖)	마른 줄기
건국(乾麴)	마른누룩
건답(乾畓)	마른 논
건마(乾麻)	마른삼
건못자리	마른 못자리
건물중(乾物重)	마른 무게
건사(乾飼)	마른 먹이
건시(乾)	곶감
건율(乾栗)	말린 밤
건조과일(乾燥과일)	말린 과실
건조기(乾燥機)	말림틀, 건조기
건조무(乾燥무)	무말랭이
건조비율(乾燥比率)	마름률, 말림률
건조화(乾燥花)	말린 꽃
건채(乾采)	말린 나물
건초(乾草)	말린 풀
건초조제(乾草調製)	꼴(풀) 말리기, 마른 풀 만들기

용어	순화어
건토효과(乾土效果)	마른 흙 효과, 흙말림 효과
검란기(檢卵機)	알 검사기
격년(隔年)	해거리
격년결과(隔年結果)	해거리 열림
격리재배(隔離栽培)	따로 가꾸기
격사(隔沙)	자리떼기
격왕판(隔王板)	왕벌막이
"격휴교호벌채법 (隔畦交互伐採法)"	이랑 건너 번갈아 베기
견(繭)	고치
견사(繭絲)	고치실(실크)
견중(繭重)	고치 무게
견질(繭質)	고치질
견치(犬齒)	송곳니
견흑수병(堅黑穗病)	속깜부기병
결과습성(結果習性)	열매 맺음성, 맺음성
결과절위(結果節位)	열림마디
결과지(結果枝)	열매가지
결구(結球)	알들이
결속(結束)	묶음, 다발, 가지묶기
결실(結實)	열매맺기, 열매맺이
결주(缺株)	빈포기
결핍(乏)	모자람
결협(結莢)	꼬투리맺음
경경(莖徑)	줄기굵기
경골(脛骨)	정강이뼈
경구감염(經口感染)	입감염
경구투약(經口投藥)	약 먹이기
경련(痙攣)	떨림, 경련
경립종(硬粒種)	굳음씨
경백미(硬白米)	멥쌀
경사지상전(傾斜地桑田)	비탈 뽕밭
경사휴재배(傾斜畦栽培)	비탈 이랑 가꾸기
경색(梗塞)	막힘, 경색
경산우(經産牛)	출산 소
경수(硬水)	센물
경수(莖數)	줄깃수
경식토(硬埴土)	점토함량이 60% 이하인 흙
경실종자(硬實種子)	굳은 씨앗
경심(耕深)	깊이 갈이
경엽(硬葉)	굳은 잎
경엽(莖葉)	줄기와 잎
경우(頸羽)	목털
경운(耕耘)	흙 갈이
경운심도(耕耘深度)	흙 갈이 깊이
경운조(耕耘爪)	갈이날
경육(頸肉)	목살
경작(硬作)	짓기
경작지(硬作地)	농사땅, 농경지
경장(莖長)	줄기길이
경정(莖頂)	줄기끝
경증(輕症)	가벼운 증세, 경증
경태(莖太)	줄기굵기
경토(耕土)	갈이흙
경폭(耕幅)	갈이 너비
경피감염(經皮感染)	살갗 감염
경화(硬化)	굳히기, 굳어짐
경화병(硬化病)	굳음병
계(鷄)	닭
계관(鷄冠)	닭볏
계단전(階段田)	계단밭
계두(鷄痘)	닭마마
계류우사(繫留牛舍)	외양간
계목(繫牧)	매어기르기
계분(鷄糞)	닭똥
계사(鷄舍)	닭장
계상(鷄箱)	포갬 벌통
계속한천일수(繼續旱天日數)	계속 가뭄일수
계역(鷄疫)	닭돌림병
계우(鷄羽)	닭털
계육(鷄肉)	닭고기
고갈(枯渴)	마름
고랭지재배(高冷地栽培)	고랭지 가꾸기
고미(苦味)	쓴맛
고사(枯死)	말라죽음
고삼(苦蔘)	너삼
고설온상(高設溫床)	높은 온상
고숙기(枯熟期)	고쉰 때
고온장일(高溫長日)	고온으로 오래 볕쬐기
고온저장(高溫貯藏)	높은 온도에서 저장
고접(高接)	높이 접붙임
고조제(枯凋劑)	말림약
고즙(苦汁)	간수
고취식압조(高取式壓條)	높이 떼기
고토(苦土)	마그네슘
고휴재배(高畦栽培)	높은 이랑 가꾸기(재배)
곡과(曲果)	굽은 과실
곡류(穀類)	곡식류
곡상충(穀象)	쌀바구미
곡아(穀蛾)	곡식나방
골간(骨幹)	뼈대, 골격, 골간
골격(骨格)	뼈대, 골간, 골격

골분(骨粉)	뼛가루
골연증(骨軟症)	뼈무름병, 골연증
공대(空袋)	빈 포대
공동경작(共同耕作)	어울려 짓기
공동과(空胴果)	속 빈 과실
공시충(供試)	시험벌레
공태(空胎)	새끼를 배지 않음
공한지(空閑地)	빈땅
공협(空莢)	빈꼬투리
과경(果徑)	열매의 지름
과경(果梗)	열매 꼭지
과고(果高)	열매 키
과목(果木)	과일나무
과방(果房)	과실송이
과번무(過繁茂)	웃자람
과산계(寡産鷄)	알 적게 낳는 닭, 적게 낳는 닭
과색(果色)	열매 빛깔
과석(過石)	과린산석회, 과석
과수(果穗)	열매송이
과수(顆數)	고치 수
과숙(過熟)	농익음
과숙기(過熟期)	농익을 때
과숙잠(過熟蠶)	너무익은 누에
과실(果實)	열매
과심(果心)	열매 속
과아(果芽)	과실 눈
과엽충(瓜葉)	오이잎벌레
과육(果肉)	열매 살
과장(果長)	열매 길이
과중(果重)	열매 무게
과즙(果汁)	과일즙, 과즙
과채류(果菜類)	열매채소
과총(果叢)	열매송이, 열매송이 무리
과피(果皮)	열매 껍질
과형(果形)	열매 모양
관개수로(灌漑水路)	논물길
관개수심(灌漑水深)	댄 물깊이
관수(灌水)	물주기
관주(灌注)	포기별 물주기
관행시비(慣行施肥)	일반적인 거름 주기
광견병(狂犬病)	미친개병
광발아종자(光發芽種子)	볕밭이씨
광엽(廣葉)	넓은 잎
광엽잡초(廣葉雜草)	넓은 잎 잡초
광제잠종(製蠶種)	돌뱅이누에씨
광파재배(廣播栽培)	넓게 뿌려 가꾸기
괘대(掛袋)	봉지씌우기
괴경(塊莖)	덩이줄기
괴근(塊根)	덩이뿌리
괴상(塊狀)	덩이꼴
교각(矯角)	뿔 고치기
교맥(蕎麥)	메밀
교목(喬木)	큰 키 나무
교목성(喬木性)	큰 키 나무성
교미낭(交尾囊)	정받이 주머니
교상(咬傷)	물린 상처
교질골(膠質骨)	아교질 뼈
교호벌채(交互伐採)	번갈아 베기
교호작(交互作)	엇갈이 짓기
구강(口腔)	입안
구경(球莖)	알 줄기
구고(球高)	알 높이
구근(球根)	알 뿌리
구비(廐肥)	외양간 두엄
구서(驅鼠)	쥐잡기
구순(口脣)	입술
구제(驅除)	없애기
구주리(歐洲李)	유럽자두
구주율(歐洲栗)	유럽밤
구주종포도(歐洲種葡萄)	유럽포도
구중(球重)	알 무게
구충(驅蟲)	벌레 없애기, 기생충 잡기
구형아접(鉤形芽接)	갈고리눈접
국(麴)	누룩
군사(群飼)	무리 기르기
궁형정지(弓形整枝)	활꽃나무 다듬기
권취(卷取)	두루말이식
규반비(硅礬比)	규산 알루미늄 비율
균경(菌莖)	버섯 줄기, 버섯대
균류(菌類)	곰팡이류, 곰팡이붙이
균사(菌絲)	팡이실, 곰팡이실
균산(菌傘)	버섯갓
균상(菌床)	버섯판
균습(菌褶)	버섯살
균열(龜裂)	터짐
균파(均播)	고루뿌림
균핵(菌核)	균씨
균핵병(菌核病)	균씨병, 균핵병
균형시비(均衡施肥)	거름 갖춰주기
근경(根莖)	뿌리줄기
근계(根系)	뿌리 뻗음새
근교원예(近郊園藝)	변두리 원예

근군분포(根群分布)	뿌리 퍼짐
근단(根端)	뿌리끝
근두(根頭)	뿌리머리
근류균(根溜菌)	뿌리혹박테리아, 뿌리혹균
근모(根毛)	뿌리털
근부병(根腐病)	뿌리썩음병
근삽(根揷)	뿌리꽂이
근아충(根)	뿌리혹벌레
근압(根壓)	뿌리압력
근얼(根蘖)	뿌리벌기
근장(根長)	뿌리길이
근접(根接)	뿌리접
근채류(根菜類)	뿌리채소류
근형(根形)	뿌리모양
근활력(根活力)	뿌리힘
급사기(給飼器)	모이통, 먹이통
급상(給桑)	뽕주기
급상대(給桑臺)	채반받침틀
급상량(給桑量)	뽕주는 양
급수기(給水器)	물그릇, 급수기
급이(給飴)	먹이
급이기(給飴器)	먹이통
기공(氣孔)	숨구멍
기관(氣管)	숨통, 기관
기비(基肥)	밑거름
기잠(起蠶)	인누에
기지(忌地)	땅가림
기형견(畸形繭)	기형고치
기형수(畸形穗)	기형이삭
기호성(嗜好性)	즐기성, 기호성
기휴식(寄畦式)	모듬이랑식
길경(桔梗)	도라지
ㄴ	
나맥(裸麥)	쌀보리
나백미(白米)	찹쌀
나종(種)	찰씨
나흑수병(裸黑穗病)	겉깜부기병
낙과(落果)	떨어진 열매, 열매 떨어짐
낙농(酪農)	젖소 치기, 젖소양치기
낙뢰(落)	떨어진 망울
낙수(落水)	물 떼기
낙엽(落葉)	진 잎, 낙엽
낙인(烙印)	불도장
낙화(落花)	진 꽃
낙화생(落花生)	땅콩
난각(卵殼)	알 껍질
난기운전(暖機運轉)	시동운전
난도(亂蹈)	날뜀
난중(卵重)	알무게
난형(卵形)	알모양
난황(卵黃)	노른자위
내건성(耐乾性)	마름견딜성
내구연한(耐久年限)	견디는 연수
내냉성(耐冷性)	찬기운 견딜성
내도복성(耐倒伏性)	쓰러짐 견딜성
내반경(內返耕)	안쪽 돌아갈이
내병성(耐病性)	병 견딜성
내비성(耐肥性)	거름 견딜성
내성(耐性)	견딜성
내염성(耐鹽性)	소금기 견딜성
내충성(耐性)	벌레 견딜성
내피(內皮)	속껍질
내피복(內被覆)	속덮기, 속덮개
내한(耐旱)	가뭄 견딤
내향지(內向枝)	안쪽 뻗은 가지
냉동육(冷凍肉)	얼린 고기
냉수관개(冷水灌漑)	찬물대기
냉수답(冷水畓)	찬물 논
냉수용출답(冷水湧出畓)	샘논
냉수유입답(冷水流入畓)	찬물받이 논
냉온(冷溫)	찬기
노	머위
노계(老鷄)	묵은 닭
노목(老木)	늙은 나무
노숙유충(老熟幼蟲)	늙은 애벌레, 다 자란 유충
노임(勞賃)	품삯
노지화초(露地花草)	한데 화초
노폐물(老廢物)	묵은 찌꺼기
노폐우(老廢牛)	늙은 소
노화(老化)	늙음
노화묘(老化苗)	쇤모
노후화답(老朽化畓)	해식은 논
녹변(綠便)	푸른 똥
녹비(綠肥)	풋거름
녹비작물(綠肥作物)	풋거름 작물
녹비시용(綠肥施用)	풋거름 주기
녹사료(綠飼料)	푸른 사료
녹음기(綠陰期)	푸른철, 숲 푸른철
녹지삽(綠枝揷)	풋가지꽂이
농번기(農繁期)	농사철

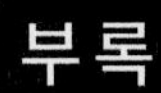

농병(膿病)	고름병
농약살포(農藥撒布)	농약 뿌림
농양(膿瘍)	고름집
농업노동(農業勞動)	농사품, 농업노동
농종(膿腫)	고름종기
농지조성(農地造成)	농지일구기
농축과즙(濃縮果汁)	진한 과즙
농포(膿泡)	고름집
농혈증(膿血症)	피고름증
농후사료(濃厚飼料)	기름진 먹이
뇌	봉오리
뇌수분(受粉)	봉오리 가루받이
누관(淚管)	눈물관
누낭(淚囊)	눈물 주머니
누수답(漏水畓)	시루논

다(茶)	차
다년생(多年生)	여러해살이
다년생초화(多年生草化)	여러해살이 꽃
다독아(茶毒蛾)	차나무독나방
다두사육(多頭飼育)	무리기르기
다모작(多毛作)	여러 번 짓기
다비재배(多肥栽培)	길게 가꾸기
다수확품종(多收穫品種)	소출 많은 품종
다육식물(多肉植物)	잎이나 줄기에 수분이 많은 식물
다즙사료(多汁飼料)	물기 많은 먹이
다화성잠저병(多花性蠶病)	누에쉬파리병
다회육(多回育)	여러 번 치기
단각(斷角)	뿔자르기
단간(短稈)	짧은 키
단간수수형품종(短稈穗數型品種)	키 작고 이삭 많은 품종
단간수중형품종(短稈穗重型品種)	키 작고 이삭 큰 품종
단경기(端境期)	때아닌 철
단과지(短果枝)	짧은 열매가지, 단과지
단교잡종(單交雜種)	홀트기씨. 단교잡종
단근(斷根)	뿌리끊기
단립구조(單粒構造)	홑알 짜임
단립구조(團粒構造)	떼알 짜임
단망(短芒)	짧은 가락
단미(斷尾)	꼬리 자르기
단소전정(短剪定)	짧게 치기
단수(斷水)	물 끊기
단시형(短翅型)	짧은날개꼴
단아(單芽)	홑눈
단아삽(短芽揷)	외눈꺾꽂이
단안(單眼)	홑눈
단열재료(斷熱材料)	열을 막아주는 재료
단엽(單葉)	홑입
단원형(短圓型)	둥근모양
단위결과(單爲結果)	무수정 열매맺음
단위결실(單爲結實)	제꽃 열매맺이, 제꽃맺이
단일성식물(短日性植物)	짧은볕식물
단자삽(團子揷)	경단꽂이
단작(單作)	홑짓기
단제(單蹄)	홀굽
단지(短枝)	짧은 가지
담낭(膽囊)	쓸개
담석(膽石)	쓸개돌
담수(湛水)	물 담김
담수관개(湛水觀漑)	물 가두어 대기
담수직파(湛水直播)	무논뿌림, 무논 바로 뿌리기
담자균류(子菌類)	자루곰팡이붙이, 자루곰팡이류
담즙(膽汁)	쓸개즙
답리작(畓裏作)	논뒷그루
답압(踏壓)	밟기
답입(踏)	밟아넣기
답작(畓作)	논농사
답전윤환(畓田輪換)	논밭 돌려짓기
답전작(畓前作)	논앞그루
답차륜(畓車輪)	논바퀴
답후작(畓後作)	논뒷그루
당약(當藥)	쓴 풀
대국(大菊)	왕국화, 대국
대두(大豆)	콩
대두박(大豆粕)	콩깻묵
대두분(大豆粉)	콩가루
대두유(大豆油)	콩기름
대립(大粒)	굵은알
대립종(大粒種)	굵은씨
대마(大麻)	삼
대맥(大麥)	보리, 겉보리
대맥고(大麥藁)	보릿짚
대목(臺木)	바탕나무, 바탕이 되는 나무
대목아(臺木牙)	대목눈
대장(大腸)	큰창자
대추(大雛)	큰병아리
대퇴(大腿)	넓적다리

도(桃)	복숭아
도고(稻藁)	볏짚
도국병(稻麴病)	벼이삭누룩병
도근식엽충(稻根葉)	벼뿌리잎벌레
도복(倒伏)	쓰러짐
도복방지(倒伏防止)	쓰러짐 막기
도봉(盜蜂)	도둑벌
도수로(導水路)	물 댈 도랑
도야도아(稻夜盜蛾)	벼도둑나방
도장(徒長)	웃자람
도장지(徒長枝)	웃자람 가지
도적아충(桃赤)	복숭아붉은진딧물
도체율(屠體率)	통고기율, 머리, 발목, 내장을 제외한 부분
도포제(塗布劑)	바르는 약
도한(盜汗)	식은땀
독낭(毒囊)	독주머니
독우(犢牛)	송아지
독제(毒劑)	독약, 독제
돈(豚)	돼지
돈단독(豚丹毒)	돼지단독(병)
돈두(豚痘)	돼지마마
돈사(豚舍)	돼지우리
돈역(豚疫)	돼지돌림병
돈콜레라(豚cholerra)	돼지콜레라
돈폐충(豚肺)	돼지폐충
동고병(胴枯病)	줄기마름병
동기전정(冬期剪定)	겨울가지치기
동맥류(動脈瘤)	동맥혹
동면(冬眠)	겨울잠
동모(冬毛)	겨울털
동백과(冬栢科)	동백나무과
동복자(同腹子)	한배 새끼
동봉(動蜂)	일벌
동비(冬肥)	겨울거름
동사(凍死)	얼어죽음
동상해(凍霜害)	서리피해
동아(冬芽)	겨울눈
동양리(東洋李)	동양자두
동양리(東洋梨)	동양배
동작(冬作)	겨울가꾸기
동작물(冬作物)	겨울작물
동절견(胴切繭)	허리 얇은 고치
동채(冬菜)	무갓
동통(疼痛)	아픔
동포자(冬胞子)	겨울 홀씨
동할미(胴割米)	금간 쌀
동해(凍害)	언 피해
두과목초(豆科牧草)	콩과 목초(풀)
두과작물(豆科作物)	콩과작물
두류(豆類)	콩류
두리(豆李)	콩배
두부(頭部)	머리, 두부
두유(豆油)	콩기름
두창(痘瘡)	마마, 두창
두화(頭花)	머리꽃
둔부(臀部)	궁둥이
둔성발정(鈍性發精)	미약한 발정
드릴파	좁은줄뿌림
등숙기(登熟期)	여뭄 때
등숙비(登熟肥)	여뭄 거름

ㅁ

마두(馬痘)	말마마
마령서(馬鈴薯)	감자
마령서아(馬鈴薯蛾)	감자나방
마록묘병(馬鹿苗病)	키다리병
마사(馬舍)	마구간
마쇄(磨碎)	갈아부수기, 갈부수기
마쇄기(磨碎機)	갈아 부수개
마치종(馬齒種)	말이씨, 오목씨
마포(麻布)	삼베, 마포
만기재배(晩期栽培)	늦가꾸기
만반(蔓返)	덩굴뒤집기
만상(晩霜)	늦서리
만상해(晩霜害)	늦서리 피해
만생상(晩生桑)	늦뽕
만생종(晩生種)	늦씨, 늦게 가꾸는 씨앗
만성(蔓性)	덩굴쇠
만성식물(蔓性植物)	덩굴성식물, 덩굴식물
만숙(晩熟)	늦익음
만숙립(晩熟粒)	늦여문알
만식(晩植)	늦심기
만식이앙(晩植移秧)	늦모내기
만식재배(晩植栽培)	늦심어 가꾸기
만연(蔓延)	번짐, 퍼짐
만절(蔓切)	덩굴치기
만추잠(晩秋蠶)	늦가을누에
만파(晩播)	늦뿌림
만할병(蔓割病)	덩굴쪼개병
만화형(蔓化型)	덩굴지기

알기쉬운 농업용어

망사피복(網紗避覆)	망사덮기, 망사덮개
망입(網入)	그물넣기
망장(芒長)	까락길이
망진(望診)	겉보기 진단, 보기 진단
망취법(網取法)	그물 떼내기법
매(梅)	매실
매간(梅干)	매실절이
매도(梅挑)	앵두
매문병(煤紋病)	그을음무늬병, 매문병
매병(煤病)	그을음병
매초(埋草)	담근 먹이
맥간류(麥桿類)	보릿짚류
맥강(麥糠)	보릿겨
맥답(麥畓)	보리논
맥류(麥類)	보리류
맥발아충(麥髮)	보리깔진딧물
맥쇄(麥碎)	보리싸라기
맥아(麥蛾)	보리나방
맥전답압(麥田踏壓)	보리밭 밟기, 보리 밟기
맥주맥(麥酒麥)	맥주보리
맥후작(麥後作)	모리뒷그루
맹	등에
맹아(萌芽)	움
멀칭(mulching)	바닥덮기
면(眠)	잠
면견(綿繭)	솜고치
면기(眠期)	잠잘 때
면류(麵類)	국수류
면실(棉實)	목화씨
면실박(棉實粕)	목화씨깻묵
면실유(棉實油)	목화씨기름
면양(緬羊)	털염소
면잠(眠蠶)	잠누에
면제사(眠除沙)	잠똥갈이
면포(棉布)	무명(베), 면포
면화(棉花)	목화
명거배수(明渠排水)	겉도랑 물빼기, 겉도랑빼기
모계(母鷄)	어미닭
모계육추(母鷄育雛)	품어 기르기
모독우(牡犢牛)	황송아지, 수송아지
모돈(母豚)	어미 돼지
모본(母本)	어미그루
모지(母枝)	어미가지
모피(毛皮)	털가죽
목건초(牧乾草)	목초 말린풀
목단(牧丹)	모란
목본류(木本類)	나무붙이
목야(초)지(牧野草地)	꼴밭, 풀밭
목제잠박(木製蠶箔)	나무채반, 나무누에채반
목책(牧柵)	울타리, 목장 울타리
목초(牧草)	꼴, 풀
몽과(檬果)	망고
몽리면적(蒙利面積)	물 댈 면적
묘(苗)	모종
묘근(苗根)	모뿌리
묘대(苗垈)	못자리
묘대기(苗垈期)	못자리 때
묘령(苗齡)	모의 나이
묘매(苗)	멍석딸기
묘목(苗木)	모나무
묘상(苗床)	모판
묘판(苗板)	못자리
무경운(無耕耘)	갈지 않음
무기질토양(無機質土壤)	무기질 흙
무망종(無芒種)	까락 없는 씨
무종자과실(無種子果實)	씨 없는 열매
무증상감염(無症狀感染)	증상 없이 옮김
무핵과(無核果)	씨없는 과실
무효분얼기((無效分蘗期)	헛가지 치기
무효분얼종지기 (無效分蘗終止期)	헛가지 치기 끝날 때
문고병(紋故病)	잎집무늬마름병
문단(文旦)	문단귤
미강(米糠)	쌀겨
미경산우(未經産牛)	새끼 안 낳는 소
미곡(米穀)	쌀
미국(米麴)	쌀누룩
미립(米粒)	쌀알
미립자병(微粒子病)	잔알병
미숙과(未熟課)	선열매, 덜 여문 열매
미숙답(未熟畓)	덜된 논
미숙립(未熟粒)	덜 여문 알
미숙잠(未熟蠶)	설익은 누에
미숙퇴비(未熟堆肥)	덜썩은 두엄
미우(尾羽)	꼬리깃
미질(米質)	쌀의 질, 쌀품질
밀랍(蜜蠟)	꿀밀
밀봉(蜜蜂)	꿀벌
밀사(密飼)	배게기르기
밀선(蜜腺)	꿀샘
밀식(密植)	배게심기, 빽빽하게 심기
밀원(蜜源)	꿀밭

밀파(密播)	배게뿌림, 빽빽하게 뿌림

ㅂ

바인더(binder)	베어묶는 기계
박(粕)	깻묵
박력분(薄力粉)	메진 밀가루
박파(薄播)	성기게 뿌림
박피(剝皮)	껍질벗기기
박피견(薄皮繭)	얇은고치
반경지삽(半硬枝揷)	반굳은 가지꽂이, 반굳은꽂이
반숙퇴비(半熟堆肥)	반썩은 두엄
반억제재배(半抑制栽培)	반늦추어 가꾸기
반엽병(斑葉病)	줄무늬병
반전(反轉)	뒤집기
반점(斑點)	얼룩점
반점병(斑點病)	점무늬병
반촉성재배(半促成栽培)	반당겨 가꾸기
반추(反芻)	되새김
반흔(瘢痕)	딱지자국
발근(發根)	뿌리내림
발근제(發根劑)	뿌리내림약
발근촉진(發根促進)	뿌리내림 촉진
발병엽수(發病葉數)	병든 잎수
발병주(發病株)	병든포기
발아(發蛾)	싹트기, 싹틈
발아적온(發芽適溫)	싹트기 알맞은 온도
발아촉진(發芽促進)	싹트기 촉진
발아최성기(發芽最盛期)	나방제철
발열(發熱)	열남, 열냄
발우(拔羽)	털뽑기
발우기(拔羽機)	털뽑개
발육부전(發育不全)	제대로 못자람
발육사료(發育飼料)	자라는데 주는 먹이
발육지(發育枝)	자람가지
발육최성기(發育最盛期)	한창 자랄 때
발정(發情)	암내
발한(發汗)	땀남
발효(醱酵)	띄우기
방뇨(防尿)	오줌누기
방목(放牧)	놓아 먹이기
방사(放飼)	놓아 기르기
방상(防霜)	서리막기
방풍(防風)	바람막이
방한(防寒)	추위막이
방향식물(芳香植物)	향기식물
배(胚)	씨눈
배뇨(排尿)	오줌 빼기
배배양(胚培養)	씨눈배양
배부식분무기(背負式噴霧器)	등으로 매는 분무기
배부형(背負形)	등짐식
배상형(盃狀形)	사발꼴
배수(排水)	물빼기
배수구(排水溝)	물뺄 도랑
배수로(排水路)	물뺄 도랑
배아비율(胚芽比率)	씨눈비율
배유(胚乳)	씨젖
배조맥아(焙燥麥芽)	말린 엿기름
배초(焙焦)	볶기
배토(培土)	북주기, 흙 북돋아 주기
배토기(培土機)	북주개, 작물사이의 흙을 북돋아 주는데 사용하는 기계
백강병(白殭病)	흰굳음병
백리(白痢)	흰설사
백미(白米)	흰쌀
백반병(白斑病)	흰무늬병
백부병(百腐病)	흰썩음병
백삽병(白澁病)	흰가루병
백쇄미(白碎米)	흰싸라기
백수(白穗)	흰마름 이삭
백엽고병(白葉枯病)	흰잎마름병
백자(栢子)	잣
백채(白菜)	배추
백합과(百合科)	나리과
변속기(變速機)	속도조절기
병과(病果)	병든 열매
병반(病斑)	병무늬
병소(病巢)	병집
병우(病牛)	병든 소
병징(病徵)	병증세
보비력(保肥力)	거름을 지닐 힘
보수력(保水力)	물 지닐 힘
보수일수(保水日數)	물 지닐 일수
보식(補植)	메워서 심기
보양창흔(步樣瘡痕)	비틀거림
보정법(保定法)	잡아매기
보파(補播)	덧뿌림
보행경직(步行硬直)	뻗장 걸음
보행창흔(步行瘡痕)	비틀 걸음
복개육(覆蓋育)	덮어치기
복교잡종(複交雜種)	겹트기씨
복대(覆袋)	봉지 씌우기

복백(腹白)	겉백이
복아(複芽)	겹눈
복아묘(複芽苗)	겹눈모
복엽(腹葉)	겹잎
복접(腹接)	허리접
복지(匍枝)	기는 줄기
복토(覆土)	흙덮기
복통(腹痛)	배앓이
복합아(複合芽)	겹눈
본답(本畓)	본논
본엽(本葉)	본잎
본포(本圃)	제밭, 본밭
봉군(蜂群)	벌떼
봉밀(蜂蜜)	벌꿀, 꿀
봉상(蜂箱)	벌통
봉침(蜂針)	벌침
봉합선(縫合線)	솔기
부고(敷藁)	깔짚
부단급여(不斷給與)	대먹임, 계속 먹임
부묘(浮苗)	뜬모
부숙(腐熟)	썩힘
부숙도(腐熟度)	썩은 정도
부숙퇴비(腐熟堆肥)	썩은 두엄
부식(腐植)	써거리
부식토(腐植土)	써거리 흙
부신(副腎)	곁콩팥
부아(副芽)	덧눈
부정근(不定根)	막뿌리
부정아(不定芽)	막눈
부정형견(不定形繭)	못생긴 고치
부제병(腐蹄病)	발굽썩음병
부종(浮種)	붓는 병
부주지(副主枝)	버금가지
부진자류(浮塵子類)	멸구매미충류
부초(敷草)	풀 덮기
부패병(腐敗病)	썩음병
부화(孵化)	알깨기, 알까기
부화약충(孵化若)	갓 깬 애벌레
분근(分根)	뿌리나누기
분뇨(糞尿)	똥오줌
분만(分娩)	새끼낳기
분만간격(分娩間隔)	터울
분말(粉末)	가루
분무기(噴霧機)	뿜개
분박(分箔)	채반기름
분봉(分蜂)	벌통가르기
분사(粉飼)	가루먹이
분상질소맥(粉狀質小麥)	메진 밀
분시(分施)	나누어 비료주기
분식(紛食)	가루음식
분얼(分蘗)	새끼치기
분얼개도(分蘗開度)	포기 퍼짐새
분얼경(分蘗莖)	새끼친 줄기
분얼기(分蘗期)	새끼칠 때
분얼비(分蘗肥)	새끼칠 거름
분얼수(分蘗數)	새끼친 수
분얼절(分蘗節)	새끼마디
분얼최성기(分蘗最盛期)	새끼치기 한창 때
분의처리(粉依處理)	가루묻힘
분재(盆栽)	분나무
분제(粉劑)	가루약
분주(分株)	포기나눔
분지(分枝)	가지벌기
분지각도(分枝角度)	가지벌림새
분지수(分枝數)	번 가지수
분지장(分枝長)	가지길이
분총(分)	쪽파
불면잠(不眠蠶)	못자는 누에
불시재배(不時栽培)	때없이 가꾸기
불시출수(不時出穗)	때없이 이삭패기, 불시이삭패기
불용성(不溶性)	안녹는
불임도(不姙稻)	쭉정이벼
불임립(不稔粒)	쭉정이
불탈견아(不脫繭蛾)	못나온 나방
비경(鼻鏡)	콧등, 코거울
비공(鼻孔)	콧구멍
비등(沸騰)	끓음
비료(肥料)	거름
비루(鼻淚)	콧물
비배관리(肥培管理)	거름주어 가꾸기
비산(飛散)	흩날림
비옥(肥沃)	걸기
비유(泌乳)	젖나기
비육(肥育)	살찌우기
비육양돈(肥育養豚)	살돼지 기르기
비음(庇陰)	그늘
비장(臟)	지라
비절(肥絶)	거름 떨어짐
비환(鼻環)	코뚜레
비효(肥效)	거름효과
빈독우(牝犢牛)	암송아지
빈사상태(瀕死狀態)	다 죽은 상태

빈우(牝牛)	암소

ㅅ

사(砂)	모래
사견양잠(絲繭養蠶)	실고치 누에치기
사경(砂耕)	모래 가꾸기
사과(絲瓜)	수세미
사근접(斜根接)	뿌리엇접
사낭(砂囊)	모래주머니
사란(死卵)	곤달걀
사력토(砂礫土)	자갈흙
사롱견(死籠繭)	번데기가 죽은 고치
사료(飼料)	먹이
사료급여(飼料給與)	먹이주기
사료포(飼料圃)	사료밭
사망(絲網)	실그물
사면(四眠)	넉잠
사멸온도(死滅溫度)	죽는 온도
사비료작물(飼肥料作物)	먹이 거름작물
사사(舍飼)	가둬 기르기
사산(死産)	죽은 새끼 낳음
사삼(沙蔘)	더덕
사성휴(四盛畦)	네가웃지기
사식(斜植)	빗심기, 사식
사양(飼養)	치기, 기르기
사양토(砂壤土)	모래참흙
사육(飼育)	기르기, 치기
사접(斜接)	엇접
사조(飼槽)	먹이통
사조맥(四條麥)	네모보리
사총(絲蔥)	실파
사태아(死胎兒)	죽은 태아
사토(砂土)	모래흙
삭	다래
삭모(削毛)	털깎기
삭아접(削芽接)	깍기눈접
삭제(削蹄)	발굽깍기, 굽깍기
산과앵도(酸果櫻桃)	신앵두
산도교정(酸度矯正)	산성고치기
산란(産卵)	알낳기
산리(山李)	산자두
산미(酸味)	신맛
산상(山桑)	산뽕
산성토양(酸性土壤)	산성흙
산식(散植)	흩어심기
산약(山藥)	마
산양(山羊)	염소
산양유(山羊乳)	염소젖
산유(酸乳)	젖내기
산유량(酸乳量)	우유 생산량
산육량(産肉量)	살코기량
산자수(産仔數)	새끼 수
산파(散播)	흩뿌림
산포도(山葡萄)	머루
살분기(撒粉機)	가루뿜개
삼투성(滲透性)	스미는 성질
삽목(揷木)	꺾꽂이
삽목묘(揷木苗)	꺾꽂이모
삽목상(揷木床)	꺾꽂이 모판
삽미(澁味)	떫은 맛
삽상(揷床)	꺾꽂이 모판
삽수(揷穗)	꺾꽂이순
삽시(揷柹)	떫은 감
삽식(揷植)	꺾꽂이
삽접(揷接)	꽂이접
상(床)	모판
상개각충(桑介殼)	뽕깍지 벌레
상견(上繭)	상등고치
상면(床面)	모판바닥
상명아(桑螟蛾)	뽕나무명나방
상묘(桑苗)	뽕나무묘목
상번초(上繁草)	키가 크고 잎이 위쪽에 많은 풀
상습지(常習地)	자주 나는 곳
상심(桑)	오디
상심지영승(湘芯止蠅)	뽕나무순혹파리
상아고병(桑芽枯病)	뽕나무눈마름병, 뽕눈마름병
상엽(桑葉)	뽕잎
상엽충(桑葉)	뽕잎벌레
상온(床溫)	모판온도
상위엽(上位葉)	윗잎
상자육(箱子育)	상자치기
상저(上藷)	상고구마
상전(桑田)	뽕밭
상족(上簇)	누에올리기
상주(霜柱)	서릿발
상지척확(桑枝尺)	뽕나무자벌레
상천우(桑天牛)	뽕나무하늘소
상토(床土)	모판흙
상폭(上幅)	윗너비, 상폭
상해(霜害)	서리피해
상흔(傷痕)	흉터
색택(色澤)	빛깔

생견(生繭)	생고치
생경중(生莖重)	풋줄기무게
생고중(生藁重)	생짚 무게
생돈(生豚)	생돼지
생력양잠(省力養蠶)	노동력 줄여 누에치기
생력재배(省力栽培)	노동력 줄여 가꾸기
생사(生飼)	날로 먹이기
생시체중(生時體重)	날 때 몸무게
생식(生食)	날로 먹기
생유(生乳)	날젖
생육(生肉)	날고기
생육상(生育狀)	자라는 모양
생육적온(生育適溫)	자라기 적온, 자라기 맞는 온도
생장률(生長率)	자람비율
생장조정제(生長調整劑)	생장조정약
생전분(生澱粉)	날녹말
서(黍)	기장
서강사료(薯糠飼料)	겨감자먹이
서과(西瓜)	수박
서류(薯類)	감자류
서상층(鋤床層)	쟁기밑층
서양리(西洋李)	양자두
서혜임파절(鼠蹊淋巴節)	사타구니임파절
석답(潟畓)	갯논
석분(石粉)	돌가루
석회고(石灰藁)	석회짚
석회석분말(石灰石粉末)	석회가루
선견(選繭)	고치 고르기
선과(選果)	과실 고르기
선단고사(先端枯死)	끝마름
선단벌채(先端伐採)	끝베기
선란기(選卵器)	알고르개
선모(選毛)	털고르기
선종(選種)	씨고르기
선택성(選擇性)	가릴성
선형(扇形)	부채꼴
선회운동(旋回運動)	맴돌이운동, 맴돌이
설립(屑粒)	쭉정이
설미(屑米)	쭉정이쌀
설서(屑薯)	잔감자
설저(屑藷)	잔고구마
설하선(舌下腺)	혀밑샘
설형(楔形)	쐐기꼴
섬세지(纖細枝)	실가지
섬유장(纖維長)	섬유길이
성계(成鷄)	큰닭
성과수(成果樹)	자란 열매나무
성돈(成豚)	자란 돼지
성목(成木)	자란 나무
성묘(成苗)	자란 모
성숙기(成熟期)	익음 때
성엽(成葉)	다 자란 잎, 자란 잎
성장률(成長率)	자람 비율
성추(成雛)	큰병아리
성충(成蟲)	어른벌레
성토(成兎)	자란 토끼
성토법(盛土法)	묻어떼기
성하기(盛夏期)	한여름
세균성연화병(細菌性軟化病)	세균무름병
세근(細根)	잔뿌리
세모(洗毛)	털 씻기
세잠(細蠶)	가는 누에
세절(細切)	잘게 썰기
세조파(細條播)	가는 줄뿌림
세지(細枝)	잔가지
세척(洗滌)	씻기
소각(燒却)	태우기
소광(巢)	벌집틀
소국(小菊)	잔국화
소낭(囊)	모이주머니
소두(小豆)	팥
소두상충(小豆象)	팥바구미
소립(小粒)	잔알
소립종(小粒種)	잔씨
소맥(小麥)	밀
소맥고(小麥藁)	밀짚
소맥부(小麥)	밀기울
소맥분(小麥粉)	밀가루
소문(巢門)	벌통문
소밀(巢蜜)	개꿀, 벌통에서 갓 떼어내 벌집에 그대로 들어있는 꿀
소비(巢脾)	밀랍으로 만든 벌집
소비재배(小肥栽培)	거름 적게 주어 가꾸기
소상(巢箱)	벌통
소식(疎植)	성글게 심기, 드물게 심기
소양증(瘙痒症)	가려움증
소엽(蘇葉)	차조기잎, 차조기
소우(素牛)	밑소
소잠(掃蠶)	누에떨기
소주밀식(小株密植)	적게 잡아 배게심기
소지경(小枝梗)	벼알가지
소채아(小菜蛾)	배추좀나방

소초(巢礎)	벌집틀바탕
소토(燒土)	흙 태우기
속(束)	묶음, 다발, 뭇
속(粟)	조
속명충(粟螟)	조명나방
속성상전(速成桑田)	속성 뽕밭
속성퇴비(速成堆肥)	빨리 썩을 두엄
속야도충(粟夜盜)	멸강나방
속효성(速效性)	빨리 듣는
쇄미(碎米)	싸라기
쇄토(碎土)	흙 부수기
수간(樹間)	나무 사이
수견(收繭)	고치따기
수경재배(水耕栽培)	물로 가꾸기
수고(樹高)	나무키
수고병(穗枯病)	이삭마름병
수광(受光)	빛살받기
수도(水稻)	벼
수도이앙기(水稻移秧機)	모심개
수동분무기(手動噴霧器)	손뿜개
수두(獸痘)	짐승마마
수령(樹)	나무사이
수로(水路)	도랑
수리불안전답(水利不安全畓)	물 사정 나쁜 논
수리안전답(水利安全畓)	물 사정 좋은 논
수면처리(水面處理)	물 위 처리
수모(獸毛)	짐승털
수묘대(水苗垈)	물 못자리
수밀(蒐蜜)	꿀 모으기
수발아(穗發芽)	이삭 싹나기
수병(銹病)	녹병
수분(受粉)	꽃가루받이, 가루받이
수분(水分)	물기
수분수(授粉樹)	가루받이 나무
수비(穗肥)	이삭거름
수세(樹勢)	나무자람새
수수(穗數)	이삭수
수수(穗首)	이삭목
수수도열병(穗首稻熱病)	목도열병
수수분화기(穗首分化期)	이삭 생길 때
수수형(穗數型)	이삭 많은 형
수양성하리(水樣性下痢)	물똥설사
수엽량(收葉量)	뽕 거둠량
수아(收蛾)	나방 거두기
수온(水溫)	물온도
수온상승(水溫上昇)	물온도 높이기
수용성(水溶性)	물에 녹는
수용제(水溶劑)	물녹임약
수유(受乳)	젖받기, 젖주기
수유율(受乳率)	기름내는 비율
수이(水飴)	물엿
수장(穗長)	이삭길이
수전기(穗期)	이삭 거의 팼을 때
수정(受精)	정받이
수정란(受精卵)	정받이알
수조(水)	물통
수종(水腫)	물종기
수중형(穗重型)	큰이삭형
수차(手車)	손수레
수차(水車)	물방아
수척(瘦瘠)	여윔
수침(水浸)	물잠김
수태(受胎)	새끼배기
수포(水泡)	물집
수피(樹皮)	나무 껍질
수형(樹形)	나무 모양
수형(穗形)	이삭 모양
수화제(水和劑)	물풀이약
수확(收穫)	거두기
수확기(收穫機)	거두는 기계
숙근성(宿根性)	해묵이
숙기(熟期)	익음 때
숙도(熟度)	익은 정도
숙면기(熟眠期)	깊은 잠 때
숙사(熟飼)	끓여 먹이기
숙잠(熟蠶)	익은 누에
숙전(熟田)	길든 밭
숙지삽(熟枝揷)	굳가지꽂이
숙채(熟菜)	익힌 나물
순찬경법(順次耕法)	차례 갈기
순치(馴致)	길들이기
순화(馴化)	길들이기, 굳히기
순환관개(循環觀漑)	돌려 물대기
순회관찰(巡廻觀察)	돌아보기
습답(濕畓)	고논
습포육(濕布育)	젖은 천 덮어치기
승가(乘駕)	교배를 위해 등에 올라타는 것
시(柿)	감
시비(施肥)	거름주기, 비료주기
시비개선(施肥改善)	거름주는 방법을 좋게 바꿈
시비기(施肥機)	거름주개
시산(始産)	처음 낳기

시실아(柿實蛾)	감꼭지나방
시진(視診)	살펴보기 진단, 보기진단
시탈삽(柿脫澁)	감우림
식단(食單)	차림표
식부(植付)	심기
식상(植傷)	몸살
식상(植桑)	뽕나무심기
식습관(食習慣)	먹는 버릇
식양토(埴壤土)	질참흙
식염(食鹽)	소금
식염첨가(食鹽添加)	소금치기
식우성(食羽性)	털 먹는 버릇
식이(食餌)	먹이
식재거리(植栽距離)	심는 거리
식재법(植栽法)	심는 법
식토(植土)	질흙
식하량(食下量)	먹는 양
식해(害)	갉음 피해
식혈(植穴)	심을 구덩이
식흔(痕)	먹은 흔적
신미종(辛味種)	매운 품종
신소(新)	새가지, 새순
신소삽목(新揷木)	새순 꺾꽂이
신소엽량(新葉量)	새순 잎량
신엽(新葉)	새잎
신장(腎臟)	콩팥, 신장
신장기(伸張期)	줄기자람 때
신장절(伸張節)	자란 마디
신지(新枝)	새가지
신품종(新品種)	새품종
실면(實棉)	목화
실생묘(實生苗)	씨모
실생번식(實生繁殖)	씨로 불림
심경(深耕)	깊이 갈이
심경다비(深耕多肥)	깊이 갈아 걸우기
심고(芯枯)	순마름
심근성(深根性)	깊은 뿌리성
심부명(深腐病)	속썩음병
심수관개(深水灌漑)	물 깊이대기, 깊이대기
심식(深植)	깊이심기
심엽(心葉)	속잎
심지(芯止)	순멎음, 순멎이
심층시비(深層施肥)	깊이 거름주기
심토(心土)	속흙
심토층(心土層)	속흙층
십자화과(十字花科)	배추과

ㅇ

아(芽)	눈
아(蛾)	나방
아고병(芽枯病)	눈마름병
아삽(芽揷)	눈꽂이
아접(芽接)	눈접
아접도(芽接刀)	눈접칼
아주지(亞主枝)	버금가지
아충	진딧물
악	꽃받침
악성수종(惡性水腫)	악성물종기
악편(片)	꽃받침조각
안(眼)	눈
안점기(眼点期)	점보일 때
암거배수(暗渠排水)	속도랑 물빼기
암발아종자(暗發芽種子)	그늘받이씨
암최청(暗催靑)	어둠 알깨기
압궤(壓潰)	눌러 으깨기
압사(壓死)	깔려죽음
압조법(壓條法)	휘묻이
압착기(壓搾機)	누름틀
액비(液肥)	물거름, 액체비료
액아(腋芽)	겨드랑이눈
액제(液劑)	물약
액체비료(液體肥料)	물거름
앵속(罌粟)	양귀비
야건초(野乾草)	말린들풀
야도아(夜盜蛾)	도둑나방
야도충(夜盜)	도둑벌레, 밤나방의 어린 벌레
야생초(野生草)	들풀
야수(野獸)	들짐승
야자유(椰子油)	야자기름
야잠견(野蠶繭)	들누에고치
야적(野積)	들가리
야초(野草)	들풀
약(葯)	꽃밥
약목(若木)	어린 나무
약빈계(若牝鷄)	햇암탉
약산성토양(弱酸性土壤)	약한 산성흙
약숙(若熟)	덜익음
약염기성(弱鹽基性)	약한 알칼리성
약웅계(若雄鷄)	햇수탉
약지(弱枝)	약한 가지
약지(若枝)	어린 가지

약충(若)	애벌레, 유충
약토(若兎)	어린 토끼
양건(乾)	볕에 말리기
양계(養鷄)	닭치기
양돈(養豚)	돼지치기
양두(羊痘)	염소마마
양마(洋麻)	양삼
양맥(洋麥)	호밀
양모(羊毛)	양털
양묘(養苗)	모 기르기
양묘육성(良苗育成)	좋은 모 기르기
양봉(養蜂)	벌치기
양사(羊舍)	양우리
양상(揚床)	돋움 모판
양수(揚水)	물 푸기
양수(羊水)	새끼집 물
양열재료(釀熱材料)	열 낼 재료
양유(羊乳)	양젖
양육(羊肉)	양고기
양잠(養蠶)	누에치기
양접(揚接)	딴자리접
양질미(良質米)	좋은 쌀
양토(壤土)	참흙
양토(養兎)	토끼치기
어란(魚卵)	말린 생선알, 생선알
어분(魚粉)	생선가루
어비(魚肥)	생선거름
억제재배(抑制栽培)	늦추어가꾸기
언지법(偃枝法)	휘묻이
얼자(蘖子)	새끼가지
엔시리지(ensilage)	담근먹이
여왕봉(女王蜂)	여왕벌
역병(疫病)	돌림병
역용우(役用牛)	일소
역우(役牛)	일소
역축(役畜)	일가축
연가조상수확법	연간 가지 뽕거두기
연골(軟骨)	물렁뼈
연구기(燕口期)	잎펼 때
연근(蓮根)	연뿌리
연맥(燕麥)	귀리
연부병(軟腐病)	무름병
연사(練飼)	이겨 먹이기
연상(練床)	이긴 모판
연수(軟水)	단물
연용(連用)	이어쓰기
연이법(練餌法)	반죽먹이기
연작(連作)	이어짓기
연초야아(煙草夜蛾)	담배나방
연하(嚥下)	삼킴
연화병(軟化病)	무름병
연화재배(軟化栽培)	연하게 가꾸기
열과(裂果)	열매터짐, 터진 열매
열구(裂球)	통터짐, 알터짐, 터진 알
열근(裂根)	뿌리터짐, 터진 뿌리
열대과수(熱帶果樹)	열대 과일나무
열엽(裂葉)	갈래잎
염기성(鹽基性)	알칼리성
염기포화도(鹽基飽和度)	알칼리포화도
염료(染料)	물감
염료작물(染料作物)	물감작물
염류농도(鹽類濃度)	소금기 농도
염류토양(鹽類土壤)	소금기 흙
염수(鹽水)	소금물
염수선(鹽水選)	소금물 가리기
염안(鹽安)	염화암모니아
염장(鹽藏)	소금저장
염중독증(鹽中毒症)	소금중독증
염증(炎症)	곪음증
염지(鹽漬)	소금절임
염해(鹽害)	짠물해
염해지(鹽害地)	짠물해 땅
염화가리(鹽化加里)	염화칼리
엽고병(葉枯病)	잎마름병
엽권병(葉倦病)	잎말이병
엽권충(葉倦)	잎말이나방
엽령(葉齡)	잎나이
엽록소(葉綠素)	잎파랑이
엽맥(葉脈)	잎맥
엽면살포(葉面撒布)	잎에 뿌리기
엽면시비(葉面施肥)	잎에 거름주기
엽면적(葉面積)	잎면적
엽병(葉炳)	잎자루
엽비(葉)	응애
엽삽(葉揷)	잎꽂이
엽서(葉序)	잎차례
엽선(葉先)	잎끝
엽선절단(葉先切斷)	잎끝자르기
엽설(葉舌)	잎혀
엽신(葉身)	잎새
엽아(葉芽)	잎눈
엽연(葉緣)	잎가선

엽연초(葉煙草)	잎담배
엽육(葉肉)	잎살
엽이(葉耳)	잎귀
엽장(葉長)	잎길이
엽채류(葉菜類)	잎채소류, 잎채소붙이
엽초(葉)	잎집
엽폭(葉幅)	잎 너비
영견(營繭)	고치짓기
영계(鷄)	약병아리
영년식물(永年植物)	오래살이 작물
영양생장(營養生長)	몸자람
영화(穎化)	이삭꽃
영화분화기(穎化分化期)	이삭꽃 생길 때
예도(刈倒)	베어 넘김
예찰(豫察)	미리 살핌
예초(刈草)	풀베기
예초기(刈草機)	풀베개
예취(刈取)	베기
예취기(刈取機)	풀베개
예폭(刈幅)	벨너비
오모(汚毛)	더러운 털
오수(汚水)	더러운 물
오염견(汚染繭)	물든 고치
옥견(玉繭)	쌍고치
옥사(玉絲)	쌍고치실
옥외육(屋外育)	한데치기
옥촉서(玉蜀黍)	옥수수
옥총(玉)	양파
옥총승(玉繩)	고자리파리
옥토(沃土)	기름진 땅
온수관개(溫水灌漑)	더운 물대기
온욕법(溫浴法)	더운 물담그기
완두상충(豌豆象)	완두바구미
완숙(完熟)	다 익음
완숙과(完熟果)	익은 열매
완숙퇴비(完熟堆肥)	다썩은 두엄
완전변태(完全變態)	갖춘 탈바꿈
완초(莞草)	왕골
완효성(緩效性)	천천히 듣는
왕대(王臺)	여왕벌집
왕봉(王蜂)	여왕벌
왜성대목(倭性臺木)	난장이 바탕나무
외곽목책(外廓木柵)	바깥울
외래종(外來種)	외래품종
외반경(外返耕)	바깥 돌아갈이
외상(外傷)	겉상처
외피복(外被覆)	겉덮기, 겊덮개
요(尿)	오줌
요도결석(尿道結石)	오줌길에 생긴 돌
요독증(尿毒症)	오줌독 증세
요실금(尿失禁)	오줌 흘림
요의빈삭(尿意頻數)	오줌 자주 마려움
요절병(腰折病)	잘록병
욕광최아(浴光催芽)	햇볕에서 싹 띄우기
용수로(用水路)	물대기 도랑
용수원(用水源)	끝물
용제(溶劑)	녹는 약
용탈(溶脫)	녹아 빠짐
용탈증(溶脫症)	녹아 빠진 흙
우(牛)	소
우결핵(牛結核)	소결핵
우량종자(優良種子)	좋은 씨앗
우모(羽毛)	깃털
우사(牛舍)	외양간
우상(牛床)	축사에 소를 1마리씩 수용하기 위한 구획
우승(牛蠅)	쇠파리
우육(牛肉)	쇠고기
우지(牛脂)	쇠기름
우형기(牛衡器)	소저울
우회수로(迂廻水路)	돌림도랑
운형병(雲形病)	수탉
웅봉(雄蜂)	수벌
웅성불임(雄性不稔)	고자성
웅수(雄穗)	수이삭
웅예(雄)	수술
웅추(雄雛)	수평아리
웅충(雄)	수벌레
웅화(雄花)	수꽃
원경(原莖)	원줄기
원추형(圓錐形)	원뿔꽃
원형화단(圓形花壇)	둥근 꽃밭
월과(越瓜)	김치오이
월년생(越年生)	두해살이
월동(越冬)	겨울나기
위임신(僞姙娠)	헛배기
위조(萎凋)	시듦
위조계수(萎凋係數)	시듦값
위조점(萎凋点)	시들점
위축병(萎縮病)	오갈병
위황병(萎黃病)	누른오갈병
유(柚)	유자

용어	순화어
유근(幼根)	어린뿌리
유당(乳糖)	젖당
유도(油桃)	민복숭아
유두(乳頭)	젖꼭지
유료작물(有料作物)	기름작물
유목(幼木)	어린 나무
유묘(幼苗)	어린모
유박(油粕)	깻묵
유방염(乳房炎)	젖알이
유봉(幼蜂)	새끼벌
유산(乳酸)	젖산
유산(流産)	새끼지우기
유산가리(酸加里)	황산가리
유산균(乳酸菌)	젖산균
유산망간(酸mangan)	황산망간
유산발효(乳酸醱酵)	젖산 띄우기
유산양(乳山羊)	젖염소
유살(誘殺)	꾀어 죽이기
유상(濡桑)	물뽕
유선(乳腺)	젖줄, 젖샘
유수(幼穗)	어린 이삭
유수분화기(幼穗分化期)	이삭 생길 때
유수형성기(幼穗形成期)	배동받이 때
유숙(乳熟)	젖 익음
유아(幼芽)	어린싹
유아등(誘蛾燈)	꾀임등
유안(硫安)	황산암모니아
유압(油壓)	기름 압력
유엽(幼葉)	어린잎
유우(乳牛)	젖소
유우(幼牛)	애송아지
유우사(乳牛舍)	젖소외양간, 젖소간
유인제(誘引劑)	꾀임약
유제(油劑)	기름약
유지(乳脂)	젖기름
유착(癒着)	엉겨 붙음
유추(幼雛)	햇병아리, 병아리
유추사료(幼雛飼料)	햇병아리 사료
유축(幼畜)	어린 가축
유충(幼蟲)	애벌레, 약충
유토(幼兎)	어린 토끼
유합(癒合)	아뭄
유황(黃)	황
유황대사(黃代謝)	황대사
유황화합물(黃化合物)	황화합물
유효경비율(有效莖比率)	참줄기비율
유효분얼최성기(有效分蘖最盛期)	참 새끼치기 최성기
유효분얼 한계기(有效分蘖限界期)	참 새끼치기 한계기
유효분지수(有效分枝數)	참가지수, 유효가지수
유효수수(有效穗數)	참이삭수
유휴지(遊休地)	묵힌 땅
육계(肉鷄)	고기를 위해 기르는 닭, 식육용 닭
육도(陸稻)	밭벼
육돈(陸豚)	살돼지
육묘(育苗)	모기르기
육묘대(陸苗垈)	밭모판, 밭못자리
육묘상(育苗床)	못자리
육성(育成)	키우기
육아재배(育芽栽培)	싹내 가꾸기
육우(肉牛)	고기소
육잠(育蠶)	누에치기
육즙(肉汁)	고기즙
육추(育雛)	병아리기르기
윤문병(輪紋病)	테무늬병
윤작(輪作)	돌려짓기
윤환방목(輪換放牧)	옮겨 놓아 먹이기
윤환채초(輪換採草)	옮겨 풀베기
율(栗)	밤
은아(隱芽)	숨은 눈
음건(陰乾)	그늘 말리기
음수량(飮水量)	물먹는 양
음지답(陰地畓)	응달논
응집(凝集)	엉김, 응집
응혈(凝血)	피 엉김
의빈대(疑牝臺)	암틀
의잠(蟻蠶)	개미누에
이(李)	자두
이(梨)	배
이개(耳介)	귓바퀴
이기작(二期作)	두 번 짓기
이년생화초(二年生花草)	두해살이 화초
이대소야아(二帶小夜蛾)	벼애나방
이면(二眠)	두잠
이모작(二毛作)	두 그루갈이
이박(飴粕)	엿밥
이백삽병(裏白澁病)	뒷면흰가루병
이병(痢病)	설사병
이병경률(罹病莖率)	병든 줄기율
이병묘(罹病苗)	병든 모
이병성(罹病性)	병 걸림성

이병수율(罹病穗率)	병든 이삭률
이병식물(罹病植物)	병든 식물
이병주(罹病株)	병든 포기
이병주율(罹病株率)	병든 포기율
이식(移植)	옮겨심기
이앙밀도(移秧密度)	모내기뱀새
이야포(二夜包)	한밤 묵히기
이유(離乳)	젖떼기
이주(梨酒)	배술
이품종(異品種)	다른 품종
이하선(耳下線)	귀밑샘
이형주(異型株)	다른 꼴 포기
이화명충(二化螟)	이화명나방
이환(罹患)	병 걸림
이희심식충(梨姬心食)	배명나방
익충(益)	이로운 벌레
인경(鱗莖)	비늘줄기
인공부화(人工孵化)	인공알깨기
인공수정(人工受精)	인공 정받이
인공포유(人工哺乳)	인공 젖먹이기
인안(鱗安)	인산암모니아
인입(引入)	끌어들임
인접주(隣接株)	옆그루
인초(藺草)	골풀
인편(鱗片)	쪽
인후(咽喉)	목구멍
일건(日乾)	볕말림
일고(日雇)	날품
일년생(一年生)	한해살이
일륜차(一輪車)	외바퀴수레
일면(一眠)	첫잠
일조(日照)	볕
일협립수(1莢粒數)	꼬투리당 일수
임돈(姙豚)	새끼 밴 돼지
임신(姙娠)	새끼배기
임신징후(姙娠徵候)	임신기, 새깨밴 징후
임실(稔實)	씨여뭄
임실유(荏實油)	들기름
입고병(立枯病)	잘록병
입단구조(粒團構造)	떼알구조
입도선매(立稻先賣)	벼베기 전 팔이,베기 전 팔이
입란(入卵)	알넣기
입색(粒色)	낟알색
입수계산(粒數計算)	낟알 셈
입제(粒劑)	싸락약
입중(粒重)	낟알 무게
입직기(織機)	가마니틀
잉여노동(剩餘勞動)	남는 노동

ㅈ

자(刺)	가시
자가수분(自家受粉)	제 꽃가루 받이
자견(煮繭)	고치삶기
자궁(子宮)	새끼집
자근묘(自根苗)	제뿌리 모
자돈(仔豚)	새끼돼지
자동급사기(自動給飼機)	자동 먹이틀
자동급수기(自動給水機)	자동물주개
자만(子蔓)	아들덩굴
자묘(子苗)	새끼모
자반병(紫斑病)	자주무늬병
자방(子房)	씨방
자방병(子房病)	씨방자루
자산양(子山羊)	새끼염소
자소(紫蘇)	차조기
자수(雌穗)	암이삭
자아(雌蛾)	암나방
자연초지(自然草地)	자연 풀밭
자엽(子葉)	떡잎
자예(雌)	암술
자웅감별(雌雄鑑別)	암술 가리기
자웅동체(雌雄同體)	암수 한 몸
자웅분리(雌雄分離)	암수 가리기
자저(煮藷)	찐고구마
자추(雌雛)	암평아리
자침(刺針)	벌침
자화(雌花)	암꽃
자화수정(自花受精)	제 꽃가루받이 ,제 꽃 정받이
작부체계(作付體系)	심기차례
작열감(灼熱感)	모진 아픔
작조(作條)	골타기
작토(作土)	갈이 흙
작형(作型)	가꿈꼴
작황(作況)	되는 모양, 농작물의 자라는 상황
작휴재배(作畦栽培)	이랑가꾸기
잔상(殘桑)	남은 뽕
잔여모(殘餘苗)	남은 모
잠가(蠶架)	누에 시렁
잠견(蠶繭)	누에고치
잠구(蠶具)	누에연모
잠란(蠶卵)	누에 알

잠령(蠶齡)	누에 나이
잠망(蠶網)	누에 그물
잠박(蠶箔)	누에 채반
잠복아(潛伏芽)	숨은 눈
잠사(蠶絲)	누에실, 잠실
잠아(潛芽)	숨은 눈
잠엽충(潛葉)	잎굴나방
잠작(蠶作)	누에되기
잠족(蠶簇)	누에섶
잠종(蠶種)	누에씨
잠종상(蠶種箱)	누에씨상자
잠좌지(蠶座紙)	누에 자리종이
잡수(雜穗)	잡이삭
장간(長稈)	큰키
장과지(長果枝)	긴열매가지
장관(腸管)	창자
장망(長芒)	긴까락
장방형식(長方形植)	긴모꼴심기
장시형(長翅型)	긴날개꼴
장일성식물(長日性植物)	긴볕 식물
장일처리(長日處理)	긴볕 쬐기
장잠(壯蠶)	큰누에
장중첩(腸重疊)	창자 겹침
장폐색(腸閉塞)	창자 막힘
재발아(再發芽)	다시 싹나기
재배작형(栽培作型)	가꾸기꼴
재상(栽桑)	뽕가꾸기
재생근(再生根)	되난뿌리
재식(栽植)	심기
재식거리(栽植距離)	심는 거리
재식면적(栽植面積)	심는 면적
재식밀도(栽植密度)	심음배기, 심었을 때 빽빽한 정도
저(楮)	닥나무, 닥
저견(貯繭)	고치 저장
저니토(低泥土)	시궁흙
저마(苧麻)	모시
저밀(貯蜜)	꿀갈무리
저상(貯桑)	뽕저장
저설온상(低說溫床)	낮은 온상
저수답(貯水畓)	물받이 논
저습지(低濕地)	질펄 땅, 진 땅
저위생산답(低位生産畓)	소출 낮은 논
저위예취(低位刈取)	낮추베기
저작구(咀嚼口)	씹는 입
저작운동(咀嚼運動)	씹기 운동, 씹기
저장(貯藏)	갈무리
저항성(低抗性)	버틸성
저해견(害繭)	구더기난 고치
저휴(低畦)	낮은 이랑
적고병(赤枯病)	붉은마름병
적과(摘果)	열매솎기
적과협(摘果鋏)	열매솎기 가위
적기(適期)	제때, 제철
적기방제(適期防除)	제때 방제
적기예취(適期刈取)	제때 베기
적기이앙(適期移秧)	제때 모내기
적기파종(適期播種)	제때 뿌림
적량살포(適量撒布)	알맞게 뿌리기
적량시비(適量施肥)	알맞은 양 거름주기
적뢰(摘)	봉오리 따기
적립(摘粒)	알솎기
적맹(摘萌)	눈솎기
적미병(摘微病)	붉은곰팡이병
적상(摘桑)	뽕따기
적상조(摘桑爪)	뽕가락지
적성병(赤星病)	붉음별무늬병
적수(摘穗)	송이솎기
적심(摘芯)	순지르기
적아(摘芽)	눈따기
적엽(摘葉)	잎따기
적예(摘)	순지르기
적의(赤蟻)	붉은개미누에
적토(赤土)	붉은 흙
적화(摘花)	꽃솎기
전륜(前輪)	앞바퀴
전면살포(全面撒布)	전면뿌리기
전모(剪毛)	털깍기
전묘대(田苗垈)	밭못자리
전분(澱粉)	녹말
전사(轉飼)	옮겨 기르기
전시포(展示圃)	본보기논, 본보기밭
전아육(全芽育)	순뽕치기
전아육성(全芽育成)	새순 기르기
전염경로(傳染經路)	옮은 경로
전엽육(全葉育)	잎뽕치기
전용상전(專用桑田)	전용 뽕밭
전작(前作)	앞그루
전작(田作)	밭농사
전작물(田作物)	밭작물
전정(剪定)	다듬기
전정협(剪定鋏)	다듬가위
전지(前肢)	앞다리

전지(剪枝)	가지 다듬기
전지관개(田地灌漑)	밭물대기
전직장(前直腸)	앞곧은 창자
전층시비(全層施肥)	거름흙살 섞어주기
절간(切干)	썰어 말리기
절간(節間)	마디 사이
절간신장기(節間伸長期)	마디 자랄 때
절간장(節稈長)	마디길이
절개(切開)	가름
절근아법(切根芽法)	뿌리눈접
절단(切斷)	자르기
절상(切傷)	베인 상처
절수재배(節水栽培)	물 아껴 가꾸기
절접(切接)	깎기접
절토(切土)	흙깎기
절화(折花)	꽂이꽃
절흔(切痕)	베인 자국
점등사육(點燈飼育)	불켜 기르기
점등양계(點燈養鷄)	불켜 닭기르기
점적식관수(点滴式灌水)	방울 물주기
점진최청(漸進催靑)	점진 알깨기
점청기(点青期)	점보일 때
점토(粘土)	찰흙
점파(点播)	점뿌림
접도(接刀)	접칼
접목묘(接木苗)	접나무모
접삽법(接揷法)	접꽂아
접수(接穗)	접순
접아(接芽)	접눈
접지(接枝)	접가지
접지압(接地壓)	땅누름 압력
정곡(情穀)	알곡
정마(精麻)	속삼
정맥(精麥)	보리쌀
정맥강(精麥糠)	몽근쌀 비율
정맥비율(精麥比率)	보리쌀 비율
정선(精選)	잘 고르기
정식(定植)	아주심기
정아(頂芽)	끝눈
정엽량(正葉量)	잎뽕량
정육(精肉)	살코기
정제(錠劑)	알약
정조(正租)	알벼
정조식(正祖式)	줄모
정지(整地)	땅고르기
정지(整枝)	가지고르기
정화아(頂花芽)	끝꽃눈
제각(除角)	뿔 없애기, 뿔 자르기
제경(除莖)	줄기치기
제과(製菓)	과자만들기
제대(臍帶)	탯줄
제대(除袋)	봉지 벗기기
제동장치(制動裝置)	멈춤장치
제마(製麻)	삼 만들기
제맹(除萌)	순따기
제면(製麵)	국수 만들기
제사(除沙)	똥갈이
제심(除心)	속대 자르기
제염(除鹽)	소금빼기
제웅(除雄)	수술치기
제점(臍点)	배꼽
제족기(第簇機)	섶틀
제초(除草)	김매기
제핵(除核)	씨빼기
조(棗)	대추
조간(條間)	줄 사이
조고비율(組藁比率)	볏짚비율
조기재배(早期栽培)	일찍 가꾸기
조맥강(粗麥糠)	거친 보릿겨
조사(繰絲)	실켜기
조사료(粗飼料)	거친 먹이
조상(條桑)	가지뽕
조상육(條桑育)	가지뽕치기
조생상(早生桑)	올뽕
조생종(早生種)	올씨
조소(造巢)	벌집 짓기, 집 짓기
조숙(早熟)	올 익음
조숙재배(早熟栽培)	일찍 가꾸기
조식(早植)	올 심기
조식재배(早植栽培)	올 심어 가꾸기
조지방(粗脂肪)	거친 굳기름
조파(早播)	올 뿌림
조파(條播)	줄뿌림
조회분(粗灰分)	거친 회분
족(簇)	섶
족답탈곡기(足踏脫穀機)	디딜 탈곡기
족착견(簇着繭)	섶자국 고치
종견(種繭)	씨고치
종계(種鷄)	씨닭
종구(種球)	씨알
종균(種菌)	씨균
종근(種根)	씨뿌리

종돈(種豚)	씨돼지
종란(種卵)	씨알
종모돈(種牡豚)	씨수퇘지
종모우(種牡牛)	씨황소
종묘(種苗)	씨모
종봉(種蜂)	씨벌
종부(種付)	접붙이기
종빈돈(種牝豚)	씨암퇘지
종빈우(種牝牛)	씨암소
종상(終霜)	끝서리
종실(種實)	씨알
종실중(種實重)	씨무게
종양(腫瘍)	혹
종자(種子)	씨앗, 씨
종자갱신(種子更新)	씨앗갈이
종자교환(種子交換)	씨앗바꾸기
종자근(種子根)	씨뿌리
종자예조(種子豫措)	종자가리기
종자전염(種子傳染)	씨앗 전염
종창(腫脹)	부어오름
종축(種畜)	씨가축
종토(種兎)	씨토끼
종피색(種皮色)	씨앗 빛
좌상육(桑育)	뽕썰어치기
좌아육(芽育)	순썰어치기
좌절도복(挫折倒伏)	꺾어 쓰러짐
주(株)	포기, 그루
주간(主幹)	원줄기
주간(株間)	포기 사이, 그루 사이
주간거리(株間距離)	그루 사이, 포기 사이
주경(主莖)	원줄기
주근(主根)	원뿌리
주년재배(周年栽培)	사철가꾸기
주당수수(株當穗數)	포기당 이삭수
주두(柱頭)	암술머리
주아(主芽)	으뜸눈
주위작(周圍作)	둘레심기
주지(主枝)	원가지
중간낙수(中間落水)	중간 물떼기
중간아(中間芽)	중간눈
중경(中耕)	매기
중경제초(中耕除草)	김매기
중과지(中果枝)	중간열매가지
중력분(中力粉)	보통 밀가루, 밀가루
중립종(中粒種)	중씨앗
중만생종(中晩生種)	엇늦씨
중묘(中苗)	중간 모
중생종(中生種)	가온씨
중식기(中食期)	중밥 때
중식토(重植土)	찰질흙
중심공동서(中心空胴薯)	속 빈 감자
중추(中雛)	중병아리
증체량(增體量)	살찐 양
지(枝)	가지
지각(枳殼)	탱자
지경(枝梗)	이삭가지
지고병(枝枯病)	가지마름병
지근(枝根)	갈림 뿌리
지두(枝豆)	풋콩
지력(地力)	땅심
지력증진(地力增進)	땅심 돋우기
지면잠(遲眠蠶)	늦잠누에
지발수(遲發穗)	늦이삭
지방(脂肪)	굳기름
지분(紙盆)	종이분
지삽(枝揷)	가지꽂이
지엽(止葉)	끝잎
지잠(遲蠶)	처진 누에
지접(枝接)	가지접
지제부분(地際部分)	땅 닿은 곳
지조(枝條)	가지
지주(支柱)	받침대
지표수(地表水)	땅윗물
지하경(地下莖)	땅 속 줄기
지하수개발(地下水開發)	땅 속 물 찾기
지하수위(地下水位)	지하수 높이
직근(直根)	곧은 뿌리
직근성(直根性)	곧은 뿌리성
직립경(直立莖)	곧은 줄기
직립성낙화생(直立性落花生)	오뚜기땅콩
직립식(直立植)	곧추 심기
직립지(直立枝)	곧은 가지
직장(織腸)	곧은 창자
직파(直播)	곧 뿌림
진균(眞菌)	곰팡이
진압(鎭壓)	눌러주기
질사(窒死)	질식사
질소과잉(窒素過剩)	질소 넘침
질소기아(窒素饑餓)	질소 부족
질소잠재지력(窒素潛在地力)	질소 스민 땅심
징후(徵候)	낌새

ㅊ

차광(遮光)	볕가림
차광재배(遮光栽培)	볕가림 가꾸기
차륜(車輪)	차바퀴
차일(遮日)	해가림
차전초(車前草)	질경이
차축(車軸)	굴대
착과(着果)	열매 달림, 달린 열매
착근(着根)	뿌리 내림
착뢰(着)	망울 달림
착립(着粒)	알달림
착색(着色)	색깔 내기
착유(搾乳)	젖짜기
착즙(搾汁)	즙내기
착탈(着脫)	달고 떼기
착화(着花)	꽃달림
착화불량(着花不良)	꽃눈 형성 불량
찰과상(擦過傷)	긁힌 상처
창상감염(創傷感染)	상처 옮음
채두(菜豆)	강낭콩
채란(採卵)	알걷이
채랍(採蠟)	밀따기
채묘(採苗)	모찌기
채밀(採蜜)	꿀따기
채엽법(採葉法)	잎따기
채종(採種)	씨받이
채종답(採種畓)	씨받이논
채종포(採種圃)	씨받이논, 씨받이밭
채토장(採土場)	흙 캐는 곳
척박토(瘠薄土)	메마른 흙
척수(脊髓)	등골
척추(脊椎)	등뼈
천경(淺耕)	얕이갈이
천공병(穿孔病)	구멍병
천구소병(天拘巢病)	빗자루병
천근성(淺根性)	얕은 뿌리성
천립중(千粒重)	천알 무게
천수답(天水畓)	하늘바라기 논, 봉천답
천식(淺植)	얕심기
천일건조(天日乾操)	볕말림
청경법(淸耕法)	김매 가꾸기
청고병(靑枯病)	풋마름병
청마(靑麻)	어저귀
청미(靑米)	청치
청수부(靑首部)	가지와 뿌리의 경계부
청예(靑刈)	풋베기
청예대두(靑刈大豆)	풋베기 콩
청예목초(靑刈木草)	풋베기 목초
청예사료(靑刈飼料)	풋베기 사료
청예옥촉서(靑刈玉蜀黍)	풋베기 옥수수
청정채소(淸淨菜蔬)	맑은 채소
청초(靑草)	생풀
체고(體高)	키
체장(體長)	몸길이
초가(草架)	풀시렁
초결실(初結實)	첫 열림
초고(枯)	잎집마름
초목회(草木灰)	재거름
초발이(初發苡)	첫물 버섯
초본류(草本類)	풀붙이
초산(初産)	첫배 낳기
초산태(硝酸態)	질산태
초상(初霜)	첫 서리
초생법(草生法)	풀두고 가꾸기
초생추(初生雛)	갓 깬 병아리
초세(草勢)	풀자람새, 잎자람새
초식가축(草食家畜)	풀먹이 가축
초안(硝安)	질산암모니아
초유(初乳)	첫젖
초자실재배(硝子室栽培)	유리온실 가꾸기
초장(草長)	풀 길이
초지(草地)	꼴 밭
초지개량(草地改良)	꼴 밭 개량
초지조성(草地造成)	꼴 밭 가꾸기
초추잠(初秋蠶)	초가을 누에
초형(草型)	풀꽃
촉각(觸角)	더듬이
촉서(蜀黍)	수수
촉성재배(促成栽培)	철 당겨 가꾸기
총(蔥)	파
총생(叢生)	모듬남
총체벼	사료용 벼
총체보리	사료용 보리
최고분얼기(最高分蘗期)	최고 새끼치기 때
최면기(催眠期)	잠 들 무렵
최아(催芽)	싹 틔우기
최아재배(催芽栽培)	싹 틔워 가꾸기
최청(催靑)	알깨기
최청기(催靑器)	누에깰 틀
추경(秋耕)	가을갈이
추계재배(秋季栽培)	가을가꾸기

추광성(趨光性)	빛 따름성, 빛 쫓음성
추대(抽薹)	꽃대 신장, 꽃대 자람
추대두(秋大豆)	가을콩
추백리병(雛白痢病)	병아리흰설사병, 병아리설사병
추비(秋肥)	가을거름
추비(追肥)	웃거름
추수(秋收)	가을걷이
추식(秋植)	가을심기
추엽(秋葉)	가을잎
추작(秋作)	가을가꾸기
추잠(秋蠶)	가을누에
추잠종(秋蠶種)	가을누에씨
추접(秋接)	가을접
추지(秋枝)	가을가지
추파(秋播)	덧뿌림
추화성(趨化性)	물따름성, 물쫓음성
축사(畜舍)	가축우리
축엽병(縮葉病)	잎오갈병
춘경(春耕)	봄갈이
춘계재배(春季栽培)	봄가꾸기
춘국(春菊)	쑥갓
춘벌(春伐)	봄베기
춘식(春植)	봄심기
춘엽(春葉)	봄잎
춘잠(春蠶)	봄누에
춘잠종(春蠶種)	봄누에씨
춘지(春枝)	봄가지
춘파(春播)	봄뿌림
춘파묘(春播苗)	봄모
춘파재배(春播栽培)	봄가꾸기
출각견(出殼繭)	나방난 고치
출사(出)	수염나옴
출수(出穗)	이삭패기
출수기(出穗期)	이삭팰 때
출아(出芽)	싹나기
출웅기(出雄期)	수이삭 때, 수이삭날 때
출하기(出荷期)	제철
충령(齡)	벌레나이
충매전염(蟲媒傳染)	벌레전염
충영(蟲癭)	벌레 혹
충분(蟲糞)	곤충의 똥
취목(取木)	휘묻이
취소성(就巢性)	품는 버릇
측근(側根)	곁뿌리
측아(側芽)	곁눈
측지(側枝)	곁가지
측창(側窓)	곁창
측화아(側花芽)	곁꽃눈
치묘(稚苗)	어린모
치은(齒)	잇몸
치잠(稚蠶)	애누에
치잠공동사육(稚蠶共同飼育)	애누에 공동치기
치차(齒車)	톱니바퀴
친주(親株)	어미 포기
친화성(親和性)	어울림성
침고(寢藁)	깔짚
침시(沈柹)	우려낸 감
침종(浸種)	씨앗 담그기
침지(浸漬)	물에 담그기

ㅋ

칼티베이터(Cultivator)	중경제초기

ㅍ

파쇄(破碎)	으깸
파악기(把握器)	교미틀
파조(播條)	뿌림 골
파종(播種)	씨뿌림
파종상(播種床)	모판
파폭(播幅)	골 너비
파폭률(播幅率)	골 너비율
파행(跛行)	절뚝거림
패각(貝殼)	조가비
패각분말(敗殼粉末)	조가비 가루
펠레트(Pellet)	덩이먹이
편식(偏食)	가려먹음
편포(扁浦)	박
평과(果)	사과
평당주수(坪當株數)	평당 포기 수
평부잠종(平附蠶種)	종이받이 누에
평분(平盆)	넓적분
평사(平舍)	바닥 우리
평사(平飼)	바닥 기르기(축산), 넓게 치기(잠업)
평예법(坪刈法)	평뜨기
평휴(平畦)	평이랑
폐계(廢鷄)	못쓸 닭
폐사율(廢死率)	죽는 비율
폐상(廢床)	비운 모판
폐색(閉塞)	막힘
폐장(肺臟)	허파

포낭(包囊)	홀씨 주머니
포란(抱卵)	알 품기
포말(泡沫)	거품
포복(匍匐)	덩굴 뻗음
포복경(匍匐莖)	땅 덩굴줄기
포복성낙화생(匍匐性落花生)	덩굴땅콩
포엽(苞葉)	이삭잎
포유(胞乳)	젖먹이, 적먹임
포자(胞子)	홀씨
포자번식(胞子繁殖)	홀씨번식
포자퇴(胞子堆)	홀씨더미
포충망(捕蟲網)	벌레그물
폭(幅)	너비
폭립종(爆粒種)	튀김씨
표충(瓢)	무당벌레
표층시비(表層施肥)	표층 거름주기, 겉거름 주기
표토(表土)	겉흙
표피(表皮)	겉껍질
표형견(俵形繭)	땅콩형 고치
풍건(風乾)	바람말림
풍선(風選)	날려 고르기
플라우(Plow)	쟁기
플랜터(Planter)	씨뿌리개, 파종기
피마(皮麻)	껍질삼
피맥(皮麥)	겉보리
피목(皮目)	껍질눈
피발작업(拔作業)	피사리
피복(被覆)	덮개, 덮기
피복재배(被覆栽培)	덮어 가꾸기
피해경(被害莖)	피해 줄기
피해립(被害粒)	상한 낟알
피해주(被害株)	피해 포기

하계파종(夏季播種)	여름 뿌림
하고(夏枯)	더위시듦
하기전정(夏期剪定)	여름 가지치기
하대두(夏大豆)	여름 콩
하등(夏橙)	여름 귤
하리(下痢)	설사
하번초(下繁草)	아래퍼짐 풀, 밑퍼짐 풀, 지표면에서 자라는 식물
하벌(夏伐)	여름베기
하비(夏肥)	여름거름
하수지(下垂枝)	처진 가지
하순(下脣)	아랫잎술
하아(夏芽)	여름눈
하엽(夏葉)	여름잎
하작(夏作)	여름 가꾸기
하잠(夏蠶)	여름 누에
하접(夏接)	여름접
하지(夏枝)	여름 가지
하파(夏播)	여름 파종
한랭사(寒冷紗)	가림망
한발(旱魃)	가뭄
한선(汗腺)	땀샘
한해(旱害)	가뭄피해
할접(割接)	짜개접
함미(鹹味)	짠맛
합봉(合蜂)	벌통합치기, 통합치기
합접(合接)	맞접
해채(菜)	염교
해충(害蟲)	해로운 벌레
해토(解土)	땅풀림
행(杏)	살구
향식기(餉食期)	첫밥 때
향신료(香辛料)	양념재료
향신작물(香愼作物)	양념작물
향일성(向日性)	빛 따름성
향지성(向地性)	빛 따름성
혈명견(穴明繭)	구멍고치
혈변(血便)	피똥
혈액응고(血液凝固)	피엉김
혈파(穴播)	구멍파종
협(莢)	꼬투리
협실비율(莢實比率)	꼬투리알 비율
협장(莢長)	꼬투리 길이
협폭파(莢幅播)	좁은 이랑뿌림
형잠(形蠶)	무늬누에
호과(胡瓜)	오이
호도(胡挑)	호두
호로과(葫蘆科)	박과
호마(胡麻)	참깨
호마엽고병(胡麻葉枯病)	깨씨무늬병
호마유(胡麻油)	참기름
호맥(胡麥)	호밀
호반(虎班)	호랑무늬
호숙(湖熟)	풀 익음
호엽고병(縞葉枯病)	줄무늬마름병
호접(互接)	맞접
호흡속박(呼吸速迫)	숨가쁨

혼식(混植)	섞어심기
혼용(混用)	섞어쓰기
혼용살포(混用撒布)	섞어뿌림, 섞뿌림
혼작(混作)	섞어짓기
혼종(混種)	섞임씨
혼파(混播)	섞어뿌림
혼합맥강(混合麥糠)	섞음보릿겨
혼합아(混合芽)	혼합눈
화경(花梗)	꽃대
화경(花莖)	꽃줄기
화관(花冠)	꽃부리
화농(化膿)	곪음
화도(花挑)	꽃복숭아
화력건조(火力乾操)	불로 말리기
화뢰(花)	꽃봉오리
화목(花木)	꽃나무
화묘(花苗)	꽃모
화본과목초(禾本科牧草)	볏과목초
화본과식물(禾本科植物)	볏과식물
화부병(花腐病)	꽃썩음병
화분(花粉)	꽃가루
화산성토(火山成土)	화산흙
화산회토(火山灰土)	화산재
화색(花色)	꽃색
화속상결과지(化束狀結果枝)	꽃덩이 열매가지
화수(花穗)	꽃송이
화아(花芽)	꽃눈
화아분화(花芽分化)	꽃눈분화
화아형성(花芽形成)	꽃눈형성
화용	번데기 되기
화진(花振)	꽃떨림
화채류(花菜類)	꽃채소
화탁(花托)	꽃받기
화판(花瓣)	꽃잎
화피(花被)	꽃덮이
화학비료(化學肥料)	화학거름
화형(花型)	꽃모양
화훼(花卉)	화초
환금작물(環金作物)	돈벌이작물
환모(渙毛)	털갈이
환상박피(環床剝皮)	껍질 돌려 벗기기, 돌려 벗기기
환수(換水)	물갈이
환우(換羽)	털갈이
환축(患畜)	병든 가축
활착(活着)	뿌리내림
황목(荒木)	제풀나무
황숙(黃熟)	누렇게 익음
황조슬충(黃條)	배추벼룩잎벌레
황촉규(黃蜀葵)	닥풀
황충(蝗)	메뚜기
회경(回耕)	돌아갈이
회분(灰粉)	재
회전족(回轉簇)	회전섶
횡반(橫斑)	가로무늬
횡와지(橫臥枝)	누운 가지
후구(後軀)	뒷몸
후기낙과(後期落果)	자라 떨어짐
후륜(後輪)	뒷바퀴
후사(後飼)	배게 기르기
후산(後産)	태낳기
후산정체(後産停滯)	태반이 나오지 않음
후숙(後熟)	따서 익히기, 따서 익힘
후작(後作)	뒷그루
후지(後肢)	뒷다리
훈연소독(燻煙消毒)	연기찜 소독
훈증(燻蒸)	증기찜
휴간관개(畦間灌漑)	고랑 물대기
휴립(畦立)	이랑 세우기, 이랑 만들기
휴립경법(畦立耕法)	이랑짓기
휴면기(休眠期)	잠잘 때
휴면아(休眠芽)	잠자는 눈
휴반(畦畔)	논두렁, 밭두렁
휴반대두(畦畔大豆)	두렁콩
휴반소각(畦畔燒却)	두렁 태우기
휴반식(畦畔式)	두렁식
휴반재배(畦畔栽培)	두렁재배
휴폭(畦幅)	이랑 너비
휴한(休閑)	묵히기
휴한지(休閑地)	노는 땅, 쉬는 땅
흉위(胸圍)	가슴둘레
흑두병(黑痘病)	새눈무늬병
흑반병(黑斑病)	검은무늬병
흑산양(黑山羊)	흑염소
흑삽병(黑澁病)	검은가루병
흑성병(黑星病)	검은별무늬병
흑수병(黑穗病)	깜부기병
흑의(黑蟻)	검은개미누에
흑임자(黑荏子)	검정깨
흑호마(黑胡麻)	검정깨
흑호잠(黑縞蠶)	검은띠누에
흡지(吸枝)	뿌리순
희석(稀釋)	묽힘
희잠(姬蠶)	민누에

누구나 쉽게 재배할 수 있는 식용버섯 길잡이

1판 1쇄 인쇄 2021년 10월 05일
1판 1쇄 발행 2021년 10월 12일
지은이 국립원예특작과학원
펴낸이 이범만
발행처 ***21세기사***
등록 제406-00015호
주소 경기도 파주시 산남로 72-16 (10882)
전화 031)942-7861 **팩스** 031)942-7864
홈페이지 www.21cbook.co.kr
e-mail 21cbook@naver.com
ISBN 979-11-6833-000-9

정가 20,000원